Fridhelm Büchele

Digitales Filmen

Einfach gute Videofilme drehen
und nachbearbeiten

D1729266

Liebe Videofilmer,

ich freue mich, dass Sie sich für ein Buch aus der neuen Einsteiger-reihe von Galileo Design entschieden haben.

Eigentlich ist Filmen ganz einfach: Sie schalten die Kamera an und drücken den Aufnahmeschalter – schon geht es los. Aber wenn Sie dieses Buch in Händen halten, haben Sie bereits gemerkt, dass doch mehr dahinter steckt. Denn Ihr Videofilm kann nur in den sel-tensten Fällen wirklich so vorgeführt werden, wie er auch gedreht wurde – dafür ist sehr viel Planung und Können von Nöten.

Daher ist es gut, bei einem Profi Rat zu suchen: Fridhelm Bü-chele, der seit vielen Jahren Filme dreht – für Werbung, Fernsehen, Web. Sein Buch bietet Ihnen Einblick in alle Bereiche des Digital-videos: Von der Anschaffung Ihrer Kamera und der Ausrüstung über die Planung Ihres Videofilms bis hin zu den richtigen Einstellungen. Und auch zur Nachbearbeitung gibt er Tipps. Möchten Sie allerdings hier tiefer in die Materie einsteigen, sollten Sie zu weiterführender Literatur zu den einzelnen Softwareprogrammen greifen – dies würde hier zu weit führen.

Ich hoffe, dass Ihnen unser Einsteigerbuch gefällt, wir haben uns damit viel Mühe gegeben. Vergessen Sie nicht, einmal ins Innere der Klappen zu schauen! Und sollte sich doch der ein oder andere Feh-ler eingeschlichen haben, so schreiben Sie mich doch bitte direkt an.

o-press.de

ße 24 • 53229 Bonn

Inhalt

Nach fast zwei Jahren stellte ich mich der Aufgabe, den Buchtext zu überarbeiten und zu aktualisieren. Erst während des Arbeitsprozesses stellte sich heraus, wie viele technische Neuerungen mich auf Grund des immer verbraucherfreundlicheren Video-Equipments zur Überarbeitung ganzer Abschnitte zwangen.

Für die Unterstützung bei meiner Arbeit danke ich vor allem meiner Freundin Barbara Beck, die auf einige gemeinsame Urlaubstage verzichten musste, und meinen Mitarbeitern, denen ich über einige Wochen nur noch eingeschränkt zur Verfügung stand und die mich tatkräftig unterstützt haben.

Wuppertal, im Oktober 2003
Fridhelm Büchele

1 Einleitung

Die Filmsprache

- ▶ Was ist die Filmsprache?

- ▶ Die Bedeutung der Filmsprache

- ▶ Das erste Verständnis der Filmsprache

- ▶ Die Entwicklung der Sehgewohnheiten der Zuschauer

- ▶ Arten von Digitalfilmen

Wir möchten Sie in den folgenden Kapiteln mit den wichtigsten Gestaltungsregeln und dem richtigen Umgang mit Ihrer DV-Kamera zur effektiveren Nutzung der Videosprache unterstützen.

1.1 Wie soll die Technik der Filmsprache eingesetzt werden?

Mit Höhlenzeichnungen und Lauten begann die Kommunikation von Menschen. Über Jahrtausende wuchs der Wunsch nach Austausch und damit die Vielschichtigkeit der Kommunikationsmittel. Fachsprachen, Zwölftonmusik, multimediale Performances befriedigen heute die immer komplexeren Bereiche unserer Informations- und Kulturgesellschaft. Video stellt in diesem vielfältigen System zwar nur ein Mosaiksteinchen dar, doch wer sich einer Sprache bedienen möchte, sollte sie beherrschen.

Auch wenn viele Arbeitsbereiche durch die Automatisierung zum Teil negativ betroffen sind, genießen wir in privaten Bereichen häufig die Früchte dieses Fortschritts. Die Kameras werden immer kleiner, die Bildqualität immer besser und – für den Verbraucher besonders wichtig – die Handhabung immer einfacher. Während wir uns noch vor nicht allzu langer Zeit mit der komplizierten Verkabelung von Kamera und Rekorder beschäftigen oder Sinn und Hintergrund vom Weißabgleich verstehen mussten, erlauben heute digitale Camcorder mit Farbdisplays ein müheloses Aufnehmen, und das auch unter schwierigen Lichtverhältnissen.

Die gleiche Situation gilt für die Nachbearbeitung, also für Montage bzw. Schnitt. Rechner werden heute häufig bereits mit einfacher Schnitt-Software ausgeliefert.

Mit einem einzigen Kabel (FireWire-Verbindung) wird die Verbindung zwischen digital aufzeichnender Kamera und Schnittcomputer hergestellt und ermöglicht auch dem Laien ohne langjährige Einführung bzw. ohne das Lesen komplizierter Handbücher den Einsatz unterschiedlichster Montageprogramme.

▲ **Abbildung 1**
Das den Mac-Nutzern bekannte gegabelte Symbol für den FireWire-Stecker. Durch diese Verbindung sind Sie überhaupt erst in der Lage, Ihr Videobild auf dem Rechner in Echtzeit zu speichern.

◀ **Abbildung 2**
Equipment für eine digitale
Videoproduktion

Damit hat die Technik, speziell das Aufnahme- und Nachbearbeitungs-Equipment einen Standard erreicht, der sich immer mehr der Broadcast-Qualität nähert und auch bei weniger erfahrenen Filminteressierten die Berührungsangst vor technisch Kompliziertem schwinden lässt.

◀ **Abbildung 3**
Ausstattung eines semiprofessionellen digitalen Schnittplatzes

Kleine Unternehmen produzieren ihre Firmenpräsentation selbst, konvertieren das montierte Material und platzieren die Filme auf ihrer Homepage. Familien begnügen sich nicht alleine mit digital aufgezeichneten Videosequenzen, die die unterschiedlichsten Anlässe dokumentieren. Mit Laptop oder Desktop ausgestattet, bearbeiten sie ihre Aufzeichnungen nach, brennen sich diese als Video-CD oder DVD auf die langlebigen Silberscheiben. Wissenschaftliche Einrichtungen veranschaulichen komplexe Prozesse durch qualitativ hochwertige Video-Digitalaufnahmen und tauschen die montierten Sequenzen mit interessierten Instituten in aller Welt über das Internet aus.

Aber leider resultiert die breite, nicht immer qualitativ hochwertige Nutzung des Mediums Video vornehmlich aus der verbraucherfreundlichen Technik und weniger aus der Zunahme des Wissens um die komplexe Thematik Filmsprache.

Sie als interessierter Leser und zukünftiger professioneller Filmer werden in diesem Buch die Grundregeln des filmischen Handwerks kennen lernen und nach der Lektüre hochwertigere Sequenzen mit klaren filmischen Aussagen erzielen.

1.2 Die Sehgewohnheiten

Seit der Existenz von bewegten Bildern haben sich unsere Sehgewohnheiten radikal geändert. Während vor ca. 100 Jahren die ersten Filme, bedingt durch die Technik, sehr einfache Inhalte aufwiesen, aber trotzdem mit großer Spannung von Zuschauern verfolgt wurden, hielten dramaturgisch durchdachte Spielfilme in den 20er und 30er Jahren das Publikum in Spannung.

Heute prägen schnelle Schnittfolgen, gespickt mit zahllosen Effekten, die Normalität des Sehens. Und diese Entwicklung geht weiter. Durch die tagtägliche Darbietung von über 30 TV-Programmen rund um die Uhr und immer aufwändiger produzierten Kinofilmen besteht für jeden von uns permanent die Möglichkeit, bestimmte Schemata der Filmgestaltung zu verfolgen und damit eine Verfestigung der Wiedererkennungsstruktur in unserem Gehirn zu erzeugen.

Das Neue stützt sich dabei häufig auf das solide Handwerk von gestern. Die Wirkung klassischer Montagetechniken von **Eisenstein oder Kuleschow** ist derzeitig wieder häufig genutzter Bestandteil vieler Kino- und Fernsehfilme. Die dialektische Montage wird dabei neben dem Einsatz von aufwändigen Effekten als selbstverständliches Filmsprachelement akzeptiert.

Das Niveau der Bildung und die persönlichen Interessen für bestimmte Gestaltungsformen innerhalb eines bestimmten Genres scheinen die unterschiedlichen Sehgewohnheiten in einer Gesellschaft zu prägen. Es ist also schwierig, von »der allgemein gültigen Sehgewohnheit« zu sprechen. Der Naturfilmfreund bevorzugt oft die ruhige informative Filmsprache. An Avantgarde-Filmen Inte-

---

Lew Kuleschow, russischer Filmregisseur (1899-1970)

Kuleschow zeigte 1920, dass die Wirkung einer Montage allein von der Einstellungsfolge abhängt. Kuleschow benutzte in drei unterschiedlichen Sequenzen eine Großaufnahme vom ausdruckslosen Gesicht eines Schauspielers als Reaktionseinstellung. Dabei »reagierte« der Schauspieler auf eine Suppenschüssel, auf eine Frau in einem Sarg und auf ein Kind, das mit einem Teddybär spielte. Das Publikum, das die Szene sah, lobte die sensible Darstellungskraft des Schauspielers in jeder der drei gezeigten Situationen, obgleich es sich in allen Fällen um dieselbe Großaufnahme handelte. Unwillkürlich hat man als Zuschauer – so der »Kuleschow-Effekt« – die einzelnen Bilder mit der ausdruckslosen Nahaufnahme des Schauspielers verbunden. Man meinte den, den Ausdruck von Hunger, Freude und Trauer nacheinander darin ausmachen zu können. Die Versuche von Kuleschow zeigen deutlich, dass Bilder immer in ihrem Kontext gelesen werden. Dies ermöglicht dem Regisseur eine Steuerung der Bildaussage. Eisenstein nennt diese Montagetechnik im Film das »epische Prinzip«, welches nur eine lineare Erzählweise zulasse.

ressierte genießen bei den ungewöhnlichen, manchmal fast »unverständlichen« Bildmontagen den Freiraum zur Interpretation.

Da sich in dem großen Kreis der filmenden Personen immer mehr Anwender finden, die das Medium sehr zweckgebunden für geschäftliche bzw. wirtschaftliche Interessen nutzen möchten, ist eine genaue Kenntnis der Zielgruppen notwendig.

Wir werden uns ab Seite 22 den verschiedenen Zielgruppen und den dort zu erwartenden spezifischen Sehgewohnheiten widmen und mit den dafür geeignetsten filmsprachlichen Elementen experimentieren.

Ganz gleich, für welches Genre Sie sich entscheiden: Das, was Sie mit Ihrem Film mitteilen möchten, muss verstanden werden, und dies ist (leider) nicht alleine durch die Bedienfreundlichkeit der Technik erreichbar. Hierfür ist es notwendig, sich wenigstens rudimentär mit einigen handwerklichen Grundlagen zu beschäftigen, sich diese anzueignen und beim Umgang mit dem Equipment einzusetzen.

1.3 Warum selber filmen?

In dem Augenblick, wo Sie Ihr Video-Equipment bewusst einsetzen und sich der Videosprache bedienen, kann die Vielfalt und der Umfang all dessen, was Sie dabei beachten müssen, rasch zu einer Überforderung führen. Schnell stellt sich die Frage, sind Sie überhaupt in der Lage, ohne langfristige Übungszeiten einige der bereits erwähnten und im Folgenden noch ausführlicher behandelten Aspekte zu beachten, um dann einen aussagekräftigen Film zu produzieren?

Die Antwort hängt sehr von den einzelnen Situationen und der gestellten Aufgabe ab. Sicherlich existieren komplizierte Projekte, die auch einen geübten Amateurfilmer überfordern. In diesen Fällen ist es ratsam, professionelle Hilfe in Anspruch zu nehmen. Doch eine Vielzahl von Projekten lässt sich problemlos mit ein wenig Geduld, Aufmerksamkeit und Einfühlungsvermögen und vor allem mit dem einfach zu handhabenden Equipment leicht selbst umsetzen.

Ein zweites Argument, um selbst zu produzieren: Jeder Einzelne von uns ist Kenner seines Filmstoffes, hat dazu den größten Bezug und die intensivsten Empfindungen. Entsprechend sensibel fallen dann die Ergebnisse aus. Um die gewollte Aussage zu erreichen, bedarf es bei Firmenpräsentationen und politischen Filmen meistens einer langen Einarbeitungs- und Vorbereitungszeit, die, an externe Produktionen vergeben, Ihr Budget schnell übersteigt. Dies sind hin-

Sergej Eisenstein

Russischer Filmregisseur und Schriftsteller (1898-1948) Sergej Eisenstein legte seinen argumentativen Schwerpunkt auf das Prinzip der Montage. Dieses Prinzip veranschaulicht Eisenstein am Beispiel der japanischen Schrift: Zwei völlig selbstständige ideografische Zeichen »explodieren«, stellt man sie nebeneinander, zu einem neuen Begriff. Das Zeichen für Auge generiert zusammen mit dem Zeichen für Wasser den Begriff Weinen.

Die Konsequenz für die eigentliche Montage, so Eisenstein, liege nun darin, dass man die Bilder nicht aneinander reihen soll, sondern dass sie nebeneinander gestellt werden müssen. Eine exemplarische Sequenz aus Eisensteins Film »Streik«: Soldaten treiben das streikende Volk zusammen und metzeln es nieder. →

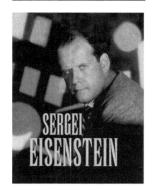

▲ **Abbildung 4**
Sergej Michailowitsch Eisenstein

→ Die Einstellungen dieses Vorgangs unterbricht Eisenstein immer wieder mit Szenen aus einem Schlachthof. Das Blut der Menschen wird nie gezeigt, aber trotzdem wird aus dieser Sequenz das Massaker der Soldaten klar: Menschen werden wie Tiere abgeschlachtet.

reichende Gründe, sich selbst damit auseinander zu setzen und der Filmsprache zu bedienen.

1.4 Die Filmsprache

Seit dem Beginn der Filmgeschichte sehen viele Filmer in dem bewegten Bild eine eigene Sprache. Bei diversen Analysen und Untersuchungen wurden Parallelen zum Aussagegehalt der Schriftsprache hergestellt. So wie die bestimmte Kombination von Buchstaben ein verständliches Wort und die von Wörtern einen Satz ergibt, wobei die Zusammensetzung von Sätzen schlussendlich die Story ausmacht, lassen sich auch im Film mit der Kombination bestimmter gestalterischer Mittel intendierte Wirkungen beim Betrachter erzielen.

Die Kombination der **gestalterischen Mittel** führt also wie bei der Sprache – nur erheblich komplexer – zu einer Gesamtaussage des Films. Beherrschen Sie erst einmal die Grundregeln der Filmsprache, eröffnet sich für Sie eine Fülle von Gestaltungsmöglichkeiten in allen Schritten der Produktion.

Parallele von Sprache und Filmsprache

Der erlernte Buchstabe ermöglicht das Lesen von Wörtern, das Beherrschen von mehreren Wörtern und deren semantischer Zusammenhänge eröffnet die Erschließung von Sätzen und Geschichten. Erst die genaue Beschäftigung mit der Sprache ermöglicht auch den gestalterischen Umgang, das heißt z.B. das Schaffen von Prosa oder Lyrik.

Abbildung 5 ▶
Parallele von Sprache und Filmsprache

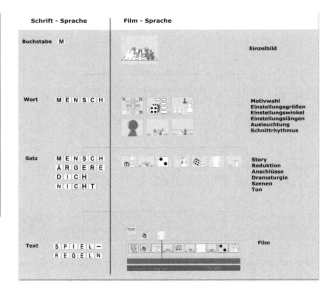

Ein gestalterisches Mittel: die Reduktion

Beispielhaft wollen wir uns hier dem gestalterischen Mittel der Reduktion zuwenden.

Was ist Reduktion? Hier ein Beispiel: Das Bestücken eines Raumes mit 1000 Stühlen soll die Story darstellen. Reduktion meint nun, dass nicht der gesamte Prozess der Bestuhlung aufzunehmen ist, sondern wesentliche Elemente herausgegriffen werden, die dem späteren Zuschauer die allmähliche Bestuhlung des Raumes verdeutlichen. Auf diese Weise lässt sich innerhalb weniger Sekunden ein Prozess darstellen, der in der Realsituation vielleicht mehrere Stunden dauert. Entscheidend bei der Reduktion ist, dass die Elemente, die filmisch eingesetzt werden, das Wesentliche ausdrücken und von Einstellung zu Einstellung dem Zuschauer die Möglichkeit gegeben wird, die fehlenden filmischen Bereiche gedanklich zu ergänzen. Gemeint ist dabei die Konzentration bei der Aufnahme bestimmter Bilder auf die in ihrem Aussagegehalt wesentlichen Sequenzen sowie das Weglassen aller unwesentlichen Bildinformationen.

Schritt für Schritt: Bildsprache erkennen

Identifizieren Sie den Text aus der Abbildung. Sie werden ihn voraussichtlich lesen können. Dabei vergleichen Sie beim Lesen der Zeichen die noch vorhandenen Striche nach einem in Ihrem Gehirn abgespeicherten Muster. Sie stellen Übereinstimmungen mit nächstmöglichen bekannten Buchstaben fest und ergänzen somit die fehlenden Striche. Damit sind Sie in der Lage, das komplette Wort zu lesen, also die Aussage zu verstehen.

1. Übung 1: Identifizierung des Textes

Filmsprache

Skizzieren Sie auf einem Zeichenbogen ca. zehn einfache Zeichnungen (Strichbilder), die eine vorher festgelegte Geschichte veranschaulichen sollen. Sie sollten vorab Überlegungen anstellen, welche Bilder am aussagekräftigsten sein werden, um den genauen Verlauf der Geschichte dem nicht eingeweihten Betrachter zu verdeutlichen.

2. Übung 2: Erstellen einer Bildgeschichte

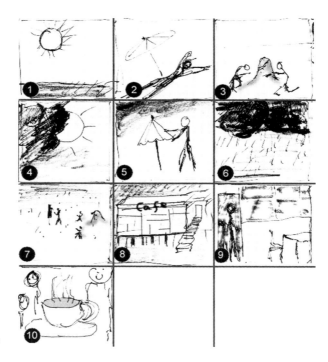

Ende

Erste Schritte in die Film-Videosprache

Wählen Sie zum Erlernen der Filmsprache sehr einfach gehaltene Storys, also Themen, die mit nur einer Sequenz oder Szene auskommen.

Entscheidend an diesen Übungen ist das Beschränken auf wesentliche aussagekräftige Bilder. In einer späteren Phase kann das Training dadurch gesteigert werden, dass durch bestimmte gestalterische Elemente bei der Auswahl der Bilder ein weiteres Element der Filmsprache hinzukommt: der emotionale Ausdruck. Ähnlich einem Kleinkind, das mit einem geringen Sprachrepertoire ausgestattet ist, kann der Filmanfänger filmsprachliche Elemente nur in geringem Maße bewusst einsetzen. Die Aussagemöglichkeiten sowohl in der Aufnahme als auch in der Montage sind daher am Anfang relativ begrenzt. Dagegen besitzen Menschen mit einem großen Wortrepertoire eher die Möglichkeit, sich sprachlich sehr differenziert auszudrücken, sehr bildhaft und emotional zu formulieren, die Sprache also als gezieltes Medium einzusetzen.

Planen Sie einen Film über einen Kongress und wollen das Eintreffen der Kongressteilnehmer, das Betreten des Kongresssaales bis zum Veranstaltungsbeginn filmisch festhalten, bedeutet Reduktion, alles Unwesentliche zu streichen bzw. nicht zeichnerisch oder filmisch festzuhalten. Sie könnten beispielsweise die sehr lange Einstellung über einen Zeitraffer zusammenfassen. Beachten Sie aber:

Zeitraffer nehmen leider häufig der produzierten Aufnahme die Ernsthaftigkeit. Sie sind daher nur in bestimmten Situationen ratsam. Alternativ wäre denkbar – und hier setzt die ernsthafte Reduktion ein –, eine kurze Sequenz von den ersten Personen, die den Saal betreten, aufzunehmen. Eine zweite Sequenz des gefüllten Saales bei abdimmendem Saallicht, das den Konferenzbeginn ankündigt, würde die filmische Dokumentation abschließen. Der Videobetrachter vervollständigt während des Betrachtens den prozessualen Ablauf zwischen erster und zweiter Einstellung automatisch, die kurze Aussage wird verstanden. Gestalterisch ließe sich diese Sequenz dadurch ergänzen, dass eine oder zwei Einstellungen von Einlasskarten kontrollierendem Personal zwischen die erste und letzte Einstellung montiert würden.

> **Aussagegehalt Ihrer Bilder**
>
> Fragen Sie sich grundsätzlich immer vor jeder Aufnahme, ob diese Kameraeinstellung dem späteren Betrachter ein Mehr an Informationen bringt? Wenn nicht, dann verzichten Sie auf diese Aufnahme.

Grundsätzlich gilt: Wenn Sie mit dem aufgenommenen Bild oder der entsprechenden Montage dem Betrachter vermitteln können, in welchem Raum oder in welcher Situation er sich befindet, bedarf es keiner weiteren Gedanken um Einstellungsgrößen und Aufnahmewinkel.

Wie bei allen Regeln gibt es hier jedoch auch Ausnahmen, die Sie beachten sollten. Gerade wenn Sie alleine arbeiten, also nicht eine arbeitsteilige Filmproduktion die Spezialgebiete erledigt, stecken Sie tief in der Thematik des aktuellen Projektes und verlieren dadurch schnell die notwendige Distanz. Überprüfen Sie also das gedrehte und montierte Material auf seine Wirkung bei den Zuschauern oder der Zielgruppe. Nehmen Sie dabei Abstand zu den Aufnahmen ein. Damit vermeiden Sie, dass sich Ihr Wissen um die eigene Absicht mit dem real Aufgenommenen vermengt.

Ein Beispiel dafür: Ein neu erbautes Citycenter in der Innenstadt soll in seiner Funktion werbewirksam vorgestellt werden. Lange und intensiv haben Sie sich mit dem Erbauer und dessen Konzeption sowie der Erwartungshaltung der Stadtverwaltung auseinander gesetzt. Vor Beginn der eigentlichen Aufnahmen stellen Sie nun fest, dass sich dieser recht abstrakte Themenstoff bildhaft nur schwer umsetzen lässt. Kameraeinstellungen von dem Gebäude und der umliegenden Fußgängerzone – auch wenn sie mit einem inhaltsgeladenen Kommentar versehen werden – genügen in diesem Fall den Möglichkeiten, die ein Film bietet, sicherlich nicht.

Trotzdem sind Sie durch die lange Auseinandersetzung mit den konzeptionellen Schwerpunkten des Gebäudes derartig vertraut, dass die danach geschossenen Bilder in ihrer Aussage subjektiv überinterpretiert werden und bei der Zielgruppe der eigentliche Aussageaspekt kaum ankommt.

Zusammenfassung: Exakt geplante Kameraeinstellungen mit den resultierenden Aussagen, also der handwerklich fundierte Umgang mit der Filmsprache und **eine Portion Distanz** zu dem erworbenen redaktionellen Wissen können auch bei noch so problematischen Themen zu guten Ergebnissen führen.

Gestaltungselemente als roter Faden

Gestaltungselemente eignen sich auch sehr gut dazu, dem Film einen »roten Faden« zu geben. Bereits in der Planungsphase sollten Sie sich darüber Gedanken machen und ein bestimmtes gestalterisches Mittel als durchgehendes Element festlegen. Setzen Sie z.B. eine erklärende Grafik ein, empfiehlt es sich, dieses Gestaltungsmittel nicht nur einmal zu nutzen, sondern an anderer Stelle (vorausgesetzt es bietet sich dort an) ebenfalls einzubinden.

Kurze Interviewsequenzen können ebenfalls schon in der Planung als gestalterisches Mittel ausgewählt werden. Mit dem ersten Interview wird später der Betrachter in diese Gestaltungsform eingeführt. Die darauf folgenden Interviews sind dann als Gestaltungselement bekannt.

Auch Texteinblendungen können als gestalterisches Mittel fungieren, sollten aber wie alle anderen Elemente nicht nur einmal genutzt, sondern eingeführt und als Prinzip über den ganzen Film durchgehalten werden.

> **Gestalten mit wenigen Elementen**
>
> Bemühen Sie sich schon in der Planung um eine möglichst geringe Auswahl an mit dem Thema zusammenhängenden Gestaltungselementen. Ein Zuviel verwirrt den Betrachter und wird nicht mehr verstanden.

1.5 Welche Arten von Filmen gibt es?

Vom »Wie« in der Gestaltung kommen wir nun zum »Was«, zum Genre, wie es in der Fachsprache heißt.

Wenn zu Beginn der Filmgeschichte die Bemühungen im Vordergrund standen, gemäß der vorhandenen Technik bewegtes Geschehen in Bildern festzuhalten, erlaubt heute der technische Fortschritt der Videotechnik, von der Dokumentation, der experimentellen Auseinandersetzung mit Film als Videokunst über den Promotion-Einsatz als Werbeclip bis hin zum inszenierten Videospielfilm alle Varianten der Nutzung auch für Amateure. Ein Überblick über die filmischen Gattungen ist bei der Konzeption, beim Dreh und bei der Montage sehr hilfreich.

Grundsätzlich lassen sich fast alle Filme anhand bestimmter **Kriterien** jeweiligen Genres zuordnen. Mit der Länge des Filmes, dem inhaltlichen Aufbau, der Art der Gestaltung und Dramaturgie bestimmen Sie als Profi oder Amateur die filmische Gattung. Folgende Genres gibt es:

- ▶ Filmdokument
- ▶ Dokumentar- und Tierfilm
- ▶ Schulungs-, Unterrichts-, Lehrfilm
- ▶ Spielfilm
- ▶ Kurzfilme: Reportage, Aktueller Berichterstattungsbeitrag, Nachrichtenbeitrag, Feature
- ▶ Imagefilm
- ▶ Werbefilm, Produktfilm, Wirtschaftsfilm
- ▶ Kulturfilm
- ▶ Videoclip
- ▶ Internetclip

Parallele zur Sprache
Auch in diesem Kapitel sei die Parallele zwischen Film und Sprache erlaubt. Die Vielfalt der Möglichkeiten, mit einem reichhaltigen Wortschatz und einem großen sprachlichen Repertoire unterschiedlichste Ausdrucksmöglichkeiten (Gedicht, Essay, Dokumentation, Kommentar, Slogan etc.) zu finden, erschließt sich dem Filmenden in gleichem Maße, wie er die Filmsprache erlernt hat und sie einzusetzen versteht.

Um die Verwirrung nun noch zu steigern, sei angemerkt, dass es heute kaum noch Reinformen dieser Genres gibt. Dokumentationen werden mit inszenierten Spielhandlungen aufgelockert, Musikvideoclips beinhalten gerade bei neuen noch unbekannten Interpreten oft längere dokumentarische Sequenzen der musikalischen Auftritte und Spielfilme sind gern mit dokumentarischem Material bestückt (ein sehr gelungenes Beispiel dafür ist der Film »Forrest Gump«). Doch bevor wir auf die Mischformen eingehen, sollten einige Kriterien der klassischen Genres erläutert werden.

Das Filmdokument

Beim Filmdokument handelt es sich um originales Bildmaterial, das nicht bearbeitet, kommentiert, geschnitten oder verändert worden ist (z. B. vom Militär erstellte Filmaufnahmen). Beim Filmdokument dürfen keinerlei Kommentierung, Ton, Schnitt etc. nachträglich hinzugefügt oder Kürzungen (z. B. bei Reden) vorgenommen werden.

Der Dokumentarfilm

Diese Gattung hat die Reproduktion historischer Wirklichkeit unter bestimmter thematischer Schwerpunktsetzung zum Ziel, wobei sich der Dokumentarfilm einzelner Filmdokumente oder Auszügen aus solchen bedienen kann (siehe ein Beispiel ab Seite 245).

Der reine Dokumentarfilm kommentiert und interpretiert die Bilder und Sequenzen der Filmdokumente. Der gesprochene Kommentar, der zur Interpretation, Erläuterung oder erklärenden Verknüpfung der Filmdokumente dient, wird häufig ergänzt durch Musik-, Text- und Grafikeinblendungen, Standfotos oder Zeitzeugenaussagen, die die Intentionen des Films – nämlich aufzuklären, zu informieren, kontrovers darzustellen – verstärken.

Formal könnten wir Dokumentationen unterteilen in

▸ Privatdokumentationen,

▸ professionelle Dokumentationen und

▸ TV- bzw. Kino-Dokumentationen

Allen gemeinsam ist eine filmische **Länge** von ca. 5 bis 45 Minuten. Zugegeben, dies ist eine etwas großzügige Zeitschiene, aber der Stoff bestimmt hier oft die Länge. Die Geburt eines Kindes wird häufig ein kürzeres Zeitfenster beanspruchen als etwa eine Weltreise oder ein komplizierter politischer Prozess.

Im Zeitalter der DV- und Mini-DV-Kameras werden die meisten von Ihnen **private dokumentarische Themen** wie Urlaub, Hochzeit, Taufe, Kinder oder besondere Festtage mit der handlichen Kamera aufzeichnen, um diese Erlebnisse der Nachwelt zumindest für die nächsten 20 Jahre – geschnitten oder in Originalfassung – zu erhalten.

Profis werden Jubiläen, Events, Messen, technische Prozesse für ihre Kunden aufnehmen und zu hoffentlich spannenden Rückblicken, Auswertungen und Selbstbetrachtungen der Firmen beitragen helfen.

TV-Mitarbeiter und Kinofilmer werden (unter immer schwierigeren Bedingungen) Themen aus Politik, Natur, Gesellschaft, Gesundheit oder Religion aufgreifen und zu erlebnisreichen Dokumentationen verarbeiten.

Für die **privaten Dokumentationen** soll bereits an dieser Stelle darauf hingewiesen werden, dass es sinnvoll ist, sich auf die wirklichen Highlights zu beschränken.

Viele Menschen möchten einmal im Leben eine Weltreise machen. Ganz gleich, ob mit dem Schiff oder Flieger, sie bereisen dabei nach eigenem Empfinden »unbekannte Regionen« dieser Erde (auch wenn fast jeder Winkel dieser Welt bereits vielfach abgefilmt worden ist). Auf einer solchen Reise möchten Sie nun per Videokamera dokumentieren, dass es diese »unbekannten« Naturschönheiten nicht nur tatsächlich gibt, sondern dass Sie selbst auch dort waren. Sie ziehen also möglichst bei jedem kulturellen oder landschaftlichen Highlight die Mini-DV-Kamera aus Ihrer Westenta-

---

Aufwändige Dokumentationen werden seltener

Die sehr anspruchsvolle Form der Dokumentation, wie wir sie etwa noch bei Klaus Wildenhahn in seinem Video über den englischen Bergarbeiterstreik beobachten konnten, finden wir bei professionellen Produktionen heute immer weniger. Klaus Wildenhahn (»Das detektivische Auge«, Deutsche Kinemathek Berlin) hatte damals über Monate hinaus englische Bergarbeiterfamilien beim Kampf um den Erhalt ihrer Arbeitsplätze filmisch begleitet. Dabei entstanden endlose Stunden gedrehtes Material, das es an jedem Drehtag zu sichten galt. Als Dokumentarfilmer war er gezwungen, alles, was im in jedem Moment wichtig erschien, erst einmal aufzunehmen. Erst nach dem Abschluss der Dreharbeiten entstand ein klares Bild über den Verlauf der politischen Situation und damit über die Wichtigkeit der gedrehten Einstellungen. Diese Form der gründlichen Dokumentation ist sehr arbeitsintensiv und setzt beim Dokumentarfilmer eine gehörige Menge an intuitiver Wahrnehmung voraus, eine Eigenschaft, die wir uns scheinbar heute kaum noch leisten können. Tier- und Naturfilmer, eine besondere Sparte der Dokumentarfilmer, unterliegen dem gleichen Schicksal. →

sche und dokumentieren Landschaft, Menschen und sich selbst an den jeweiligen Reisestationen. Mit ein wenig Erfahrung und vor allem aber dank einer gehörigen Portion Intuition (denn Sie wussten ja nicht, was Ihnen im Verlauf der Reise alles begegnen würde) kehren Sie von der Weltreise mit mehreren Mini-DV-Tapes zurück. Am heimischen Rechner besteht anschließend ausreichend Gelegenheit, Wackler und Unwichtiges zu entfernen und eine Urlaubsdokumentation zu schneiden, die als schöne Erinnerung einer einmaligen Reise archiviert wird.

Grundsätzlich ist wichtig: Erfassen Sie eine Situation intuitiv! Erleben Sie vor dem filmischen Dokumentieren die Szene mit den Augen, mit den Ohren, mit dem Herzen. Trainieren Sie Ihre intuitive Wahrnehmung mit allen Sinnen, beobachten Sie das Geschehen, bevor Sie zur Kamera greifen und den Auslöser betätigen. In den meisten Fällen haben Sie dafür immer noch ausreichend Zeit. Dies gilt nicht nur für Reisefilme, sondern in gleichem Maße auch für alle privaten Feiern und Anlässe, die zu einer filmischen Dokumentation herausfordern!

Ich möchte aber anhand eines Beispiels deutlich machen, dass auch hier der Zweck die Mittel heiligt. Das Beispiel macht als ein Extrem die große Spanne der möglichen Dokumentationen deutlich und zeigt, dass in diesem Fall wohl kaum die Intuition, sondern vielmehr eine exakte Planung zu einer erfolgreichen Umsetzung geführt hat: Vor einigen Jahren wurde ein Schiffsmotor in der Größe eines Einfamilienhauses in seine Einzelteile zerlegt. Diese Demontage dauerte 48 Stunden und wurde komplett mit einer Videokamera aufgezeichnet. Die gesamten Aufzeichnungen wurden anschließend in Sequenzen von ca. zehn Minuten thematisch archiviert und standen daraufhin Technikern und Monteuren bei Reparaturarbeiten als visuelles Handbuch zur Verfügung.

Spieldokus, auch Dokusoaps genannt, bestehen aus einer Mischung von dokumentarischem Material und inszenierten Spielszenen. Dramaturgisch lassen sich auf diese Weise sehr gut Spannungsbögen erzeugen. Manchmal sind sie jedoch auch das Resultat von Möchtegernfilmmachern, die immer wieder Wege suchen, kurze Inszenierungen in ihre Auftragsdokumentationen zu integrieren. Ein recht gutes Beispiel für eine gelungene Mischung aus Inszenierung und Dokumentation zeigt der Kinofilm »König der Lüfte«: Eine Ente als Quasihauptdarsteller führt in die Reise ein, taucht mehrfach während ihrer langen Flüge auf und schließt den Film ab.

→ Wir alle wissen nicht, wie lange ein Kollege bis zum Hals im Sumpfgebiet verweilen muss, wie viele Videokassetten er von der Brut der Sumpfenten verfilmt hat, bis endlich die erhofften Einstellungen von den Jungen, die die Schale durchbrechen und schlüpfen, »im Kasten« sind. In den Fernsehanstalten wird der Verfall der guten Dokumentation mit veränderten Sehgewohnheiten und den knapperen Budgets begründet. Zweifel an dieser Begründung sind angebracht, denn die Sehgewohnheiten werden ja immerhin von den Fernsehanstalten maßgeblich geprägt. Die BBC hebt sich in dieser Entwicklung noch sehr positiv ab: Dort wird nach wie vor Geld in sehr gute Dokus investiert, die dann, redaktionell überarbeitet, auch in anderen Ländern ausgestrahlt werden. Beim WDR zeigt sich die Negativentwicklung der hauseigenen Doku-Produktionen darin, dass seit Jahren kein Filmpreis für dieses Genre mehr verliehen wird, weil die Qualität der Dokumentationen zu schlecht ist.

Fantastische Dokumentaraufnahmen bekommen durch die angedeutete Geschichte eine zusätzliche Akzentuierung.

Der Kinofilm »König der Lüfte« ist ebenfalls Beleg für eine weitere Entwicklung, die durch die digitale Technik erst möglich wurde
und heute immer häufiger auch im Dokumentarfilm Einzug hält: die
3D-Character-Animation per Motion Tracking. Hierbei werden Gegenstände oder Lebewesen (wie die Wildente im Fall von »König
der Lüfte«) modelliert, animiert und exakt in eine reale Sequenz integriert. Durch die heute mögliche große Detailtreue dieser Technik
entdeckt der Betrachter während der wenigen Sekunden dieser Einstellung nicht, dass der Vogel künstlich ist.

Einfache **3D-Animationen** zur Erklärung technischer Sachverhalte und Prozesse sind dagegen schon länger Elemente bestimmter Dokumentationen. Maschinen werden beim Kameraflug auf das
Chassis transparent. Kolbenringe und Zylinder eines Ottomotors
werden gläsern und erlauben dem Betrachter einen fantastischen
Einblick in die jeweiligen Phasen der Verbrennung des Benzin-Luft-
gemischs.

Der Schulungs- und Unterrichtsfilm

Unterrichtsfilme sind speziell auf den schulmäßigen Wissens- und
Bildungserwerb ausgerichtete Medien, die einen an Lehrplänen ori-
entierten Stoff vermitteln und nach bestimmten didaktischen Ge-
sichtspunkten aufgebaut sind. Der im Off gesprochene Kommentarton des Unterrichtsfilms überdeckt häufig den Originalton des
Filmmaterials.

Moderne Unterrichts- und Schulungsfilme vermengen häufig
szenisches Spiel, Rekonstruktionen oder Reportagen mit filmischem
Material von Zeitzeugen. Erlaubt ist, was bei der Vermittlung hilft,
denn das Lernen mithilfe dieser Medien steht im Vordergrund. Wiederholungen, zum Teil in Zeitlupe, erhöhen die Behaltdauer für die
Rezipienten. Nähere Informationen zu dieser Art Filmgenre finden
Sie ab Seite 255.

Der Spielfilm (ca. 40 bis 150 min.)

Im Gegensatz zu den zuvor genannten Filmgenres zeichnet sich der
Spielfilm durch den fiktionalen Charakter aus.

Bei historischen Spielfilmen ist der Gegenstand des Filmes ein
historisches Ereignis, ein Ablauf, eine Zeitepoche u.ä. In diesen Fällen ist die Handlung des Films in der Vergangenheit angesiedelt. Davon zu unterscheiden sind Spielfilme, die aus einer bestimmten his-

torischen Epoche stammen und in dieser Form selbst ein historisches Zeugnis darstellen.

Mit Spielfilm ist heute nicht nur der Klassiker **Kinofilm** gemeint, sondern ebenfalls der **Fernsehfilm, die Soap**, aber auch der kleinere, manchmal von Laien (z. B. Jugendgruppen) inszenierte Film, der eine Geschichte erzählt. In den meisten Fällen gehorcht der Spielfilm klaren formalen Bedingungen. Er hat einen eindeutigen dramaturgischen Aufbau mit diversen Plots, einem Hauptplot (beim Kinofilm) nach 15 Minuten und einer Auflösung der Dramaturgie zum Ende hin. In ihm agieren Schauspieler, manchmal können dies aber auch Tiere (»Animal Farm«) oder erfundene Fabelwesen (»Alien«) sein. Eine Hauptfigur bindet in den meisten Filmen die Zuschauer über Sympathie oder Antipathie an das Geschehen.

> **Spielfilme zu aufwändig**
>
> Da Spielfilmproduktionen häufig sehr aufwändig zu produzieren sind, spielen sie in diesem Buch nur in reduzierter Form eine Rolle.

Kurzfilme (ca. 0:30 bis 2 min.)

Wir alle kennen Kurzfilme wie **Berichte, Reportagen oder redaktionelle Beiträge wie Zweieinhalbminüter** aus unseren täglichen Magazin- und Nachrichtensendungen. Doch wie sie genau aufgebaut sind, wie sie mit mehr oder weniger geschicktem Einsatz der Filmsprache ihre Botschaften vermitteln, erleben wir erst, wenn wir einmal bewusst auf ihre Machart schauen. Exemplarisch blicken wir hierfür auf den Zweieinhalbminüter: Bei ihm gilt es zuerst zu problematisieren und schnell in die Thematik einzuführen. Dies geschieht häufig mit aussagekräftigen Bildern und einem unterlegten Kommentar. Dann folgt die Auflösung, unterstrichen durch einige sehr kurze Interviews. Gerade bei der Kürze des Beitrags entscheidet die gute Recherche darüber, wie zielstrebig der Zuschauer auf die inhaltlichen Schwerpunkte gelenkt wird. Die gute Kombination von Kommentar, Bild und Interview macht einen gelungenen Zweieinhalbminüter aus.

Der **Opener** besitzt gegenüber redaktionellen Beiträgen einen höheren Anteil an Emotionalität. Er soll überzeugen, die Zuschauer in seinen Bann ziehen. Dabei sind (fast) alle Mittel erlaubt: zielgruppengerechte Musik, grafische Effekte, schnelle Schnittfolgen etc. Bevor die Rezipienten zu reflektieren beginnen, soll bei Ihnen bereits das Gefühl wachgerufen sein: »Hey, das ist gut, das will ich, das unterstütze ich.« Die rein informative Schiene tritt dabei zurück. Beachten Sie auch das Beispiel auf Seite 230.

Imagefilme und Werbeclips

Imagefilme arbeiten noch weitaus intensiver mit der Psyche der Zuschauer. Sie orientieren sich außerdem sehr an Werbetrends: etwa ocker eingefärbt, witzig, cool, aber immer mit der nüchternen Analyse der anzusprechenden Zielgruppe. Das Ziel rechtfertigt dabei fast jedes Budget. Immerhin verschlingen Imagefilme mit einer durchschnittlichen Länge von 25 Sekunden Budgets von bis zu 400.000 Euro und verursachen damit im Vergleich die höchsten Produktionskosten. An späterer Stelle werden wir auf dieses Genre noch ausführlicher eingehen (Seite 239).

Kunstfilm

Der Kunstfilm besitzt – auch wenn ich hiermit einige Vorurteile bestätige – zunächst einmal alle Freiheiten der Gestaltung und des Aufbaus. Bei diesem Genre bestimmt die individuelle Botschaft die möglicherweise ebenso individuelle Form. Das Thema »Wasser« wird nach weichen Übergängen verlangen und die Farben bestimmen (was aber nicht zwangsläufig zur Farbe Blau führen muss). Harte Brüche mit den Sehgewohnheiten oder das Anlegen irreführender Wege kann dabei helfen, den Zugang zur Metaebene der thematisierten Problembereiche zu erleichtern. Gut gemachte Kunstfilme sind sicherlich nicht immer leichte Kost. Sie verlangen Aufmerksamkeit, ein Sicheinlassen und Zeit vom Betrachter. Oft haben sie dadurch den Charakter eines avandgardistischen Filmes.

Musikvideos

Musikvideoclips berieseln unsere Kanäle seit einigen Jahren. Gemäß der Länge der Musiktitel besitzen sie eine Länge von durchschnittlich vier Minuten. Ihre Aufgabe besteht bei neuen Musikgruppen darin, die Musiker mit dem aktuellen Titel auch optisch bekannt zu machen. Dafür wären vier Minuten Mischung aus Musikern und Instrumenten recht monoton, weshalb sich die Produzenten etwas einfallen lassen müssen.

> **Von Musikclips lernen**
>
> Man sollte Musikclips nicht nur anschauen, sondern aufzeichnen und durch mehrmaliges Sichten in ihre Einzelelemente zerlegen. Auch die Ineinanderschachtelung von Effekten lässt sich dadurch einigermaßen nachvollziehen.

Bei gut gemachten Clips analysiert man die Texte und sucht assoziative Bilder und entsprechende Effekte. Tempo der Musik und Schnitttempo korrelieren dann miteinander. Häufig sind die Schnitte der Einstellungen auf **Takt** gesetzt. Um auch hier »Leben« in den Schnittrhythmus zu bringen, wird nicht auf jeden Takt geschnitten, sondern an bestimmten Stellen auf jeden 2. oder jeden 4. Takt. **Musikalische Kaskaden** können ebenfalls durch Schnittkaskaden (Schnitt auf ½- bzw. ¼-Takt) unterstrichen werden.

Oft begeistern in guten Clips fantastische (aber eben auch sehr kostspielige) Animationen die meist jüngeren Zuschauer. Wer von den interessierten Lesern sein Spektrum bzgl. des **Effekte-Einsatzes** im Video bereichern möchte, sollte sich die Zeit nehmen und VIVA oder MTV anschauen, auch wenn die schnelle Schnittfolge von einer Sekunde an der Grenze des Verträglichen liegt.

Generell kann man davon ausgehen, dass bekannte Musiker ihre Clips bei renommierten Produktionen mit einem großen finanziellen Aufwand produzieren lassen (Madonna-Clip für ca. 2 Mio. Euro). Hierfür darf der Zuschauer schon etwas erwarten. Aber immerhin gelten die Clips ja auch als ein entscheidender Werbeträger, der bei Teilen der Fangemeinde die musikalische Qualität eines neuen Songs durch das optische Feuerwerk sogar sekundär werden lässt.

Internetclip

Der Internetclip erfährt zurzeit durch die Zunahme der Übertragungsbandbreite einen starken Aufschwung. Meistens handelt es sich hierbei um Filmlängen bis zu acht Minuten. Die Inhalte sind beliebig: Ob Sex, Technik oder Produktwerbung, wir finden im Netz alles. Der Kunde, also der Homepage-Besucher, soll sich nicht mehr allein mit Texten und Bildern in mehr oder weniger guter Gestaltung begnügen. Das bewegte Bild verspricht mehr Authentizität. So können Reiseinteressierte einen kurzen Videoclip über die zu buchende Hotelanlage oder über die Region anschauen und erhalten dadurch einen ihrem Empfinden nach »ehrlicheren« Eindruck vom möglichen Urlaubsziel als durch die traditionellen Fotos in den Hochglanzprospekten.

Dass auch Film nur subjektive »Wahrheit« ist, scheint dabei durch die Faszination des Mediums fast in Vergessenheit zu geraten. Vielleicht sind es auch die mittlerweile sehr zahlreichen Webcams, die alle Regionen dieser Erde real in Echtzeit abbilden, durch die der Glaube an den Wahrheitsgehalt der Download-Clips so gestärkt ist. Wie dem auch sei, noch ruckelt es auf vielen Rechnern bzw. verlangt von Besitzern eines ISDN- oder gar Analog-Internetzugangs endlose Geduld für einige wenige Minuten Video.

Beabsichtigen Sie die Produktion von Internetclips, dann gelten (noch) einige wichtige **Faustregeln**. Da Sie nicht wissen, auf welchem Rechner später der Betrachter arbeitet und welchen Netzzugang er oder sie hat, sollte das Video nach Fertigstellung so konvertiert werden, dass eine sehr geringe **Datenmenge** erzeugt wird. Die Konvertierung kann beispielsweise im Media Cleaner als MPEG 1

Low Budget-Musikvideo

Doch trotz des großen Aufwandes, der innerhalb dieses Genres betrieben wird, sollten sich all diejenigen nicht abschrecken lassen, die mit kleinem Budget einen Musikvideoclip produzieren möchten. Ideenreichtum ist gefragt. Und wenn denn erst einmal eine originelle passende Story zur Musik entwickelt worden ist, lässt sich diese mit der mittlerweile günstigen Technik und ein wenig Reduktion (darauf wird in späteren Kapiteln noch mehrfach eingegangen) zu einem sehenswerten Clip umarbeiten.

Netzzugang und Datenmenge

Ein schneller Netzzugang erlaubt das Anschauen in Echtzeit. Vorausgesetzt, der Film wurde richtig konvertiert, also in eine Datenmenge pro Sekunde gewandelt, die das Netz verkraftet und dem Betrachter einen noch einigermaßen sehenswerten Bildgenuss beschert. Wer eine Flatrate besitzt, kann sich das Video auf den eigenen Rechner und von seiner Homepage einen entsprechenden Link darauf legen. Wer über diese Zugangsart nicht verfügt, kann sein Video beim Provider ablegen (bei größeren Filmen oder mehreren Videos allerdings dann mit zusätzlichen Kosten).

erfolgen. Da bei schnellen Bewegungen (Schwenks und Zooms) durch die Konvertierung Artefakte auftreten, was eine erhebliche Verschlechterung der Bildqualität zur Folge hat, sollten Sie all jene Bildinhalte vermeiden, die einen schnellen Pixelwechsel zur Folge haben.

Doch bevor ein fertiges Video der Weltöffentlichkeit präsentiert werden kann, stehen die spannenden Phasen der Produktion an, die mit einer guten Technik und einer sinnvollen Planung beginnen und denen wir uns im Folgenden widmen wollen.

2 Die Ausrüstung

Technische Voraussetzungen

▶ Welche Kamera ist die richtige für mich, und was gibt es
   beim Kauf zu beachten?

▶ Welches Zubehör brauche ich: Objektive, Stative, Mikrofone

▶ Welche Filter lassen sich anbringen?

▶ Wie pflege ich meine Kamera?

▶ Welches technische Hintergrundwissen brauche ich für den
   korrekten Einsatz?

Wir möchten Sie im folgenden Kapitel mit der Technik selbst, aber auch mit technischen Hintergründen vertraut machen, die Ihnen beim Kauf und Einsatz des richtigen Kamera-, Scheinwerfer- und Stativtyps helfen können. Gerade die Themen Licht und Ton, die heute immer weniger Beachtung finden, sollen Sie bei der Gestaltung Ihrer Videosequenzen zu neuen interessanten Gestaltungsmöglichkeiten anregen.

DV (Digital Video)

DV ist ein für die Aufzeichnung von Videobildern auf digitaler Basis konzipiertes Format, das sich einer Kompression auf Basis von DCT (Discrete Cosinus Transformation) bedient. Neben dem im Heimbereich verwendeten Format Mini-DV existieren unterschiedliche Ausprägungen im Profisegment, wie DVCAM und DVCPRO. DV arbeitet mit festen Datenraten bei der Übertragung des Videosignals. Diese sind abhängig vom Format und bewegen sich zwischen 25 Mbit/s und 50 Mbit/s.

Ein Bild sagt mehr als tausend Worte. Dies gilt heute mehr denn je, und das besonders bei Werbefilmen, aber ebenso für die Gestaltung von Websites bzw. Unternehmenspräsentationen. Die notwendigen digitalen Informationen müssen selbstverständlich – und das wird sich auch in näherer Zukunft nicht ändern – von einer Kamera aufgenommen werden. Hierbei hat sich mittlerweile bei Amateuren, Semiprofis und auch bei professionellen Produktionen weltweit das digitale Video – kurz DV oder Mini-DV – durchgesetzt. Eine gute Bildqualität und der einfach zu handhabende Anschluss der digitalen Kamera über ein FireWire-Kabel an den Rechner sind dabei nur zwei seiner Vorteile.

Um aber DV-Filme drehen zu können, benötigen Sie Know-how bzgl. der für Sie optimalen Ausrüstung. Es braucht nicht immer das teuerste Equipment zu sein, oft muss aber die für Ihren Zweck optimale Kamera, das Objektiv oder das Mikrofon ganz spezielle Anforderungen erfüllen.

2.1 Die Kamera

Technischer Hintergrund

▲ **Abbildung 1**
Ein-Chip-Kamera mit Speicherchip

Damit Sie die Entstehung einer Farbaufnahme besser verstehen, folgen zunächst einige technische Hintergrundinformationen. Jeder Gegenstand reflektiert bei ausreichender Beleuchtung das Licht, das auf ihn trifft, was uns und damit auch der Kamera erst dessen Wahrnehmung ermöglicht. Das zurückgeworfene Licht besitzt sehr unterschiedliche Wellenlängen. Der für den Menschen sichtbare Teil des Lichtspektrums lässt sich in drei Farben unterteilen: den roten Bereich (langwellig), den blauen Bereich (kurzwellig) und den mittleren grünen Bereich. Bei digitalen Kameras fallen, vereinfacht dargestellt, diese Wellen durch das Objektiv der Kamera auf einen oder mehrere Chips, die – Pixel für Pixel – die auftreffende Information in elektrische Signale verwandeln. Grundsätzlich lassen sich bei digitalen Kameras zwei Systeme unterscheiden: Ein-Chip- und Drei-Chip-Kameras (dazu gleich mehr).

Die elektrischen Signale würden nun zuerst einmal ein Schwarz-Weiß-Bild erzeugen, denn die einzelnen Pixel unterscheiden nur die verschiedenen Helligkeitsstufen. Um aber ein Farbbild zu erreichen, muss das Licht in seine Spektralwerte (das sind die sichtbaren Bereiche Rot, Grün, Blau) aufgeteilt werden. Je nach Kameratyp wird dies durch zwei unterschiedliche Techniken realisiert.

Bei den **Ein-Chip-Kameras**, dies sind die meisten handelsüblichen Mini-DV-Kameras, fällt das Licht über einen aufgedampften Filter auf die jeweiligen Pixel. Um nun das gesamte Spektrum des sichtbaren Farbbereichs aufzuteilen, bedeutet dies das Aufbringen von unterschiedlichen Filtern auf kleinen Gruppen von Pixeln. Dies hat zur Folge, dass Farb- und Helligkeitswerte nicht durch ein Pixel bestimmt werden, sondern durch die Kombination bestimmter Gruppen. Eine Gruppe von vier Pixeln ist jeweils für die Helligkeitsinformation zuständig, eine Gruppe von acht Pixeln definiert die spätere Farbinformation.

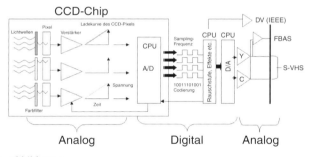

▲ **Abbildung 2**
Funktionsweise einer Ein-Chip-Kamera

Bei **Drei-Chip-Kameras** wird das Farbspektrum anders separiert. Hier fällt das Licht durch ein Prisma auf drei Chips, genauer gesagt fällt auf jeweils einen Chip die Farbe Rot, Grün oder Blau. Bei dieser Technik ist kein Filter notwendig, was zu einer besseren Aufnahmeempfindlichkeit der Kamera führt.

Da bei Drei-Chip-Kameras auf jedem Chip ein Schwarz-Weiß-Bild entsteht, das erst durch die Elektronik in dem folgenden Verarbeitungsprozess zu einem Farbbild kombiniert werden muss, entfällt hier die Aufteilung in Vierer- und Achtergruppen. Diese Tatsache wirkt sich positiv auf die Schärfe und Farbauflösung der Kamera aus.

Chip und Lichtempfindlichkeit

Der Aufnahmechip der DV-Kamera ist extrem empfindlich. Er registriert bereits minimale Lichtmengen und setzt diese in entsprechende Bildsignale um. Dies ermöglicht unter anderem, dass man heute bei einer sehr schwachen Ausleuchtung bereits einigermaßen gute Bilder produzieren kann. Diese hohe Lichtempfindlichkeit hat allerdings auch einen Nachteil: Sie führt dazu, dass nicht zum Bild gehörende Quellen, so genannte freie Elektronen, das sonst sauber aufgezeichnete Bild stören. Dieses so genannte **Rauschen** verstärkt sich bei zunehmender Temperatur, sodass etwa alle 10 Grad Temperaturzunahme zu einer Verdopplung des Rauschens führen.

Die Empfindlichkeit des Chips liegt an der sehr hohen Verstärkung der einzelnen Signale. Ist ihr Chip größer, so muss das Signal weniger verstärkt werden, entsprechend geringer ist das Rauschen. Sie erhalten also dadurch einen besseren so genannten Signal-Rauschabstand. Dies ist beim Kauf einer Kamera wichtig, denn je geringer der Signal-Rauschabstand, umso weniger Licht benötigen Sie bei noch einigermaßen rauschfreien Aufnahmen.

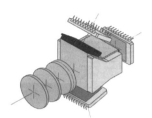

▲ Abbildung 3
Aufbau einer Drei-Chip-
Kamera

▲ Abbildung 4
Drei-Chip-Kamera mit DV-
und Mini-DV-Kassetten

Mit einer Drei-Chip-Kamera nehmen Sie viermal so viel Schärfe auf und haben eine achtfach höhere Farbauflösung als Ein-Chip-Kameras, sodass die Drei-Chip-Kameras den Ein-Chip-Kameras in ihrer Bilderzeugung und -darstellung erheblich überlegen sind.

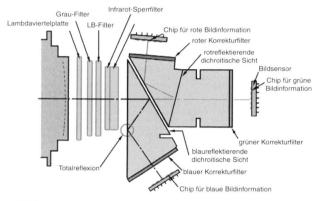

▲ Abbildung 5
Funktionsweise einer Drei-Chip-Kamera

Allerdings haben sie für den Anwender den Nachteil, größer und damit für bestimmte Einsätze wie Urlaub etc. ungeeigneter zu sein. Der entscheidende Nachteil liegt jedoch in den weitaus höheren Kosten derartiger Kameratypen. Wer jedoch professionelle Ansprüche verfolgt und z.B. auf feinste Strukturen der Aufnahmen, wie etwa feine Schriften oder Oberflächenstrukturen von Industriemaschinen, achten muss, kommt um den Kauf einer Drei-Chip-Kamera nicht herum.

Datenkompression und Bildqualität

Das im Chip umgewandelte Lichtsignal liegt nun als elektrisches Signal vor (bei Ein- und Drei-Chip-Kameras identisch) und könnte eigentlich als solches aufgezeichnet werden. Die Datenmenge, die innerhalb von einer Sekunde Aufnahme in diesem Verfahren aufgezeichnet werden müsste, wäre jedoch so groß, dass sowohl die Verarbeitung als auch das Trägermaterial (Videoband) hierfür nicht ausreichen würde.

Die heute mögliche **Datenrate** der Videotapes beträgt 3,6 Mbit/s und kann nur realisiert werden, indem der digitale Datenstrom im Verhältnis 1:5 komprimiert wird. Hierbei hat sich die Industrie glücklicherweise auf einen einheitlichen Standard geeinigt, was bedeutet,

Spätere Konvertierung

An dieser Stelle sei aber bereits darauf hingewiesen, dass zur Weiterverarbeitung auf nonlinearen Schnittplätzen das analoge Signal dann zu einem späteren Zeitpunkt konvertiert werden müsste: ein Prozess, der bei DV-Kameras normalerweise schon während der Aufnahme innerhalb des Kameragehäuses geschieht.

dass alle DV-Systeme und Mini-DV-Systeme mit einer Datenkompression von 1:5 arbeiten.

Als Anwender finden Sie sowohl den unkomprimierten wie auch den komprimierten Datenstrom an den entsprechenden Videoausgängen Ihrer Kamera wieder. Das komprimierte Signal können Sie über die I-Link-Schnittstelle abgreifen, das unkomprimierte analoge Signal über die Video-Out-Klinkenbuchse (siehe Infokasten »Spätere Konvertierung« auf Seite 34).

Die **Bildqualität** kann bei den handelsüblichen Kameras relativ stark variieren. Auch wenn grundsätzlich bei der in großen Teilen Europas üblichen PAL-Norm jedes Bild aus 720 x 576 Einzelbildpunkten besteht, entscheidet ein zweiter Faktor über die Güte des Videobildes: die **Auflösefrequenz**. Die Anzahl der horizontalen Linien, mit denen aufgezeichnet wird – also die Anzahl der Bilddetails pro Zeileneinheit –, bestimmen diese Frequenz der Auflösung. DV-Kameras liegen hier etwa bei 500 Linien horizontaler Auflösung.

Wer vor der Kaufentscheidung einer Kamera steht, sollte sich wegen der Aufnahmequalität auf jeden Fall für eine DV-Kamera entscheiden. Der bei diesem Typ mit aufgezeichnete Timecode (Nummerierung der Bilder) erlaubt außerdem später ein besseres Wiederfinden der Einstellungen und damit eine planbarere Nachbearbeitung.

Drei-Chip-Kameras mit einer Auflösefrequenz von 1,2 Millionen Pixel nähern sich bei einem relativ geringen Preis von ca. 2.000 Euro den bisher üblichen Profikameras mit zehnfachem Preis stark an.

Aufzeichnungsarten

Normalerweise zeichnet Ihre DV-Kamera auf DV-Kassetten auf. Mittlerweile sind aber auch einige Kameratypen im Handel erhältlich, bei denen die Bildinformationen auf DVD-Disks, direkt auf Festplatten oder auf Speicherchips abgelegt werden.

Da bei dem **DVD-Codec** weltweit noch keine zukunftssichere Einigung stattgefunden hat, sollte diese Aufzeichnungsart besonders überlegt sein. Denn ein Abspielen der aufgezeichneten Sequenzen ist dann möglicherweise nur auf bestimmten DVD-Playern oder nur von der Kamera möglich.

Systeme, die auf **Festplatte** aufzeichnen, sind zurzeit noch relativ teuer und mechanisch anfälliger. Sie erlauben Ihnen allerdings, die Aufzeichnung direkt zu kontrollieren, zu markieren und gegebenenfalls ohne Spulzeit eines Tape direkt zu löschen. Damit ist eine Vormontagemöglichkeit schon in der Kamera gegeben.

Bildqualität der Zukunft

Je mehr horizontale Linien eine DV-Kamera ermöglicht, desto besser ist die erreichte Bildqualität. Da die Aufnahmechips in digitalen Kameras während der letzten Jahre eine ähnlich revolutionäre Entwicklung erlebt haben wie die CPU-Chips in den Rechnern, ist davon auszugehen, dass in nächster Zukunft Chips entwickelt werden, die eine noch höhere Zeilenzahl und damit eine noch bessere Bildwiedergabe ermöglichen.

▲ **Abbildung 6**
DVD-Brenner DVR-S201 von Pioneer. Dieser Brenner ist beim Apple Macintosh G4-Rechner optional eingebaut erhältlich.

▲ **Abbildung 7**
Die Ikegami Editcam HD-Kamera, die direkt auf eine Festplatte aufzeichnet

Zukunftsweisend sind dagegen **Aufnahmechips**, die ohne mechanischen Einsatz und damit verbundenen höheren Energieverbrauch bei geringerer Anfälligkeit das Speichern von Bildsequenzen erlauben, wie das ähnlich bei digitalen Fotoapparaten möglich ist.

Nun aber zu den **DV-Kassetten** und den heute üblichen DV-Formaten. Hinsichtlich der Kassettengröße unterscheiden wir zwischen DV- und Mini-DV-Kassetten.

Als Besitzer einer Ein-Chip-Kamera werden Sie in den meisten Fällen Mini-DV-Kassetten verwenden müssen. Der Unterschied gegenüber einer DV-Kassette liegt dabei allerdings nicht in der aufgezeichneten Qualität, sondern ausschließlich in der Größe der Kassette und im Preis. So kosten DV-Kassetten häufig viermal mehr als Mini-DV-Kassetten. Beide Kassettentypen sind mit oder ohne eine Miniaturspeicherelektronik im Handel erhältlich. Die Speicherelektronik bewirkt das feste Abspeichern von Produktionsdaten wie Uhrzeit, Timecode oder per Hand generierten Kurzbildbeschreibungen. Auf diesem Weg lässt sich auch nach Jahren in dem gedrehten Material schnell eine gewünschte Einstellung wieder finden. Aber dieser Service hat bei den Kassetten auch seinen Preis. DV- und Mini-DV-Kassetten arbeiten mit einer Bandbreite von ¼ Zoll und entsprechen damit der Breite klassischer Tonbänder. Im Handel sind Kassetten mit Aufnahmelängen von 5 bis 80 Minuten erhältlich.

Auch wenn es praktisch erscheint: Verwenden sich möglichst keine Kassetten mit sehr großer Aufnahmekapazität. Sie erhalten dadurch relativ lange Umspulzeiten, was beim späteren Digitalisieren die Kamera unnötig belastet. Außerdem verlieren sich in der Menge des aufgenommenen Materials auf einer Kassette möglicherweise bestimmte Sequenzen, die Ihnen sehr wichtig sind. Es empfiehlt sich der Einsatz von Kassettenlängen, die in etwa dem aufgenommenen Ereignis entsprechen könnten. Bei größeren Produktionen verteilen Sie die Gesamtproduktion auf eine vorher in der Planung von Ihnen festgelegte Gesamtlaufzeit und auf die entsprechende Anzahl der Kassetten.

▲ **Abbildung 8**
Gegenwärtig eingesetzte Videobänder

Schnittstellen

Entscheidend für den späteren Einsatz und die Nutzung der aufgenommenen Bildaufnahmen ist auch die Ausstattung der Schnittstelle einer Kamera. Bei vielen DV-Kameras ermöglichen die am Kamerakorpus befindlichen Schnittstellen (FireWire, Video-Out, S-Video-Out) eine optimale Übertragung auf das Schnitt-Equipment. Bei Nichtvorhandensein dieser Schnittstellen helfen häufig die im Handel passend dazu angebotenen Adapter. Mehr zu den Schnittstellen finden Sie im Kapitel »Schnitt und Nachbearbeitung« ab Seite 183.

Konkrete Kameramodelle

Nach den vielen Einzelheiten der heute gängigen Technik digitaler Kameras nun zu einigen konkreten Modellen (Stand: 09/2003), zunächst zu den **Ein-Chip-Kameras**. Leider veraltet diese Art von Informationen sehr schnell, dafür können Sie sich aber regelmäßig in Fachzeitschriften oder im Internet über aktuelle Entwicklungen informieren.

- ▶ **4 Canon MV600 / MV600i:** Gut geeignet für Einsteiger: 18-fach optischer Zoom (360-fach digital) und mit 800.000 Pixeln eine relativ hohe Auflösung. Allerdings keine Speicherkarte. Die MV600i bietet darüber hinaus einen Videodigitaleingang.

- ▶ **Sony DCR-TRV 245E:** Gut für Einsteiger und Umsteiger von Video8/Hi-8. 20-facher optischer Zoom. Bei günstigem Preis erhält der Käufer eine recht üppige Ausstattung (keine Speicherkarte)

- ▶ **JVC GR-DX25E:** 16-facher optischer Zoom. Für einen günstigen Preis erhält der Kunde eine gute Auflösung mit 0,8 Megapixel, Speicherkarte, Kamera in einem sehr kleinen Gehäuse.

- ▶ **Samsung VP-D80:** 10-facher optischer Zoom. Dieser Camcorder ist sowohl für die Aufnahme als auch für die Nachbearbeitung mit vielen sinnvollen Funktionen ausgerüstet.

- ▶ **Canon MV630i:** 20-facher optischer Zoom (400-fach digital), zusätzlich hoch auflösende Standbilder, Aufzeichnungsmöglichkeit auf SD- oder MMC-Speicherkarte und USB-Schnittstelle.

- ▶ **Sony CCD-TRV33E:** Sehr hohe Auflösung mit 1,07 Megapixel. Sehr guter Komfort in sehr kleinem Format (mit Memory Stick).

- ▶ **JVC GR-DV500E:** Hervorragende Auflösung mit 1,33 Megapixel, sehr gute Ausstattung, Multimedia- oder SD-Karte.

- ▶ **Canon MV650i:** 22-facher optischer Zoom (440-fach digital), zusätzlich Motion-JPEG-Aufzeichnung, Super-Nachtmodus ab 0 Lux und intelligenter Zubehörschuh für komfortable Videobearbeitung.

Nun zu den **Drei-Chip-Kameras**:

▶ **Canon XM2:** Eine kompakte Broadcasting-Lösung mit 3 CCDs. Für den professionellen Einsatz.

▶ **Canon XL 1s:** Dieser Kameratyp besitzt die Möglichkeit, Wechselobjektive einzusetzen. Dies bietet gerade Kameraleuten, die häufig mit Weitwinkelobjektiven arbeiten müssen, große Vorteile. Die Kamera besitzt außerdem XLR-Buchsen für Audio-Eingang und -Ausgang (professionell). Die Kamera arbeitet mit 3 $\frac{1}{3}$-Zoll-Chips mit jeweils 300.000 Bildpunkten. Sie besitzt außerdem einen 16-fachen optischen Zoom. Die meisten Funktionen lassen sich sowohl automatisch als auch manuell steuern. Damit ist die Kamera im Broadcast-Bereich einsetzbar.

▶ **JVC GY-DV500E:** Dieser nahezu professionelle Kameratyp arbeitet mit 3 $\frac{1}{2}$ Zoll-Chips von jeweils 440.000 Bildpunkten, besitzt also eine gute Auflösung. Auch hier besteht die Möglichkeit, das Objektiv zu wechseln. Die Kamera hat außerdem eine manuell steuerbare Shutter-Funktion, sodass Monitore ohne störende Balken aufgenommen werden können. Die vorhandenen XLR-Anschlüsse (professionell) ermöglichen ein Umschalten von Line auf Mikrofon, sodass auch externe Tonquellen, die vom Mischer oder einem Abspieler kommen, aufgenommen werden können. Entsprechend der Ausstattung ist die Kamera allerdings mit sieben Kilogramm nicht gerade leicht und eignet sich damit nicht besonders als Reisegepäck.

▶ **Sony DSR-PD150P:** Diese Kamera zeichnet nicht nur im DV-Format, sondern auch im DV-Cam-Format auf. Die Auflösung ist mit drei Chips à $\frac{1}{3}$ Zoll und jeweils 400.000 Pixeln sehr gut. Bei dieser Kamera ist ein Objektivwechsel nicht möglich, allerdings lassen sich auf das Objektiv entsprechende Optiken aufschrauben. Die Kamera besitzt professionelle XLR-Anschlüsse, die allerdings im Kameragriff untergebracht sind. Die meisten Funktionen lassen sich auch hier manuell oder automatisch schalten. Der digitale Scharfstellring der Optik gehört jedoch eher zum semiprofessionellen bzw. Amateurbereich, denn geübte Kameraleute können hier keine exakten Schärfen ziehen.

▶ **Panasonic NV-MX300EG:** Bei diesem Kameratyp handelt es sich um eine kleine Kamera, die jedoch auch mit drei Chips arbeitet. Ihre Auflösung liegt bei 3 ¼ Zoll-Chips mit jeweils 360.000 Pixeln. Die Kamera besitzt ein sehr gutes Objektiv (Leitz). Dieser Kameratyp bietet keine professionellen Tonanschlüsse, sondern bedient sich den Miniklinken-Buchsen. Bei externen Tonaufnahmen bereiten diese Anschlüsse häufig Schwierigkeiten, da die Miniklinke leicht herausziehbar ist und bei unerwartetem Zug auf das Mikrofonkabel abknicken kann. Hervorzuheben ist, dass diese Kamera beim Fotografieren von der PAL-Auflösung auf 1,8 Megapixel Auflösung umschaltet, sodass sehr hochwertige Fotos damit geschossen werden können.

2.2 Zusätzliche Kamerafunktionen

Problemfälle

Entwicklungen im Amateurbereich, die sich naturgemäß in einem vertretbaren Kostenrahmen bewegen, sind häufig Motor für Entwicklungen professioneller Kameraausrüstungen. Leider passen sich die Hersteller in der technischen Ausstattung allzu häufig den ungeübten Nutzern und deren Bedürfnissen an.

So ist der in allen digitalen Kameras vorhandene **Autofokus** sicherlich eine sinnvolle technische Hilfe, er sollte sich jedoch abschalten lassen, um ein »Pumpen« des Bildes zu vermeiden. Ebenso gehören Features wie Titelgenerator, Auf- und Abblendfunktion oder Dissolve-Funktion eigentlich in den Bereich der Nachbearbeitung, da diese, einmal eingesetzt, im Nachhinein keine andere Wahl der Montage mehr zulassen.

Ein zweiter Problembereich liegt bei den Objektiven. Sie sind in den meisten Fällen nicht auswechselbar (wie wir es von Fotoapparaten kennen).

Die Schärfeeinstellung lässt sich auch häufig nur unbefriedigend über einen digitalen Endlosring oder ein kaum zu handhabendes kleines Rädchen einstellen. Das Gleiche gilt für die Blende. Sehr weitwinklige Aufnahmen lassen sich, durch die Bautechnik bedingt, ebenfalls sehr häufig nicht realisieren.

Semiprofessionelle Kameras

Semiprofessionelle Kameras sind häufig mit professionellen Ein- und Ausgängen für Ton und Bild ausgestattet. Damit lassen sich ohne großartigen Adapteraufwand sichere Tonverbindungen über XLR-Stecker und sichere Kontrollmöglichkeiten auf entsprechenden Monitoren über BNC-Stecker herstellen.

Wie Profis arbeiten

Im Gegensatz zum Amateur verwenden professionelle Kameraleute beim Drehen niemals Automatikbetriebe. Die Blende wird manuell eingestellt und, wenn notwendig, von Hand korrigiert. Auch Entfernung, Weißabgleich und Tonpegel werden selbst eingestellt. Dahinter steht der Grundsatz, dass der Kameramann die Situation beherrscht und entsprechend auf Veränderungen derselben reagiert.

Bildstabilisator und die freien Bildflächen

Die heute eingesetzten Aufnahmechips sind durch die fortschreitende elektronische Entwicklung mittlerweise bei einer hohen Aufnahmekapazität sehr klein. Die Chipgrößen liegen zwischen ¼ und ⅓ Zoll bei 800.000 bzw. 1.500.000 Pixeln. Bei modernen DV-Kameras wird das über das Objektiv aufgenommene Bild jedoch nicht auf die gesamte Fläche des Aufnahmechips projiziert. Der projizierte Bildausschnitt ist kleiner und nutzt damit nur einen Ausschnitt von wie bisher 440.000 Pixeln der gesamten Chipfläche. Der damit verbleibende äußere (inaktive) Rand bei einer fixierten Kamera wird nun für die Bildstabilisation genutzt. Dabei wird über einen Sensor jegliche Erschütterung (im minimalen Bereich) gemessen, mit dem zuletzt erzeugten und aufgenommenen Bild verglichen und durch Verschieben des Projektionsfensters auf dem größeren Chip in die entgegengesetzte Richtung kompensiert. Da die aufgenommene Bildfläche sich nicht vergrößert (auch nicht bei zunehmender Miniaturisierung der Speicherchips), können über dieses Verfahren Bewegungen in horizontaler und vertikaler Richtung ausgeglichen werden. →

Bildstabilisator (Steady Shot)

Viele DV-Kameras bieten heute ein technisches Feature, das als Bildstabilisator bei unruhig geführter Kamera dienen soll. Hier ist Vorsicht geboten. Das Drücken dieser Wundertaste ersetzt ein Stativ sicherlich nicht. Erst wenn die Steuerungschips denken könnten und damit in der Lage wären, zu verstehen, was Sie aufnehmen, wäre diese Funktion vielleicht sinnvoll einsetzbar. Was aber durch diese Funktionstaste kompensiert wird, sind leichte Kamerawackler.

Es existieren zurzeit zwei Arten von Stabilisatoren:
1. der elektronische Stabilisator bzw. Steady Shot (z. B. bei der Sony VX-1000)
2. der optische Stabilisator bzw. Steady Shot (z. B. bei der Panasonic Ewz-1)

Bei eingeschalteter Stabilisierungsfunktion wird beim **elektronischen Steady Shot** das vom Objektiv erfasste Bild 00:00:01 nicht direkt auf Band aufgezeichnet, sondern in einem Zwischenspeicher abgelegt. Dort wird es mit dem nachfolgenden Bild (00:00:02) verglichen. Liegt die Abweichung im Toleranzbereich, wird der nachfolgend aufgenommene Bildausschnitt um die Abweichung nach unten verschoben.

Zu diesem elektronischen Stabilisationsprinzip existiert auf dem Markt auch eine Alternative. **Der optische Steady Shot** bewegt ein Prisma im Objektiv, um die Schwingungen zu neutralisieren. Dazu schwebt eine Linse, von kleinen Pumpen gehalten, in einem speziellen Gel. Diese Technik führt zu keinem Qualitätsverlust der Bilder. Beim plötzlichen Anhalten eines Schwenks beobachtet man jedoch manchmal eine leichte (nicht beabsichtigte) Korrekturbewegung.

▲ **Abbildung 9**
Funktion des elektronischen Bildstabilisators

Weißabgleich

Videokameras und auch DV-Kameras können »von Natur aus« Farben nicht erkennen. Sie unterscheiden nicht zwischen Kunst- und Tageslicht und würden damit je nach Lichtquelle Fehlfarben erzeugen. Sie kennen das sicher: Eine Neonröhre färbt Ihre Filme grünlich, die Glühlampe eher gelblich. Damit dies nicht geschieht, wurde von Seiten der Hersteller eine manuelle bzw. mittlerweile auch oft automatische Funktion zur Farbkorrektur bzw. -angleichung an die jeweiligen Lichtverhältnisse hinzugefügt, der so genannte Weißabgleich.

▲ **Abbildung 10**
Weißabgleich (Eine farbige Abbildung finden Sie im Farbteil ab Seite 266.)

→ Der technische Prozess, das aufgenommene Bild mit dem jeweils nächsten zu vergleichen, führt zu einer Verzögerung, die man als so genannten **Nachzieheffekt** im Sucher bei genauer Betrachtung beobachten kann. Es ist zu erwarten, dass in Zukunft der Wirkungsgrad von Chips weiter steigt und dadurch eine noch größere Ausgleichsfläche für unruhige Kameraführung gegenüber der eigentlich aufgenommenen Projektionsfläche zur Verfügung stehen wird. Damit würde sich in Zukunft bei gleich bleibender Bildqualität auch die Qualität von Bildstabilisatoren weiter verbessern lassen.

Die **manuelle Voreinstellung** des Weißabgleichs funktioniert meist auf mechanischem Weg durch Einstellung eines Schalters auf die jeweilige Hauptlichtquelle: Tageslicht (häufig als die Sonne symbolisiert), Kunstlicht (häufig als Glühbirne symbolisiert) oder Neonlicht (häufig als Neonröhre symbolisiert). Bei vielen DV-Kameras kann diese Einstellung auch im Menü vorgenommen werden, wenn ein mechanischer Schalter nicht existiert. Dieses so genannte Preset gestattet es dann, in der entsprechend gewählten Lichtumgebung ohne permanenten Weißabgleich zu drehen, und dies bei einer echten Farbgebung.

In Situationen von Mischlicht ergibt sich, wenn die Lichtquellen etwa gleich stark sind, also Außen- und Innenlicht im gleichen Anteil auf Ihre Motive fallen, ein Abgleichproblem. Sie werden beispielsweise auf einer per Scheinwerfer bestrahlten Statue in einem Museum, die gleichzeitig durch die Fenster von Außenlicht bestrahlt wird, entweder eine blaue Korona bei Abgleich auf Innenlicht oder eine rote Korona bei Abgleich auf Außenlicht an der Figur vorfinden.

Um hier einen **Farbstich** zu vermeiden, besteht zum einen die Möglichkeit, exakt den Abgleich auf das Mischlicht abzustimmen. Wenn dies nicht möglich ist, bleibt als Alternative nur eine relativ aufwändige Methode: nämlich den Weißabgleich am Hauptlicht zu

Weißabgleich professionell

Existieren in Ihrem gewählten Bildausschnitt jedoch keine weißen Gegenstände, so müssen Sie möglichst mithilfe einer zweiten Person den Weißabgleich professionell durchführen. Hierfür sollte die zweite Person ein weißes Blatt Papier (DIN-A4 quer) möglichst so in Ihrem Bildausschnitt positionieren, dass es in der später favorisierten Aufnahmeebene liegt und entsprechend von den Hauptlichtquellen beschienen wird. Dazu ist manchmal ein leichtes Kanten der Weißabgleich-Karte notwendig. →

→ Sie selbst als Kameraperson müssen nun, wie bereits beschrieben, durch den Zoom dieses weiße Blatt möglichst Bildflächen füllend heranholen, um dann den manuellen Weißabgleich zu aktivieren. Bei Veränderung der Lichtsituation muss dieses Vorgehen entsprechend wiederholt werden. Leichte Farbveränderungen von Einstellung zu Einstellung können mittlerweile sehr einfach in der Nachbearbeitung korrigiert werden.

orientieren und alle Nebenlichtquellen durch entsprechende Filterfolien anzugleichen.

Häufig jedoch werden Sie Situationen vorfinden, in denen sich zu einer Lichtquelle eine zweite bzw. weitere Lichtquellen addieren. Profis sprechen hierbei von **Mischlicht**. Ein Preset ist dann nur noch schlecht möglich und würde die Farbwerte der aufgenommenen Bilder verfälschen. In diesem Fall ist es notwendig (falls die Kamera keinen automatischen Weißabgleich besitzt), einen **manuellen Weißabgleich** auszuführen. Dies geschieht im einfachen Fall dadurch, dass Sie sich einen im späteren Bildausschnitt befindlichen weißen Gegenstand suchen, mit dem Zoom darauf zufahren – und dies alles bei noch nicht eingeschaltetem Aufnahmebetrieb – und dann die Weißabgleich-Taste der Kamera bzw. die entsprechende Funktion im Kameramenü wählen. Weiße Hemden, T-Shirts, Fahnen und sonstige Dekoration, die von den vorwiegenden Lichtquellen der geplanten Kameraeinstellung bestrahlt werden, eignen sich hier als gute Hilfe.

▲ **Abbildung 11**
Professioneller Weißabgleich

▲ **Abbildung 12**
Weißabgleich bei Mischlicht (Eine farbige Abbildung finden Sie im Farbteil ab Seite 266.)

Bei sehr vielen der heute auf dem Markt befindlichen DV- und Mini DV-Kameras existiert neben der manuellen eine **automatische Weißabgleich-Funktion**. Die Kamera orientiert sich dabei an den Hellwerten und definiert die hellsten Flächen als Weißflächen. Sollte sich anschließend bei einer ähnlichen Fläche die Farbgebung ändern und entsprechend von der Kamera registriert werden, gleicht die Kamera diese Farbveränderung durch einen automatischen Weißabgleich an. Schon aus der Erklärung wird deutlich, dass ein automatischer Weißabgleich nur bedingt einsetzbar ist, Sie also Gefahr laufen, je nach Motiv dann doch falsche Farbwerte aufzunehmen. Die heute an fast allen Kameras befindlichen LCD-Farbbildschirme ermöglichen Ihnen aber eine permanente Kontrolle, sodass auch bei eingeschaltetem automatischem Weißabgleich Störungen bemerkt und gegebenenfalls nachjustiert werden können.

2.3 Objektive

Man unterscheidet im optischen Aufbau einer Kamera zwischen

- ▸ Weitwinkelobjektiv
- ▸ Normalobjektiv
- ▸ Teleobjektiv

Anders als bei Ihrem Fotoapparat sind bei Ihrer DV-Kamera diese Objektive in einem Objektivkörper untergebracht. Die Wahl der Objektivart erfolgt hier über einen Wippschalter oder einen kleinen Drehknopf.

▲ **Abbildung 13**
Kameraobjektiv

▲ **Abbildung 14**
Objektiv von vorne

Bei hochwertigeren Kameras lassen sich über diesen Schalter sehr weiche Wechsel zwischen Weitwinkel- und Teleaufnahmen durchführen. Ermöglicht wird dies dadurch, dass der Schalter nicht konstant mit einer oder drei anwählbaren Geschwindigkeiten die Optik verändert, sondern je nach Intensität Ihres Fingerdrucks von null bis zur vollen Geschwindigkeit reagiert. Geübte Kameraleute nutzen diese Technik, um beispielsweise aus einer Einstellungsgröße im Telebereich durch anfänglich sehr leichten, dann zunehmen-

Extremen Weitwinkel nutzen

Sollte die Kamera kein Gewinde für Blenden bzw. Aufsätze am Objektivkopf besitzen, hilft es bei gewünschtem Einsatz eines Fischauges, mit Gaffaband ein starkes Weitwinkelobjektiv vor dem vorhandenen Objektiv anzubringen. Diese Bastelei kann allerdings zur Folge haben, dass Ihre Bildecken möglicherweise dunkler oder unscharf werden. Hier hilft vor dem Kauf nur das Testen.

Digitaler und optischer Zoom

Beim Thema Objektiv sollte vielleicht noch einmal darauf hingewiesen werden, dass bei den Hersteller-Zoomangaben – also dem Bereich, der Ihnen erlaubt, Ihr Motiv nah heranzuholen – ausschließlich der optische Zoom von Bedeutung ist, denn dieser ist ohne Bildverlust. Der digitale Zoom vergrößert das Motiv durch eine Neuberechnung, d.h. es verringert sich die Pixelauflösung und verschlechtert so auf jeden Fall immer die Bildqualität.

den Druck auf den Wippschalter mit kaum wahrzunehmender »Anfahrt« langsam aufzuziehen und dann – in hoher Geschwindigkeit – in den Weitwinkelbereich überzuleiten, bevor sie zum Ende wieder abbremsen.

Die Kamerahersteller haben auch hier versucht, weniger geübten Nutzern eine Hilfe an die Hand zu geben und das Profihandling durch Mikrotechnik zu imitieren. Bei vielen Kameratypen reagieren deshalb die Wippschalter in der Art, dass die Anfangsbeschleunigung und das Endabbremsen bei jedem Zoom und bei jedem Aufzug automatisch stattfinden. Sicherlich eine schöne Technik, wenn sie sich denn auch ausschalten ließe, denn möchten Sie einmal sehr schnell aufziehen, funktioniert dies nicht.

Bei den meisten **Ein-Chip-DV-Kameras** lassen sich die Objektive nicht – wie Sie es vielleicht von Ihrer Spiegelreflexkamera her kennen – wechseln. Vielmehr sind sie fest mit dem Kamerakorpus verbunden. Hier besteht für ambitionierte Filmer nur die Möglichkeit, die im Fachhandel erhältlichen Zusatzblenden (z.B. Fischauge, also extreme Weitwinkelobjektive), auf das Objektiv aufzuschrauben. Dazu muss der Objektivkopf allerdings ein entsprechendes Gewinde aufweisen. Für extreme Weitwinkelaufnahmen (in engen Räumen manchmal erforderlich) ist guter Rat im wahrsten Sinne teuer. Denn zum einen sind aufschraubbare Weitwinkelobjektive immer kostspielig, und wenn dann noch kein Gewinde am Objektivkopf ist, bleibt nur ein anderer Kameratyp mit Wechselobjektiven.

Drei-Chip-Kameras haben teilweise auswechselbare Objektive. Bei einigen Canon-Modellen lassen sich beispielsweise Fotoobjektive aufschrauben. Profikameras haben in der Regel immer wechselbare Objektive, in denen alle Bedienelemente (Zoomwippe, Ein-/Ausschalter, Blende, Schärfe, Remote-Buchse) integriert sind.

2.4 Das Stativ – ein sicheres Standbein

Immer wieder wird in verschiedenen Abschnitten dieses Buches darauf verwiesen, wie sinnvoll es ist, bei den Aufnahmen ein Stativ einzusetzen. Dazu gehört aber in einem ersten Schritt auch die Auswahl des richtigen Stativs und die Kenntnis über diverse Details dieses Kamera-Equipments, denn bei den Stativen gibt es erhebliche Unterschiede.

Vom Aufbau her unterscheidet man das Einbein- und das Dreibeinstativ:

1. Das **Einbeinstativ** ist schon eine Hilfe, denn es lässt sich leicht aufbauen und transportieren. Außerdem stolpern Sie nicht über die sonst oft im Weg stehenden Stativbeine.
2. Wer wackelfrei, also professionell aufnehmen möchte, kommt an dem Einsatz eines **Dreibeinstativs** nicht vorbei.

▲ **Abbildung 15**
Beispiele für Stative

Wie Sie später noch sehen werden, kommt es bei dem Stativ auf Feinheiten, auf Details an. Sie sollten deshalb beim Kauf eines Stativs nicht nur den finanziellen Aspekt berücksichtigen.

Ein **Hauptqualitätsmerkmal** des guten Dreibeinstativs liegt in dem Stativkopf. Ein weiteres Qualitätsmerkmal liegt in dem Stativ selbst. Hier reicht die Spanne von schweren, schwergängigen oder umständlich ausziehbaren Stativbeinen bis zu qualitativ hochwertigen, leicht händelbaren Kohlefasertechniken. Schon beim Kauf gilt es, ausgestattet mit ausreichendem Vorwissen und einer etwaigen Vorstellung über die zukünftigen Aktivitäten, eine zielgerichtete Auswahl zu treffen. Im Folgenden also einige Grundlagen über die Einzelkomponenten des Stativs.

Gewicht und Preis

Stative werden aus sehr unterschiedlichen Materialien hergestellt. Die Spanne reicht von Eisen über Aluminium bis zu Kohlefaser. Qualitativ nimmt die Kohlefaser den höchsten Rang ein, denn sie ist vibrationsarm und verträgt statisch hohe Belastungen. Außerdem ist sie der leichteste Werkstoff. Allerdings sind diese Stative auch die teuersten.

Stative können die Dateigröße verringern!

Als Erstes sei ein durch den schnellen technischen Wandel bedingtes neues Argument für den Einsatz von Stativen angeführt: Stative können die Dateigröße Ihres Films verringern.
Es wird sicher vorkommen, dass Sie Ihren Film komprimieren und als MPEG-Datei bzw. (Super-) Video-CD oder -DVD speichern wollen. Die Kompressionsmethode der MPEG-Dateien funktioniert so: Die Datei speichert alle 15 Bilder lediglich ein Vollbild und dazwischen nur die Veränderungen. Bei einem relativ ruhig stehenden Bild, wie es die Verwendung eines Stativs garantiert, werden weniger Veränderungen gespeichert als bei einem wackeligen Bild. Hinzu kommt, dass bei einer Datei mit größerer Datenmenge die Auflösung reduziert wird, was zur Folge hat, dass die Detailgenauigkeit verloren geht.

Stativsysteme

Das Stativsystem beinhaltet folgende Einzelkomponenten (beginnend vom Boden, also dem Bereich, auf den das Stativ aufgesetzt wird):

- ▶ Die Stativspinne
- ▶ Das eigentliche Stativ
- ▶ Der Stativkopf
- ▶ Die Schnellspannplatte

Die Stativspinne wird in den meisten Fällen über Hartgummilaschen mit dem unteren Teil der Stativfüße verbunden. Das Stativ selbst wiederum weist an der Oberseite eine Schale auf. In dieser liegt, über ein Schraubgewinde befestigt, die Halbkugel des Stativkopfes. Die Schnellspannplatte sitzt, mit einer oder mehreren Schrauben an der Keilplatte verbunden, auf dem Stativkopf.

Abbildung 16 ▶
Stativspinne

Stativspinne

Im Normalfall wird bei Außendreharbeiten auf weichen Böden wie Gras oder Erde das Stativ mit den Spitzen der Stativfüße in den Untergrund gerammt. Dadurch können die Stativbeine nicht mehr seitlich wegrutschen und das Stativ ist gut fixiert. Bei festen, glatten

Böden oder sehr empfindlichen Untergründen wie Parkett und Glas ist diese Vorgehensweise nicht möglich. Wenn das Stativ nicht über eine Mittelsäule und entsprechender Befestigung der Stativbeine verfügt, bietet sich der Einsatz einer Stativspinne an.

In den meisten Fällen handelt es sich dabei um drei Kunststoffleisten, die in Form eines Ypsilons klappbar an den Stativfüßen befestigt werden. Um dem Stativ eine ausreichende Standfestigkeit zu geben, ist es manchmal erforderlich, die Stativspinne in ihren Schenkeln zu verlängern. Hierfür existieren auf der Spinne jeweils Arretierungen. Mittelhohe Stative haben häufig eine Innenspinne, die eine Arretierung der Stativbeine zur Mittelsäule hin besitzen. Um den Untergrund nicht zu beschädigen, werden bei diesen Stativen Gummifüße unterlegt.

Fahrspinnen

Sollten Sie mit Ihrem Stativ Kamerafahrten planen, bieten sich Stativspinnen an, die an ihrer Unterseite mit Rollen ausgestattet sind. Diese so genannten Fahrspinnen sind aber nur auf sehr glatten Untergründen einsetzbar.

◄ **Abbildung 17**
Stativ mit Mittelsäule und Gummifüßen

▲ **Abbildung 18**
Stativbeine

Das eigentliche Stativ

Stativbeine gibt es, wie bereits erwähnt, in sehr unterschiedlichen Materialien. Für einen flexiblen und optimalen Einsatz sollten Sie darauf achten, dass die Stativbeine ausfahrbar sind. Das bedeutet, dass sich jedes einzelne Stativbein mit einem leichten Handgriff in seiner Arretierung lösen und ebenso durch eine schnelle Handbewegung in seinem dann ausgezogenen Zustand arretieren lässt. Beim Ausziehen des Stativbeines sollte dies nicht hakeln oder ruckeln, denn oft erfordern Aufnahmesituationen ein schnelles Fixieren der Standbeinlänge.

Stativköpfe

Ein qualitativ hochwertiger Stativkopf sollte Ihre geplanten Kamerabewegungen, also Schwenks bzw. Reißschwenks, optimal unterstützen. Das bedeutet, die Aufnahme sollte ruckelfrei sein, und das auch beim Start eines Schwenks (also ohne Anlaufruckler).

Verschiedene Stativköpfe

Es werden Ihnen verschiedene Stativköpfe begegnen, nämlich Hydroköpfe als auch die Friktionsköpfe, welche eher preiswert und mehr für Fotos geeignet sind.

Abbildung 19 ▶
Ein Stativkopf in der Nahaufnahme mit den verschiedenen Einstellungen für Dämpfungsstufen

Gute Stativköpfe haben für die Horizontal- und Vertikalbewegung verschiedene **Dämpfungsstufen** zur Anwahl. Die höchste Dämpfungsstufe erlaubt nur ein sehr zähes Bewegen in die jeweilige Richtung, die niedrigste Einstellung dagegen ein sehr leichtes Bewegen, wie zum Beispiel bei Reißschwenks. Möchten Sie also einen ruhigen Schwenk über eine Landschaft produzieren, ist es ratsam, eine hohe Dämpfungsstufe einzustellen, sodass sich auch leichtes Handzittern nicht auf die Kamera übertragen kann.

Der Stativ- oder Schwenkkopf als entscheidendes Element eines Stativs sollte so eingestellt sein, dass die Dämpfung in horizontaler wie in vertikaler Richtung etwa gleich ist. Abweichungen von diesem Standard ergeben sich sicherlich in speziellen Situationen.

Ausgleich

Um bei Vertikalbewegungen den unterschiedlichen Gewichten der Kamera gerecht zu werden, gibt es bei hochwertigen Stativen so genannte Ausgleichsfedern, die das zu schnelle Abknicken von schweren Kameras nach vorne oder hinten verhindern.

Gute Stative haben im oberen Bereich neben der Schale eine kleine **Wasserwaage**, die Ihnen das Justieren der Stativschale in der Waagerechten erleichtert. Die Stativschalen gibt es je nach Gewicht der Kameras in sehr unterschiedlichen Größen.

Die Wahl des Stativkopfes sollte auf Kameragröße und -gewicht abgestimmt sein. In den meisten Fällen werden Sie als DV- oder Mini-DV-Kamerabesitzer mit einem kleinen Stativ, also mit einer 75er Stativschale, auskommen können. Größere und schwerere professionelle Kameras benötigen demgegenüber 100er bzw. 150er Schalen. Entscheidend bei der Auswahl der Stativschale bzw. -größe ist immer das Kameragewicht, denn dieses gilt es gerade mit dem Stativkopf zu bewegen und zu steuern.

Schwenkarm

Wer sich noch an seinen Physikunterricht erinnert, wird wissen, dass ein physikalischer Arm je nach Länge den Kraftmoment am Drehpunkt erhöht. Auf ein Stativ bezogen bedeutet dies bei Schwenkbewegungen nicht nur eine Erleichterung für die Kamerabewegung, sondern auch die Möglichkeit eines empfindsameren Handlings. Der Schwenkarm ist seitlich an den Stativkopf geschraubt und lässt sich über mehrere Zahnkränze in unterschiedlichen Positionen fixieren. An diesem Schwenkarm lassen sich außerdem Fernbedienungen wie Hinterkamerabedienungen befestigen. Der Einsatz eines Schwenkarmes ermöglicht Ihnen trotz eingeschalteter Dämpfung das Durchführen eines Schwenks mit den Fingerspitzen. Bei Schwenks innerhalb eines großen Radius kann der Schwenkarm manchmal jedoch auch störend sein, da er Sie in Ihrer Beweglichkeit einschränkt.

▲ **Abbildung 20**
Schwenkarm

Schnellspannplatte

Die eigentliche Verbindung zwischen Stativsystem und Kamera bildet die Bodenplatte, Keilplatte oder Schnellspannplatte. Der Sinn dieser Platte besteht darin, die Kamera möglichst schnell und ohne großartige Montage mit dem Stativ fest zu verbinden. Die Platte wird durch eine oder mehrere Schrauben mit der Kamera fest verbunden und dann in die dafür vorgesehene Öffnung auf dem Stativkopf eingeführt. In den meisten Fällen erfolgt danach ein automatisches Arretieren.

Da Kameras je nach Wahl von Objektiven und Akkus in ihrem Balanceverhalten nicht immer optimal auf dem Stativkopf positioniert werden können, gibt es bei guten Stativen die Möglichkeit, an der Schnellspannplatte die Balance einzustellen. Dazu wird die Kamera auf der Schnellspannplatte in einer Schiene nach vorne oder hinten bewegt und dann fixiert. Die optimale Position erhalten Sie, wenn bei ausgeschalteter Dämpfung die Kamera absolut im Gleichgewicht steht.

▲ **Abbildung 21**
Kopf mit Schnellspannplatte

Stativtransport

Schwenkköpfe und Stative sind feinmechanisch hochwertige Geräte. Sie sollten diese für den Transport in einer entsprechenden Tasche oder einem Köcher verpacken. Stellen Sie beim Transport die Dämpfungen auf 0 und lösen Sie die Arretierungen.

Kleine DV-Kameras haben zur Befestigung der Bodenplatte meist nur eine Gewindeöffnung an der Unterseite. Zur zusätzlichen Arretierung befinden sich jedoch häufig ein kleiner Stift und die entsprechende Öffnung an der Kamera. Leider ist das Stativgewinde bei winzigen DV-Kameras manchmal sehr unglücklich angebracht, sodass auch bei guten Stativen ein leichtes Federn und Wackeln der Kamera erfolgen kann. Beim Stativkauf ist es also ratsam, dieses mit der Kamera vor Ort zu testen und sich dann für die optimale Lösung zu entscheiden.

Spezielle Stative

Für spezielle Aufnahmen sind häufig auch spezielle Stativsysteme erforderlich, z.B. Tischstative, Saugnapfstative, Luftaufnahmestative, Dollystative etc. Eine genaue Erklärung der Systeme würde hier aber zu weit führen. Nur einige kurze Anwendungsmöglichkeiten: Für Makroaufnahmen in der Natur eignen sich besonders sehr kurzbeinige Stative, Saugnapfstative befestigen Ihre Kamera in einem Auto. Dollystative hingegen werden nur in Verbindung mit dem so genannten Dolly, einem auf Schienen bewegten Kamerawagen, den Sie vielleicht von Fußballspielen oder Leichtathletikmeetings kennen, eingesetzt. Im Hobbybereich finden sie keine Anwendung.

Licht-Equipment

Informationen zur nötigen Beleuchtungs-Ausrüstung erhalten Sie im Kapitel Licht und Beleuchtung ab Seite 143.

2.5 Mikrofone

Preis

Der Preis von externen Mikrofonen bewegt sich von 25 Euro bis ca. 1.000 Euro und hängt sehr von der Empfindlichkeit, Charakteristik und dem dynamischen Umfang des Mikrofons ab.

Auch wenn Ihre DV-Kamera ein eingebautes Mikrofon hat, benötigen Sie für Interviews oder Außen-Tonaufnahmen dringend ein externes Mikrofon. Mikrofone definieren sich über ihre **Richtcharakteristik**. Diese definiert die Eigenschaft von unterschiedlich geformten Mikrofonen, sich auf einen bestimmten Schall konzentrieren zu können. Bekannt sind Kugelmikrofone, Nierenmikrofone, Keulenmikros, die »Acht« und diverse Zwischentypen.

Mikrofontypen

Ein **Kugelmikrofon** ist schon von seinem äußeren Erscheinen durch die kugelförmige Aufnahmeeinheit deutlich definierbar. Der Schall wird bei dieser Charakteristik aus allen Richtungen gleich aufgenommen. Der Einsatz des Mikrofons ist bei der Aufnahme von atmosphärischen Geräuschen zu empfehlen. Ansteckmikrofone weisen ebenfalls eine Kugelcharakteristik auf.

▲ **Abbildung 22**
Ein Mikrofon

Nierenmikrofone sind, vereinfacht erklärt, eine Mischung aus Kugelcharakteristik und Richtmikrofon. Sie nehmen in erster Linie von vorne kommenden Schall auf, aber auch große Teile der Geräusche, die seitlich des Mikrofons auftreten. Dieser Mikrofontyp ist für Interviews empfehlenswert, bei denen die Atmosphäre mit eingefangen werden soll. Eine Untergattung ist die Superniere, die im Vergleich zur Niere die Hintergrund- bzw. atmosphärischen Geräusche gegenüber der Hauptaufnahmerichtung noch weiter ausblendet.

Bei der **Keulencharakteristik** handelt es sich um ein ausgesprochenes Richtmikrofon, das alle atmosphärischen Störungen von außen weit gehend ausblendet. Dafür muss das Mikrofon aber sehr genau auf die Geräuschquelle ausgerichtet werden. Je näher Sie sich mit dem Mikrofon an der akustischen Quelle befinden, um so besser werden die Aufnahmen. Sie kennen sicher die Tonassistenten, die in großen Filmproduktionen das Mikrofon an einer langen Stange so auf die Nahaufnahmequelle richten, dass es den Ton optimal erfasst, aber nicht in ihrem Bildfenster zu sehen ist.

Es gibt noch eine Mischung aus Superniere und Keule: Da Richtmikrofone nur dann sinnvoll ihren Einsatz finden, wenn sie exakt auf die Geräuschquelle gerichtet sind – und dies setzt einige Erfahrung voraus –, bietet sich die Charakteristik der **Superniere/Keule** an, denn hier ist ein gewisser Spielraum beim Ausrichten des Mikrofons auf die Geräuschquelle vorhanden.

Ein Mikrofon mit **Achtcharakteristik** verhält sich ähnlich wie ein Mikrofon mit Kugelcharakteristik. Besonders geeignet ist der Einsatz, um Atmosphäre rund um das Mikrofon aufzunehmen.

Mikrofone nehmen leider nicht nur die gewünschten Tonquellen auf, sondern sind auch gegenüber mechanischen und Handgeräuschen durch das Festhalten des Mikrofons am Schaft sehr empfindlich. Bei guten Mikrofonen findet eine mechanische **Endkopplung** statt. Was bedeutet, dass die eigentliche Aufnahmeeinheit, nämlich die Mikrofonkapsel, so gelagert ist, dass sie gegenüber mechanischen Schwingungen von außen (Handreiben, Camcorder-Erschütterungen etc.) möglichst unempfindlich ist. Bei Richtmikrofonen, die an einer Tonangel oder einem Tongalgen befestigt sind, findet die mechanische Endkopplung dadurch statt, dass das gesamte Mikrofon in einem Gumminetz aufgehängt wird, sodass auch Erschütterungen beim Halten der Tonangel wenig Störgeräusche bei der Aufnahme verursachen.

Schalter

Bei vielen handelsüblichen Mikrofonen lässt sich die Richtcharakteristik durch einen auf dem Mikrofon befindlichen Schalter verändern. Dies gilt nicht nur für externe, sondern bei höherwertigen DV-Kameras auch für interne Mikrofone. Symbolisiert wird dabei die Charakteristik an dem entsprechenden Schalter durch eine angedeutete Niere, Keule oder Kugel.

Allround

Bei dem breiten Spektrum an charakteristischen Eigenschaften von Mikrofonen macht es für den alltäglichen Gebrauch bei Videoproduktionen Sinn, ein Mikrofon einzusetzen, das universell einspielbare Charakteristikmerkmale aufweist. Das erspart die Anschaffung und Wartung unterschiedlicher Mikrofone und reduziert außerdem den Transportaufwand Ihres Equipments.

Ansteckmikrofone

In den meisten Fällen werden Sie mit den in diesem Kapitel beschriebenen Mikrofontypen gut bedient und den Aufnahmen sowie den daraus resultierenden Tonanforderungen gewachsen sein. Speziell für Interviewsituationen und Gesprächsaufnahmen existieren auf dem Markt mittlerweile sehr kleine Mikrofone, die (fast unsichtbar) am Revers oder Kragen der agierenden und aufzunehmenden Person befestigt werden. Diese so genannten Ansteckmikrofone sind allerdings nicht ganz billig und nur für diesen begrenzten Einsatzbereich verwendbar. Man unterscheidet dabei zwei Typen von Ansteckmikrofonen:

▸ **Normale Ansteckmikrofone** werden wie die bereits beschriebenen Mikrofontypen über ein Kabel mit der Kamera verbunden. Dieses Kabel wird dann möglichst versteckt unter der Kleidung zum Aufnahme-Equipment geführt.

> ## Frequenzgang
>
> Es existiert häufig eine weitere Anwahlmöglichkeit, nämlich die Bestimmung des **Frequenzganges**. Durch diese kleinen Schalter können Sie Höhen bzw. Tiefen ausblenden und damit den dynamischen Umfang des Mikrofons bestimmen. Sinn macht diese Wahlmöglichkeit, wenn beispielsweise in der Aufnahmesituation besonders dumpfe Störgeräusche vorkommen und diese ausgeblendet werden sollen. Bei sehr hellen, fast klirrenden Geräuschen macht es manchmal auch Sinn, die Frequenzspitzen über diese Wahloption zu dämpfen.

Abbildung 23 ▸
Ein normales Ansteckmikro

▸ **Funkansteckmikrofone** sind mit einem kleinen Sender ausgestattet, der dann in der Jackentasche bzw. am Rücken der Interviewperson befestigt wird; das Kabel dahin wird ebenfalls versteckt unter der Kleidung verlegt. Der kleine Sender überträgt von dort das Tonsignal zu einem Empfänger, der sich möglichst an der Kamera befinden sollte und von dort den Ton über einen entsprechenden Anschluss in die Kamera führt. Da bei Funkansteckmikrofonen der Bewegungsradius der agierenden Personen sehr frei ist, eignen sie sich besonders günstig für Gesprächssituationen, in denen die agierenden Personen sich bewegen oder Kamerabewegungen vorgesehen sind (siehe Abb. 24).

◄ **Abbildung 24**
Der Sender eines Funkmikros

Neben dem hohen Preis besitzen diese Mikrofontypen jedoch den Nachteil, dass sie über Batterien oder Akkus betrieben werden müssen (Sender und Empfänger) und einen relativ hohen Stromverbrauch haben. Das bedeutet, dass Sie sehr häufig gezwungen sind, die Akkus zu wechseln. Sind die Akkus fast leer, wird der Ton nur noch teilweise oder in schlechter Qualität übertragen und aufgezeichnet. Hier empfiehlt sich auf jeden Fall die Kontrolle über einen Kopfhörer.

Stereo aufnehmen

In vielen Mini-DV-Kameras sind bereits Stereomikrofone eingebaut. Da Sie nun während Ihrer Aufnahmen, beispielsweise bei einem Konzert, nicht immer in unmittelbarer Nähe der Klangquelle sind, ist es für Stereoaufnahmen notwendig, ein externes Stereomikrofon zu verwenden. Alternativ bietet sich an, zwei an einem Stativ befestigte Richtmikrofone auf die Konzertsituation zu richten und beide Tonquellen über einen Adapter auf einen Stereoklinkeneingang zu führen, der dann in der Buchse Ihrer DV-Kamera befestigt wird (oder, wenn XLR vorhanden, die beiden XLR-Stecker in die Toneingangbuchsen 1 und 2 zu stecken). Bei dieser Vorgehensweise sollten jedoch Grundvorstellungen von Tonaufnahmen vorhanden sein. Etwa sollten Sie bereits im Vorhinein so weit orientiert sein, dass Sie Abstand und Ausrichtung der Mikrofone optimal festlegen können, und dies hängt letztlich nicht mehr von den Mikrofonen, sondern insbesondere von der Raumgröße und der Schallquelle ab, die Sie aufnehmen möchten.

▲ **Abbildung 25**
Kabel mit XLR-Stecker und Buchse

Mikrofonzubehör

Zu den im Handel erhältlichen Mikrofonen ist meist ein größeres Repertoire an Zubehör erhältlich, das den Einsatz und die Handhabung oft erleichtert. Hierzu zählen Mikrofonhalterungen, Klemmen, Mikrofonständer und Windschutzeinrichtungen.

Häufig haben die im Handel erhältlichen einfacheren Mikrofontypen als Anschlussmöglichkeit zu Ihrem Kamera-Equipment einen kleinen **Klinkenstecker**. Damit ist bei den meisten DV-Videokameras ein Anschluss problemlos möglich. Es sei jedoch darauf hingewiesen, dass dieser Klinkenstecker Probleme bereiten kann, da er sich sehr leicht aus der Mikrofonbuchse der Kamera herausziehen lässt. Durch die häufige mechanische Beanspruchung kann es zu Wackelkontakten kommen, die sich negativ auf die Tonaufnahme auswirken. Es empfiehlt sich daher, immer die Tonaufnahmen mit einem Kopfhörer zu kontrollieren. Sicherer und im professionellen Bereich fast Standard ist hier ein Mikrofon mit **XLR-Anschluss**. Diese Anschlüsse rasten beim Befestigen in der Buchse ein und können nur durch Betätigen eines kleinen Druckknopfes wieder entfernt werden.

Leider sind Sie bei der Wahl der Mikrofonverbindung auf die von Ihrer Kamera vorgegebenen Anschlussmöglichkeiten angewiesen, sodass XLR-Steckverbindungen nur dann eingesetzt werden können, wenn Ihre Kamera auch derartige Tonbuchsen aufweist. Um mit Ihrer DV-Kamera auf beiden Tonkanälen mit einem externen Mikrofon aufzuzeichnen, sind Sie meistens gezwungen, zwischen Monoklinke des Mikrofons und Buchse einen Stereominiklinkenadapter einzusetzen. Nachteil dieser Vorgehensweise ist: Die Hebelwirkung des Adapters erhöht sich, sodass die Anfälligkeit der Mikrofonbuchse gegenüber mechanischem Verschleiß zunimmt.

Sicherlich kennen die Älteren unter Ihnen noch Fernsehaufzeichnungen, in denen beispielsweise Robert Lembke mit seinen Kollegen an einem langen Tisch sitzt, wo an mehreren Mikrofonständern kleine Richtmikrofone befestigt sind. Diese **Tischmikrofonständer** können eine nützliche Hilfe sein, stören allerdings häufig das Bild und werden deshalb heute nur noch bedingt eingesetzt.

Eleganter sind hier **Mikrofonhalter als Klemmen**. Diese Klemmen besitzen am einen Ende eine Mechanik, die das Mikrofon hält, an dem anderen Ende eine Klemmvorrichtung, die sich an Tischen, Regalstützen etc. anbringen lässt. Das Mikrofon ist dann über ein Kugelgelenk auf die Geräuschquelle ausrichtbar. Bei Konzertaufnahmen empfiehlt sich der Einsatz von Mikrofonständern, die aus einem

▲ **Abbildung 26**
Mit der Tischklemme können Sie das Mikrofon am Tisch befestigen.

Stativbein, einem Stativrohr und einer Mikrofonhalterung bestehen. Auch hier ist durch ein Kugelgelenk die Richtung des Mikrofons frei einstellbar.

Bei Tonaufnahmen im Freien empfiehlt sich der Einsatz eines **Windschutzes**. Dies ist allerdings bei den meisten Kameratypen nur für externe Mikrofone möglich. Dieser Windschutz, im einfachsten Fall ein Schaumstoffüberzieher, wird über den Mikrofonkörper gezogen und verhindert Rumpelgeräusche, die durch Wind entstehen. Je nach Stärke des Windes existieren auf dem Markt sehr unterschiedliche Windschutzvorrichtungen. Sie alle kennen sicherlich Aufnahmen aus dem Fernsehen, in denen Kameraleute ihre Mikrofone in ein sehr auffälliges langhaariges **Fell** eingebettet haben. Dieser Art Windschutz ist optimal, allerdings auch recht kostspielig. Profis arbeiten bei Außenaufnahmen häufig mit einem so genannten **Korbwindschutz**. Dabei handelt es sich um einen Kunststoffkorb in Form einer Stangengurke, der feine Gitter aufweist. In diesem Korb ist dann über einem Gumminetz das Richtmikrofon befestigt. Ein Korbwindschutz wird meist nur in Zusammenhang mit einem Tongalgen oder einer Tonangel benutzt. Zur Verbesserung der Wirkung wird oft über den Korb noch ein Fell aufgezogen. Grundsätzlich gilt bei Windschutzvorrichtungen, dass sie den dynamischen Umfang der Aufnahme verringern und die Richtwirkung eines Mikrofons einschränken. Diese Nebenwirkung wird jedoch gerne in Kauf genommen, wenn dadurch Rumpelgeräusche und Störungen der Tonaufnahme vermieden werden können.

2.6 Filter

Wer seinen Videoaufnahmen ein besonderes Aussehen oder eine besondere Atmosphäre verleihen will, kommt oft um den Einsatz von Filtern nicht herum. Diese gehören normalerweise beim Kauf einer Kamera nicht zur Grundausrüstung, müssen also nachträglich je nach Bedarf angeschafft werden. Dies rentiert sich bei Besitzern von DV-Kameras allerdings nur dann, wenn die Kamera das Anbringen des Filters gestattet. Hierzu sollte an der Optik ein Feingewinde existieren, welches das Aufschrauben des Filters ermöglicht.

Durch diesen Filter wird dann das auf die Optik auffallende Licht beeinflusst und je nach Art des Filters können Kontraste erhöht, Farben intensiviert oder Effekte hervorgehoben werden.

Vorsicht beim Einsatz von Filtern

Alle Aufnahmen, die Sie mit einem Filter produziert haben, können Sie in der Nachbearbeitung nicht mehr verändern. Dies bedeutet, dass bei einer fehlerhaften Filterwahl Ihr Material möglicherweise nicht mehr genutzt werden kann. Es empfiehlt sich daher, die gewünschten Effekte genau zu bedenken und zu überprüfen, ob diese nicht auch in der Nachbearbeitung erzeugt werden können.

Im Zubehörhandel existiert eine große Anzahl von Filtern, die Sie entsprechend der Gestaltung Ihrer Filmszene gezielt auswählen sollten. Deshalb gilt es auch hier schon in der Planung zu berücksichtigen, wie Ihr Film später aussehen soll und welche Atmosphäre Sie schaffen möchten, um danach die Wahl von Filtern anzugehen.

Gerade eine sehr gezielte Filterwahl macht eine gute Kameraaufnahme und damit einen guten Kameramann bzw. Kamerafrau aus. In letzter Konsequenz bedeutet dies, dass sich ein ausreichender Erfahrungshorizont nur durch häufiges Probieren und Testen verschiedener Filter in unterschiedlichen Situationen herstellen lässt. Bedenken Sie dabei, dass bei diesen Versuchen nicht alles aufgezeichnet werden muss, sondern dass auch bei nicht laufender Kamera getestet werden kann und im Fotofachgeschäft damit einige Filter noch vor dem Kauf ausgeschlossen werden können. Das erspart Geld und das Anschaffen von unnötigem Ballast.

Wir unterscheiden zwischen Filtern, die Korrekturen an Ihrem späteren Bild vornehmen (etwa der Farbtemperatur), also den so genannten **Korrekturfiltern**, und Filtern, die besondere Effekte in der Aufnahme erzeugen und damit eine gewünschte Atmosphäre erzielen, den so genannten **Effektfiltern**.

UV-Filter (Korrekturfilter)

Die Fotografen unter Ihnen werden diesen Filtertyp bereits kennen. Denn wer Aufnahmen im Schnee, auf dem Berg, in der Luft oder aber auch am Meer produziert hat, kennt das Problem der Blaustichigkeit und des Dunstes in den dort produzierten Filmen. Der Hintergrund dieser Verfälschung liegt in der höheren Empfindlichkeit der Videosensoren für UV-Licht gegenüber dem menschlichen Auge. UV-Filter reduzieren diesen UV-Anteil, sodass eine natürlichere Farbwiedergabe erzielt werden kann.

Abbildung 27 ▶
Ein UV-Filter (rechts) absorbiert kurzwelliges Licht. (Eine farbige Abbildung finden Sie im Farbteil ab Seite 266.)

Graufilter oder ND-Filter (Korrekturfilter)

Viele DV-Kameras sind bereits mit dieser Funktion ausgestattet, sodass Sie entweder über eine Taste oder über Ihr Menü diesen Filter
einschalten können. Er verhindert bei sehr starkem Licht, also bei
heller Sonne, das Überstrahlen und führt zu besseren Kontrastver-
hältnissen. Dieser Filter beeinflusst das Farbspektrum der Aufnahme
nicht. Durch die Reduzierung des einfallenden Lichts verändert sich
allerdings bei der Aufnahme die **Schärfentiefe**. Das bedeutet, dass
dieser Filter auch bei geringerer Lichtintensität bewusst eingesetzt
werden kann, wenn Sie über die Schärfentiefe gestalterischen Einfluss auf Ihr Bild nehmen möchten. ND-Filter existieren in unterschiedlicher Dichte und lassen sich – da das Farbspektrum nicht be-
rührt wird – sehr gut mit anderen Filtern kombinieren.

◄ **Abbildung 28**
ND-Filter zur Reduzierung
aller Lichtwellenanteile
(rechts) (Eine farbige Abbildung finden Sie im Farbteil
ab Seite 266.)

Polarisationsfilter (Korrekturfilter)

Polarisationsfilter (oder kurz: Polfilter) verhindern Reflexionen auf
Glas oder anderen reflektierenden glatten Oberflächen. Sie alle kennen diesen Effekt beispielsweise von Ihrer Sonnenbrille (wenn sie
entsprechende Gläser besitzt). Durch diese Funktion verbessern Sie
zusätzlich den Farbkontrast, indem Sie Streulichter, die von glänzenden Objekten reflektiert werden, herausfiltern. Aufgenommene Farben erscheinen dadurch satter und sauberer.

◄ **Abbildung 29**
Der Polfilter (Eine farbige
Abbildung finden Sie im
Farbteil ab Seite 266.)

Filterpflege

Filter sind optische Instrumente und schon die feinste Verunreinigung kann Störungen in der Aufnahme erzeugen. Deshalb sollten Filter ebenso wie die Linse des Objektivs immer sauber gehalten und nach Gebrauch sorgfältig verpackt werden.

Um allerdings diesen Effekt zu erzielen, müssen Polfilter auf die einfallenden Lichtquellen justiert werden. Dafür drehen Sie den Filter so lange, bis der gewünschte Effekt erreicht ist. Gerade bei der Aufnahme von Fensterflächen erlaubt es der Polfilter, die ungewünschten Reflexionen zu entfernen. Sie können dadurch bei strahlendem Himmel problemloser das Innere eines Autos oder die Personen hinter der Glasfront des Strandcafés aufnehmen. Bei der Einstellung des Filters hat sich ein Winkel von 33 Grad zur reflektierenden Oberfläche als sinnvoll herausgestellt. Dass Polfilter auch Licht schlucken, dürfte Sie weniger stören, denn sie werden ja meist in Situationen eingesetzt, in denen sowieso ausreichend Licht vorhanden ist.

Weichzeichner (Effektfilter)

Vielleicht erinnert sich der eine oder andere von Ihnen noch an Filme von David Hamilton, die sich dadurch ausgezeichnet haben, dass sie sehr romantisch und träumerisch wirkten. Bei diesen Aufnahmen waren starke Weichzeichnungsfilter im Einsatz. Dieser Filtertyp erzeugt aus scharfen Konturen weiche Übergänge. Dies geschieht durch strukturiertes oder angeschliffenes Filterglas bzw. durch entsprechende Flüssigkeiten, Sprays oder Fette, die auf den Filter aufgetragen werden. Das einfallende Licht wird durch diesen Auftrag gestreut und erzeugt dann den gewünschten Weichzeichnungseffekt.

Abbildung 30 ▶
Weichzeichner für verträumte
Aufnahmen (rechts)

Center Spots bzw. Ringfilter (Effektfilter)

Diese Filter funktionieren ähnlich wie der Weichzeichnungsfilter, mit ihnen kann man bildwichtige Teile auf einfache Art und Weise hervorheben. Sie arbeiten nur an den Randbereichen mit beschichteten Flächen. Allerdings wird dadurch in diesen Bereichen die Grundschärfe reduziert. Möchten Sie die Grundschärfe beibehalten, empfiehlt sich der Einsatz von solchen Filtern, die kleine Streulinsen eingearbeitet haben. Ein weiterer Vorteil dieser Filter liegt darin, dass sie weniger Licht schlucken, also ihre Tiefenschärfe nicht verändern.

◄ **Abbildung 31**
Ein Weichzeichner, der als Ringfilter funktioniert

Diffusionsfilter (Effektfilter)

Dieser Filtertyp reagiert mehr auf starke Lichtquellen in Ihrem Motiv. Dies können Kerzen, Scheinwerfer, Spots etc. sein. Durch den Filter wird das von diesen Lichtquellen stammende Licht gestreut und hellt die umgebenden Bildteile auf.

Pastellfilter (Effektfilter)

Auch dieser Filter streut das einfallende Licht. Dadurch lösen sich farbliche Kontraste ähnlich einer Pastellmalerei ein wenig auf. Durch die Verminderung der Kontraste zwischen Hell und Dunkel entsteht eine sehr leichte und harmonische Atmosphäre.

▲ **Abbildung 32**
Pastellfilter (Eine farbige Abbildung finden Sie im Farbteil ab Seite 266.)

Crossfilter (Effektfilter)

Dieser Filter erzeugt bei starken Lichtquellen eine sternähnliche Reflexion, die besonders stimmungsvoll wirken kann. Bei Sternfiltern gibt es mehrere Typen: Vier, acht oder sechzehn Strahlen können pro Lichtquelle erzeugt werden. Gerade bei Sternfiltern ist anzumerken, dass dieser Effekt in der Nachbearbeitung durch entsprechende

Filterfaktor

Filter haben die unangenehme Eigenschaft, dass sie Licht schlucken. Das bedeutet beim Einsatz in dunkleren Aufnahmeräumen, dass es zu Belichtungsproblemen kommen kann. Wie viel Licht ein Filter schluckt, gibt der Filterfaktor an. Dabei bedeutet der Faktor 2 beispielsweise, dass doppelt so viel Licht bereitgestellt werden muss wie ohne Filter. Bei ausreichend hellen Aufnahmeräumen dürfte dies für Sie kein Problem darstellen, da die Kamera sich automatisch auf die neue Lichtsituation einstellen wird. Manchmal kann es auch hilfreich sein bei sehr hellen Lichträumen Filter einzusetzen, um dadurch eine Überbelichtung oder eine größere Kontrastschärfe zu erzielen.

Plug-Ins in Ihrer Software nachträglich anzubringen ist und aus diesem Grunde nur bedingt auf den Einsatz dieses Filters zugegriffen werden sollte.

ohne Filter   6-Sternfilter

Abbildung 33 ▶
Cross-Filter für effektvolle
Bilder und feierliche Anlässe

Kreuzfilter   8-Sternfilter

Verlaufsfilter (Effektfilter)

Aus Kinofilmen bekannt, gestattet es der Verlaufsfilter, Teile des Bildes einzufärben oder abzudunkeln. Eine häufige Aufnahmesituation, in der Verlaufsfilter eingesetzt werden, ist die Landschaftsaufnahme in der Totalen. Hierbei wird der Himmel durch ein entsprechend eingefärbtes und abgedunkeltes Feld der übrigen Landschaft stimmungsvoll angepasst. Ähnlich wie der Polfilter muss dafür der Filter abgestimmt auf das Motiv positioniert werden.

Abbildung 34 ▶
Verlaufsfilter, links vor dem
Einsatz, rechts nach dem
Einsatz. (Eine farbige Abbildung finden Sie im Farbteil
ab Seite 266.)

2.7 Kamerapflege

Objektiv schützen

Je nach Aufnahmeort kann es zur Verunreinigung Ihres Kameraobjektivs kommen. Gerade Aufnahmen im staubigen Umfeld, möglicherweise noch durch Wind beeinflusst, führen zwar vielleicht zu spannenden Kameramotiven, hinterlassen aber an Ihrem Equipment deutliche Spuren. Alle Fotoapparatebesitzer kennen diese Problematik beim Einsatz Ihrer Kamera am Strand.

Verunreinigungen am Objektiv wiederum führen nicht nur zu einer qualitativen Verschlechterung des Equipments, sondern können auch ganze Filmsequenzen zerstören. Dies kann durch Flecken, Sandkörnchen und Fusseln auf dem Objektiv zu Verdunklungen führen oder durch Reflexionen von mineralischen Stoffen zu unschönen Artefakten führen. Um also in optimaler Qualität zu drehen, empfiehlt es sich, das Objektiv immer sehr sauber zu halten. Außerdem können Schmutzpartikel nicht nur das Bild beeinträchtigen, sondern auch die Mechanik des Objektivs einschränken bzw. zerstören. Schon ein Sandkörnchen reicht dabei aus, den Blendenring bzw. Schärfetubus schwergängig knirschend zu machen bzw. in seiner Funktion ganz auszuschalten. Die zwangsläufigen Reparaturen sind dann immer mit hohen Kosten verbunden. Für die Reinhaltung der Objektive sollten Sie Folgendes beachten:

▶ Berühren Sie die **Frontlinse** Ihrer Kamera niemals mit den Fingern bzw. irgendeinem Körperteil, denn dies hinterlässt Spuren, die vielleicht von außen gar nicht besonders sichtbar sind, aber bei den Aufnahmen dann zu unschönen Reflexionen führen können. Sollte sich das Berühren der Optik nicht vermeiden lassen, empfiehlt sich als Schutz für die Frontlinse ein so genannter Skylight-Filter, der dann bei Verschmutzung oder Zerstörung problemlos ausgewechselt werden kann. Hierbei sollte jedoch beachtet werden, dass sich Filter nur bei vorhandenem Gewinde auf dem Objektiv anbringen lassen. Alternativ könnten Sie improvisiert einen Filter mit Gafferband an dem Objektivgehäuse befestigen; dies setzt allerdings einiges an Fingerspitzengefühl voraus.

▶ Wird die Kamera ausgeschaltet, sollte als Erstes das Objektiv durch einen **Objektivdeckel** verschlossen werden. Dadurch schützen Sie die Frontlinse während des Transportes bei nicht eingeschalteter Kamera vor Verunreinigungen.

▲ **Abbildung 35**
Objektivdeckel

▶ Feuchtigkeit und Flüssigkeiten bzw. Regen verunreinigen nicht nur die Frontlinse, sondern zerstören häufig nachhaltig das gesamte Objektiv und möglicherweise auch das Kameragehäuse. Sie sollten deshalb die gesamte Kamera vor Feuchtigkeit schüt-zen. Mittlerweile ist im Zubehörhandel ein breites Sortiment an Schutztaschen für Aufnahmen im Regen erhältlich, diese sind allerdings nicht ganz preiswert. Wer sich behelfen will, kann dies mit einer entsprechend vorbereiteten blauen Mülltüte tun. Ein vorher dort hinein geschnittenes Objektivloch mit anschließen-dem Befestigen der Tüte per Klebeband an dem Objektivgehäuse verhindert zumindest für kurze Zeit das Eindringen von Feuch-tigkeit in den Kamerakorpus.

Objektiv reinigen

Sollten Sie Ihr Objektiv gut gepflegt und Verunreinigungen vermie-den haben, ist eine Objektivreinigung nicht notwendig. Sollten je-doch durch nicht vorhersehbare Ereignisse dennoch Verunreinigun-gen aufgetreten sein, gilt es diese zu beseitigen. Schnell werden Sie geneigt sein, einen Staubfussel auf der Linse wegpusten zu wollen, doch Vorsicht ist geboten, denn mit dem Pusten können auch wei-che Tröpfchen auf das Objektiv gelangen. Aus diesem Grund ist das Beseitigen von losen Partikeln auf der Frontlinse mittels eines klei-nen Blasebalgs oder durch eine Pressluftspraydose vorzuziehen.

Bei größeren Verunreinigungen durch Staub würden Sie durch diese Vorgehensweise den Staub aufwirbeln und die Kamera nur be-dingt reinigen. Hier empfiehlt sich eher das Absaugen des Staubes durch einen Staubsauger.

Sollten sich Schmutzpartikel auf der Kamera befinden, die nicht durch die reine Druckluft zu entfernen sind, empfiehlt sich eine me-chanische Reinigung. Oft reicht ein feiner Pinsel. Die Pinselborsten sollten dabei sehr weich sein, um die vergütete Oberfläche der Linse nicht zu beschädigen.

Wenn diese mechanische Reinigung auch nicht zum Erfolg führt, bleibt oft nur die Alternative, mit Reinigungsflüssigkeit den Schmutz zu entfernen. Im Fachhandel werden hier mittlerweile unterschied-liche Reinigungssets angeboten (Pinsel mit Blasebalg plus Flüssigkeit, plus Reinigungstuch in Kombination). Brillenträger haben möglicher-weise in ihrem Repertoire Brillenreinigungstücher, die ebenfalls ver-wendet werden können.

Nicht nur für die Objektivreinigung, sondern auch für die Kame-rareinigung eignen sich Mikrofasertücher, die es mittlerweile auch im

▲ **Abbildung 36**
Pinsel mit Blasebalg zur
Objektivreinigung

Haushaltsbereich gibt; sie dürfen allerdings nicht mit scharfen Putz- und Reinigungsmitteln getränkt sein. Generell sollten Sie eine Reinigung mit Wasser oder Alkohol unbedingt vermeiden.

Akkupflege

Die Akkupflege beginnt bereits mit dem Kauf der Kamera. In einigen Fällen befindet sich in der Verpackung ein kleiner **Nickel-Cadmium**-Akku oder ein **Nickel-Metallhydrid-Akku**, die aber von Werkseite noch nicht geladen sind. Um also ohne Stromnetz überhaupt aufnehmen zu können, steht als Erstes das Aufladen dieses Akkus an – und damit sind wir bereits bei einem sehr wichtigen Teil der Akkupflege. Die zielt darauf, eine hohe Lebensdauer der Akkus zu erreichen, und das bei sehr unterschiedlichen Einsatzbedingungen. Denn wie häufig kommt es vor, dass Sie mit Ihrer DV-Kamera nur eine kurze Einstellung drehen, dann die Kamera wieder verschließen, um möglicherweise erst ein halbes Jahr später erneut einen kurzen Urlaubsfilm produzieren zu wollen. Damit Sie also eine möglichst langlebige Energiequelle einsetzen können, hier einige Tipps zur Pflege:

Nach dem ersten, sehr intensiven Aufladen des Akkus, das bis zu 20 Stunden dauern kann, sollten bei den anschließenden Dreharbeiten die Akkus möglichst lange genutzt werden, bis sie fast leer sind. Wollen Sie, bezogen auf die Stromquelle, sicher sein und lieber zwischendurch den Akku aufladen, sollten zumindest im Abstand von einigen Monaten die Akkus einmal restlos entladen und wieder vollgeladen werden. Der Kauf eines zweiten Akkus empfiehlt sich, um bei 90 % Verbrauch der Speicherkapazität des eingesetzten Akkus dann mit dem Zusatzakku weiterarbeiten zu können. Professionell arbeitende Kameraleute besitzen drei und mehr Akkus. Dazu sind im Handel Ladegeräte erhältlich, die das Laden von drei Akkus gleichzeitig erlauben. Akkus sollten außerdem nie bei sehr hohen und niedrigen Temperaturen geladen werden. Deshalb sollten Sie die Akkus vor dem Ladevorgang auf Zimmertemperatur bringen.

Wer mit mehreren Akkus arbeitet, sollte stets den Überblick über den Ladezustand seiner bereits gebrauchten bzw. noch nicht genutzten Akkus haben. Die Hersteller haben hierfür an der Rückseite der Akkus oft einen kleinen sehr unscheinbaren Schieberegler untergebracht, der zwei Schaltstufen (Rot und Grün) zulässt. Ist der Akku leer, sollten Sie diesen Schiebeschalter in die Position Rot stellen, sodass nach mehrmaligem Akkuwechsel eine Übersicht über bereits verbrauchte Energiepakete existiert. Für den Amateurfilmer reicht jedoch in den meisten Fällen die Verwendung eines einzigen Akkus.

Nickel-Akkus vs. Lithium-Ionen-Akkus

Auch wenn Nickel-Cadmium- oder Nickel-Metallhydrid-Akkus keinen Memoryeffekt aufweisen und aufgrund ihrer Bauart umweltfreundlicher sind, erfordert es einen hohen Aufwand an Pflege, um ihre Langlebigkeit zu erhalten. Pflegeleichter sind die heute weit verbreiteten Lithium-Ionen-Akkus (verwendet z.B. bei den meisten Mini-DV-Kameras von Sony). Man bezeichnen diesen Akkutyp auch als intelligente Akkus, da sie über eine eigene Elektronik verfügen, die das Beachten von Ladezeiten überflüssig macht. Die Faustregel bei der Verwendung dieser Akkutypen lautet, die Akkus möglichst immer im aufgeladenen Zustand zu halten. Bei längerer Lagerung sollte auch bei Nichtnutzen nach ca. einem halben Jahr der Akku nachgeladen werden. Anfällig sind Lithium-Ionen-Akkus gegenüber Hitze bzw. hohen Temperaturen. Vermeiden Sie deshalb, die Akkus im Auto direkter Sonneneinstrahlung auszusetzen. Bedingt durch die im Akku befindliche Elektronik ist es unbedingt notwendig, das dazugehörige Ladegerät zu verwenden.

▲ **Abbildung 37**
Akku

Defekte Bänder

Defekte Bänder sollten grundsätzlich direkt aus dem Verkehr gezogen werden, also Bänder mit Knicken nicht notdürftig reparieren und gerissene Bänder nicht selbst kleben, denn der Kleber bzw. die geringfügige Unebenheit der Klebestelle beschädigt die Aufnahmeköpfe auf Ihrer Videotrommel. Fachhändler können Ihnen in diesen Fällen auch nur wenig helfen. Unersetzliche Einstellungen können im Extremfall nur noch dadurch gerettet werden, dass sie aus dem Gesamtband geschnitten und als einzelne Sequenz jeweils in eine Kassette eingebunden werden. Dadurch existiert dann keine Schnittstelle, allerdings sind Anfang und Ende durch den Einfädelmechanismus nicht sichtbar. Sollten bei allen Tipps dennoch Probleme durch die Lagerung auftauchen, Sie also eine defekte Videokassette nicht mehr abspielen können, wenden Sie sich entweder an einen wirklich spezialisierten Fachhändler – große Elektronikketten können hier in den seltensten Fällen weiterhelfen – oder an eine in Ihrer Nähe befindliche Film- bzw. Videoproduktion, denn dort kennt man derartige Problematiken.

Im Handel sind bereits intelligente Akkus mit einer Kapazität von ca. acht Stunden Standby-Funktion erhältlich. Das dürfte für den normalen Einsatz ausreichend sein und gestattet dann immer noch eine ausreichende Ladezeit.

Kassettenpflege

Ähnlich wie die Optik gehören die DV-Kassetten zu den sensiblen Bereichen Ihres Kamera-Equipments. Verunreinigungen, falsche Lagerung und unfachmännischer Umgang mit den Kassetten können schnell zur Beeinträchtigung der Bildqualität bis hin zur Zerstörung Ihrer über Jahre archivierten und sorgsam aufgebauten Videobibliothek führen. Damit dies nicht geschieht, hier einige Tipps zur Kassettenpflege.

▶ **Gute Qualität ist leider teuer**
Auch wenn im Handel eine Vielzahl sehr preiswerter Kassetten angeboten wird, sollten Sie sich unter Berücksichtigung des hochwertigen Aufnahme-Equipments (der Kamera) nicht für die preiswertesten Videokassetten entscheiden, sondern auf Qualität achten. Die Entscheidung für die Videokassette eines Markenherstellers oder aber die Recherche in Vergleichstests in Fachzeitschriften geben Ihnen dabei einige Sicherheit.

▶ **Berührung**
Zwar sind die Videobänder selbst durch eine Plastikkappe vor dem direkten Berühren geschützt, diese Plastikkappe lässt sich aber zum einen durch Drücken des Arretierungsknopfes wegklappen, zum anderen kann von der Innenseite dennoch das Band angefasst werden. Dies führt zwangsläufig zu Fingerabdrücken, also zu Verunreinigungen des Bandes, die Ihre gesamte Kamera zerstören können oder aber zur Verminderung der Bildqualität führen.

Abbildung 38 ▶
Am Besten lagern Sie die Kassetten in Hüllen.

► **Lagerung**

Lagern Sie Ihre Videobänder trocken, staubfrei, möglichst kühl und nicht in der Nähe von magnetischen Wellen (Lautsprecher, elektrische Geräte etc.). Bei längerer Lagerung sollten die Kassetten stehend archiviert werden, dies schont die Bandkanten, auf denen sich bei bestimmten Systemen die Tonspuren befinden.

► **Temperatur beachten**

Extreme Temperaturschwankungen können zur Kondensation an kühlen Gegenständen führen. Dies bedeutet das Eindringen von Feuchtigkeit in das Bandgehäuse. Damit dies nicht geschieht, sollte eine Vorab-Akklimatisation der Bänder vorgesehen werden. Möchten Sie also in einem Kühlhaus aufnehmen, sollten das Equipment und die Bänder einige Stunden vor der Aufnahme in dem Kühlhaus liegen; erst dann sind Aufnahmen für Equipment und Band schonend.

► **Spulen**

Aus drei Gründen empfiehlt sich das Zurückspulen Ihres Bandes an den Anfang, sobald Sie Ihre Kameraaufnahmen beendet haben:

1. Beim späteren Schnitt bzw. Sichten haben Sie eine leichtere Orientierung.
2. Das Band wird durch die Bandführungsachse in dieser Position weniger stark geknickt.
3. Staub kann vermieden werden: Da Bänder industriell hergestellt werden, enthalten sie zum Teil feinste Staubpartikel. Diese entfernen Sie durch das einmalige Vor- und Zurückspulen in Ihrer Kamera. Das Band bekommt dadurch außerdem die richtige Spurlage des später verwendeten Aufnahmegerätes.

Auch für die spätere Lagerung gilt: Da alle Videobänder bei der Aufzeichnung magnetisiert werden und diese Magnetisierung nach einigen Jahren durch die Bandschicht auf die nächste darunter liegende Schicht durchschlägt, sollten Bänder im Abstand von einigen Jahren einmal komplett vor- und zurückgespult werden.

► **Pausetaste**

Beim Einschalten der Pausenfunktion während der Aufnahme dreht sich die Kopftrommel weiter, nur das Videoband wird angehalten. Dies bedeutet eine mechanische Beanspruchung des Bandes an der Pausenstelle. Um Schäden an dem Band zu ver-

---

Aufnahmeschutz

Nicht nur bei der Lagerung, sondern direkt nach Aufnahme sollten Sie sorgfältig mit den Bändern umgehen und diese wieder in ihrer Videohülle unterbringen. Das schützt vor Staub, der durch die statische Aufladung schnell an Kassette und Band gelangen kann und das Band beschmutzen könnte. Fast alle DV- und Mini-DV-Hersteller haben an der Kassette einen Aufnahmeschutz untergebracht. Es handelt sich dabei um einen kleinen Schiebeschalter, der das nachträgliche Überspielen von bereits produzierten Aufnahmen verhindern soll. Bringen Sie diesen Schalter in Position »rot« (Löschen nicht möglich), um ein versehentliches Überspielen des archivierten Materials zu verhindern.

meiden, sollten Sie bei längeren Pausen die Kamera ausschalten. Dies spart außerdem Strom. DV-Kameras finden beim Wiedereinschalten (wenn nicht gespult wurde) auch sofort wieder den Anschluss an das letzte Bild und verursachen auch keinen Timecode-Sprung.

2.8 Exkurs: Fachliches zu Video

Videostandard DV

DV steht als Abkürzung für Digital Video, ein Verfahren, das durch ein Konsortium von anfänglich zehn Unternehmen aus dem Unterhaltungselektronikmarkt für den Endanwender entwickelt wurde.

Die Variante Mini-DV ist am weitesten verbreitet, wobei hier kompaktere Kassetten mit einem Fassungsvermögen von 60 Minuten zum Einsatz kommen. Das Aufzeichnungsverfahren ist jedoch das gleiche.

Das **Format Digital Video** ist für die Aufzeichnung von Videobildern auf digitaler Basis konzipiert. Es handelt sich um ein komprimiertes Videosignal. Für die Komprimierung nutzt es eine reduzierte Farbaufzeichnung und eine feste Kompressionsrate von 5:1. Bei der Übertragung des Videosignals wird eine feste Datenrate verwendet, die bei Mini-DV 25 MBit/Sek. beträgt. Die Aufzeichnung von Ton kann mit einer 48 KHz-Abtastfrequenz und 16 Bit-Sample-Rate erfolgen. Auflösung und Anzahl der Bilder pro Sekunde sind von der verwendeten Fernsehnorm abhängig. Unter der Verwendung von PAL liegt sie bei 720 x 576 Pixel und 25 Bildern pro Sekunde (engl.: fps = Frames Per Second), bei NTSC sind es 720 x 480 Pixel und 30 Bilder pro Sekunde.

Konsortium

Dem Konsortium gehören heute weltweit mehr als 60 Hersteller, darunter Sony, Panasonic, Canon und Sharp, an.

Film-/Videoformate

▶ VHS, Betacam SP: ½ Zoll
▶ Umatic: ¾ Zoll
▶ DV: 6 mm
▶ Mini-DV: 6 mm
▶ Kinoformate: 16-35 mm

Abbildung 39 ▶
Bildformate im Vergleich –
links Videoformate, rechts
Filmformate

Auch die Signalverarbeitung der Farben ist bei beiden Standards unterschiedlich. Bei Digital Video wird zusätzlich eine Komprimierung über die Reduzierung der Farbinformationen eines Bilds erzielt, während die Helligkeitsinformationen erhalten bleiben. So lässt sich eine Verringerung der Datenmenge ohne sichtbaren Qualitätsverlust erzielen, da das menschliche Auge gegenüber Farbschwankungen im Vergleich zu Veränderungen im Bereich der Helligkeit unempfindlicher ist. Dieses Verfahren bezeichnet man als **Farb-Sampling**.

Bei DV-PAL wird das Signal nach dem Verhältnis von 4:2:0 und unter DV-NTSC bei 4:1:1 verarbeitet. Bei PAL wird also bei jedem Bildpunkt ein Helligkeitswert voll erfasst und die Farbanteile zeilenweise versetzt nur bei jedem zweiten Bildpunkt gespeichert. Im direkten Vergleich zu VHS mit einer Auflösung von 210 Bildzeilen oder Hi8 mit 400 Bildzeilen bietet das DV-Format mit 500 Bildzeilen eine erheblich bessere Qualität.

Im Videobereich haben Sie es mit großen **Datenmengen** zu tun, entsprechend auch bei der Verwendung des Formats Digital Video. Zieht man alle Eckwerte von Mini-DV in einer Kalkulation zusammen, wie die Auflösung der in Europa üblichen PAL-Norm von 720 x 576 Pixel, eine Farbtiefe von 24 Bit, 25 Bilder pro Sekunde, die mögliche Tonqualität von 48 kHz und die feste Kompressionsrate des Formats, fallen pro Sekunde DV-Material ca. 3,6 Megabyte an Daten an.

Neben dem im Heimbereich verwendeten Format Mini-DV existieren zusätzlich unterschiedliche Ausprägungen im Profisegment wie DVCAM und DVCPRO.

> **Farbmodell bei Digital Video**
>
> Das bei Digital Video verwendete Farbmodell ist YCrCb: Der Wert Y repräsentiert die Helligkeit eines Bildpunkts und die beiden Werte Cr (Rot-Cyan-Balance) und Cb (Gelb-Blau-Balance) die Farbkomponenten.

Übersicht DV-Standard

	DV-PAL	DV-NTSC
Bildbreite (Pixel)	720	720
Bildhöhe (Pixel)	576	480
Abspielgeschwindigkeit (Bilder pro Sekunde)	25	29,97

PAL-Standard

PAL ist der Farbfernsehstandard, der in weiten Teilen Europas, Afrikas, Australiens und Asiens verbreitet ist.

Ein Fernsehbild im PAL-Format besteht aus 576 Zeilen, aufbauend auf nicht-quadratischen Bildpunkten. Bei der Übertragung des PAL-Signals werden allerdings 625 Zeilen benutzt. Das Seitenver-

Entstehung von PAL

Das Verfahren für die Übertragung von Farbfernsehbildern wurde ursprünglich von W. Bruch 1962 bei Telefunken entwickelt und steht als Abkürzung für Phase Alternation by Line (zeilenweiser Phasensprung).

Von Voll- und Halbbildern

Der Aufbau eines Videobilds erfolgt zeilenweise von oben nach unten auf dem Fernsehbildschirm. Die Übertragung von 25 Vollbildern pro Sekunde bei PAL ist, trotz der Trägheit des menschlichen Auges und der Helligkeitsdarstellung der Bildröhre, zu wenig, um ein flimmerfreies Bild zu erhalten. Um diesen Effekt zu umgehen, teilt man ein Vollbild in zwei Halbbilder auf, welche zu gleichen Teilen die Informationen des Vollbilds repräsentieren. Das erste Halbbild enthält alle geraden Zeilen und das zweite alle ungeraden des Vollbilds. Die Methode der Zerlegung wird als Zeilensprungverfahren (Interlacing) bezeichnet. Es werden also 50 Halbbilder pro Sekunde übertragen, was zu weniger Störungen auf dem Fernsehbild führt.

hältnis ist 4:3. Die Übertragung des Videobilds findet mit einer Wiederholrate von 50 Hz statt. Die Farbinformationen werden durch eine Phasenverschiebung um 90 Grad bei jeder zweiten Zeile gegeneinander verschoben. Diese Verschiebung ermöglicht eine bessere Übertragung der Farbinformationen und ist weniger anfällig für Übertragungsfehler. Das PAL-Signal wird mit 50 Halbbildern pro Sekunde übertragen, was 25 Vollbildern pro Sekunde entspricht.

NTSC-Standard

Hinter dem Begriff NTSC stecken eigentlich zwei Bedeutungen: Zum einen stammt die Abkürzung von der ursprünglichen Bezeichnung des US-amerikanischen Normungskonsortiums für Fernsehstandards National Television System Commitee. Zum andern bezeichnet man so das Verfahren der Übertragung von Fernsehfarbbildern. Der Standard ist in großen Teilen Amerikas und in Japan verbreitet und wurde 1953 Jahren entwickelt. NTSC stellt das Videobild verteilt auf 525 horizontalen Linien dar. Sichtbar ist allerdings nur eine Auflösung von 640 x 480 Pixel. Die Übertragung findet auf der Basis von 60 Halbbildern pro Sekunde statt, was ca. 30 Vollbildern entspricht. Durch technische Gegebenheiten werden aber nicht 30 Vollbilder, sondern genau genommen 29,97 Bilder pro Sekunde übertragen. Das Seitenverhältnis von NTSC entspricht also 4:3. Der Transport des Videosignals erfolgt mit einer Wiederholrate von 60 Hz. Das Verfahren weist gegenüber PAL einen Nachteil hinsichtlich der Übertragung der Farbinformationen auf. Bei der Übertragung des Videosignals kann es durch diese einfache Farbübertragungsmethode und deren Fehleranfälligkeit vorkommen, dass Farbwerte am Fernsehbildschirm falsch dargestellt werden. In Fachkreisen wird die Abkürzung NTSC deshalb auch scherzhaft mit »Never The Same Color« übersetzt.

Seitenverhältnisse (16:9, 4:3)

Bei der Darstellung eines Fernsehbildes lassen sich grundsätzlich zwei Formate unterscheiden: das klassische 4:3- und das neuere 16:9-Format.

Die Werte beschreiben jeweils das Verhältnis von der Breite zur Höhe der Bildröhren. Das jeweilige Seitenverhältnis erhalten Sie, wenn Sie 4 durch 3 teilen, was ein Verhältnis von 1,333333 (1,333333 Breite : 1 Höhe) ergibt. Betrachten wir die Auflösung von DV-PAL mit 720 x 576 Pixel unter Einbeziehung des festen Seitenformats von 4:3, müsste die Auflösung für die Fernsehdarstellung eigentlich bei 768 x 576 Pixel (576 Pixel x 1,33333) liegen. Die Bildpixel eines Fernsehbilds sind also rechteckig und im Gegensatz zu den Bildpunkten an einem Computermonitor nicht quadratisch. Für die Darstellung am Fernseher müssen die Bildpunkte also um den Faktor 1,067 gedehnt werden. Diese Eigenheit sollten Sie bei der Verwendung von Bildern aus Digitalkameras oder von Grafiken im Hinterkopf behalten. Bei der Arbeit mit DV-Videomaterial müssen Sie sich nicht um das richtige Verhältnis zwischen Pixeln und Seitenformat kümmern, da diese schon bei der Aufnahme im richtigen Verhältnis zueinander stehen.

Das 16:9-Format, weitläufig auch als Widescreen bezeichnet, kann von einigen Kameramodellen per Umschaltung aufgenommen werden. Die Aufnahme erfolgt mit der gleichen Auflösung wie beim 4:3 Format, also mit 720 x 576 Pixel. Ein Bildpunkt wird demnach nur breiter dargestellt.

Seitenverhältnisse und Bildauflösung

Format	Bildformat	Pixel-Seiten-verhältnis	Auflösung beim Bildimport
PAL			
720 x 576 Pixel	4:3	1,067	768 x 576 Pixel
720 x 576 Pixel	16:9	1,422	1024 x 576 Pixel
NTSC			
720 x 480 Pixel	4:3	0,889	720 x 450 Pixel
720 x 480 Pixel	16:9	1,186	854 x 480 Pixel

2.9 Die Videokamera im Umfeld

Mit Handy und DV-Kamera können Sie mittlerweile fotografieren, mit Ihrem digitalen Fotoapparat kurze Videosequenzen (in komprimierter Form) aufnehmen. Das zeigt, dass das Equipment immer universeller einsetzbar wird. Einige Aspekte hierzu sollen im folgenden Kapitel erläutert werden.

Foto/Video aus einem Objektiv

Es ist verständlich, dass die Hersteller im Zuge einer immer weiter fortschreitenden Miniaturisierung von Technik und Elektronik bestimmte Module – vielleicht für eine Kleinbildkamera entwickelt – in anderes Equipment zu integrieren versuchen. Die Devise heißt: »all in one«. Zu dieser Entwicklung hat der Verbraucher nicht unerheblich beigetragen, denn wer schleppt schon gerne drei elektronische Geräte (Handy, Fotoapparat, DV-Kamera) mit in seinen Urlaub.

Diese Entwicklung steckt allerdings erst in ihren Anfängen, und die ersten Knospen des jungen Gewächses weisen noch qualitative Einschränkungen auf. DV-Kameras erlauben heute bereits häufig das Fotografieren. Dabei wird das geschossene Foto auf einem Speicherchip (bei Sony ein Memory Stick, bei den übrigen Herstellern Multimedia- oder SD-Karte) abgelegt. Da mittlerweile preiswerte Speicherchips mit 256 MB für ca. 90 Euro auf dem Markt sind, lassen sich bei einer guten Auflösung von 1280 x 960 Pixeln ca. 220 Bilder abspeichern. Doch viele DV-Kameras erreichen bei Fotos diese Auflösung noch nicht, sondern bedienen sich beim feststehenden Bild der PAL-Norm, in der auch Ihr Video aufgezeichnet wird. Diese Auflösung reicht für einen Print der Fotos dann wiederum nicht aus. Doch mittlerweile existieren DV-Kameras, die automatisch beim Wechsel von Video auf Foto die Auflösung umschalten.

Diese hoch auflösenden Bilder lassen sich später gut in Ihre DVD einbinden. Bei der Covergestaltung Ihres Videobandes oder der DVD-Hülle macht es sich ebenfalls gut, Originalaufnahmen vom Set – mit einem Bildbearbeitungsprogramm grafisch gestaltet – einzubinden. Für Plakate, Einladungen, Messepräsentationen und den Hinweis auf Ihren Film auf Ihrer Homepage sind die Fotos ebenfalls sehr nützlich.

▲ **Abbildung 40**
Ein Sony-Memorystick

Auch für Bilder mit PAL-Auflösung gibt es später sinnvolle Einsatzmöglichkeiten: So können Sie beispielsweise Standbilder beim Schnitt oder für die Nachbearbeitung mit speziellen Effekten nutzen. Nach der entsprechenden Bearbeitung importieren Sie die Bilder in Ihr Schnittprogramm als Bilddatei oder Videosequenz und bauen diese (die richtige Auflösung ist ja vorhanden) in Ihren Schnitt ein. Eine Alternative für alle, die eine derartig ausgestattete DV-Kamera nicht besitzen, ist der spätere Export der Bilder aus der gewünschten Videosequenz mit dem Schnittprogramm.

Handy-Video und Webcam

UMTS ist das Zauberwort der Telekommunikationsbranche. Was uns diese Technik ab Herbst 2004 bescheren wird, bleibt abzuwarten. Ziel ist das Verschicken von multimedialen Daten, also auch von Videosequenzen. Das macht schon heute in einigen semiprofessionellen und professionellen Bereichen Sinn, denn ein Casting, kurz aufgenommen und dem Kunden per Handy zugeschickt, spart

Zeit. Ebenso ist z.B. eine technische Aufnahme von einem defekten Aggregat, im Ausland aufgenommen und an die Herstellerfirma geschickt, sicherlich eine sinnvolle Bereicherung der medialen Welt. Doch sei auch darauf hingewiesen, dass die Handynetzbetreiber diesen Service nicht kostenlos anbieten. Gerade für den Fun-Bereich scheint es zwar attraktiv, eine kurze Urlaubssequenz via Handy nach Hause zu senden. Doch die Nutzer werden schon aus Kostengründen schnell wieder davon Abstand nehmen. Außerdem sei an dieser Stelle angemerkt, dass es in diesem Buch um digitales Filmen geht, wir also einen gewissen Anspruch an das Aufnehmen und Montieren der Bilder haben. Ob dieser sich ohne weiteres auf mit einem Handy aufgezeichnete Videosequenzen übertragen lässt, wage ich zu bezweifeln.

Zurzeit besitzen die Fotos, die Sie mit Ihrem Handy aufnehmen können, eine für den Print untaugliche Qualität. Für das Verschicken per MMS eignen sie sich auf Grund der geringen Datenmenge natürlich hervorragend. Aber ich behaupte, dass in fünf Jahren auch 4 Mio.-Pixel-Fotos per Handy geschossen werden können.

◀ **Abbildung 41**
Ein Beispiel für eine Webcam –
die Logitec ClickSmart 510

3 Die Planung

*Von Ideen, Storyboards
und Drehbüchern*

- ▶ Vor jedem Dreh steht die Planung!

- ▶ Woher kommen meine Ideen?

- ▶ Was macht einen guten Film aus?

- ▶ Wie lege ich ein kleines Storyboard/Drehbuch an?

- ▶ Wie lerne ich von anderen Videofilmern?

- ▶ Was muss ich noch beachten?

Die Planung ist der Teil Ihrer filmischen Arbeit, der – vorausgesetzt, Sie arbeiten professionell – den größten Zeitraum beansprucht. Ein Trost für Sie: Gerade in der Planung steckt ein ungeheuer großes Potenzial an Kreativität. Planen Sie ideenreich und komplex, sind die Vorzeichen für das Gelingen Ihres Videos positiv.

Wer in der Vergangenheit eine Visitenkarte oder einen Briefbogen benötigte, beauftragte damit eine Druckerei bzw. eine Agentur. Nachdem die ersten preisgünstigen und leistungsstarken DTP-Programme auf dem Markt erschienen sind, bedienten sich viele Privatpersonen dieser Technik und gestaltete die Visitenkarten selbst. Man konnte beobachten, dass die nun einsetzende individuelle Nutzung der Software auf dem Home-Rechner nicht unbedingt zu einer qualitativen Verbesserung von Flugblättern, Plakaten, Briefköpfen und Einladungen führte.

Als die Amateur-Videotechnik noch kaum verbreitet war, führten die teuren 8-mm-Filmspulen zu der Notwendigkeit, jede zu drehende Einstellung vorher exakt zu planen und festzulegen. Der sparsame Umgang mit dem Material Film führte dadurch zu einem sehr ökonomischen **Drehverhältnis**. Zum Teil konnten die Filme ungeschnitten präsentiert werden.

Auch bei den erheblich preiswerteren Videobändern sollten Sie sich vor dem Betätigen der Starttaste zumindest einige planerische Gedanken machen. Die professionellere Qualität Ihrer Filme wird Sie dafür belohnen.

In vielen Bereichen der Gestaltung gilt die Regel: »Weniger ist mehr.«

Wie kann nun bei der Herstellung eines kleinen Videofilmes eine Planung aussehen, in der handwerkliches Grundwissen über den Umgang mit dem Medium, eine große Portion Kreativität, aber auch ausreichend Platz für Spontaneität zu finden ist? Um die Ausdrucksmöglichkeiten des Mediums Film wirklich zu nutzen, bedarf es Strukturen.

Drehverhältnis

Das Verhältnis zwischen dem aufgenommenen Gesamtmaterial und dem später in den fertigen Film montierten Material ist je nach Genre sehr unterschiedlich. Profis haben in der aktuellen Berichterstattung etwa ein Drehverhältnis von 5:1, Dokumentarfilmer 20 bis 50:1 und bei Werbefilmen je nach Budget weit über 100:1.

3.1 Entwicklungsschritte eines Films

Gerade am Anfang ist es hilfreich, sich die einzelnen Entwicklungsschritte bis zum fertigen Film zu vergegenwärtigen.

Zeitaufwand für die Entwicklungsschritte

Entwicklungsschritte eines Videos	Durchschnittlicher Aufwand
Idee	Planung ca. 60 %
Story	
Exposé	
Drehbuch	
Storyboard	
Shooting-Plan	
Drehplanung	
Dreharbeit	Aufnahmen ca. 20 %
Postproduktion	Schnitt ca. 20 %

Bereits durch diese Auflistung der einzelnen Entwicklungsphasen eines Films wird deutlich, dass der eigentliche Produktionsprozess den geringsten Anteil in der Gesamtfertigung eines Films einnimmt. Während die Planung etwa 60 % des zeitlichen Rahmens einnimmt, werden für die Dreharbeiten (vorausgesetzt, die Planung war optimal) häufig nur 10 bis 20 % der Zeit beansprucht, die Postproduktion liegt bei ca. 20 % des zeitlichen Budgets.

3.2 Ideen

Am Anfang eines Films steht jeweils die Idee, auch wenn es sich um einen Dokumentarfilm, einen Lehrfilm oder ein Imagevideo handelt. Mit »Idee« ist dabei nicht gemeint, welche in jedem Fall notwendigen Bestandteile in das filmische Werk integriert werden sollten, denn diese sind hinlänglich bekannt. Idee meint vielmehr den »**roten Faden**«: Und der kann das Layout betreffen, vor allem aber den Handlungsverlauf, also das, wovon alles ausgeht und wohin immer wieder alles zurückfließt.

Vermeiden Sie, sich von den ersten Ideenfetzen, die bereits klar und transparent vor Ihrem inneren Auge existieren, allzu sehr leiten zu lassen. Sie entwickeln dann das »Drumherum« schnell und nur oberflächlich, sodass im eigentlichen Sinne kein roter Faden entsteht, sondern eher ein Kessel Buntes. Dabei wirkt der Film unübersichtlich, kann missverstanden werden, bringt die Hauptaussage nicht auf den Punkt.

Ideensammlung

Sammeln Sie alles, was Ihnen zu der Thematik einfällt und verwerfen Sie anfangs nichts. Jedes Stichwort, jedes innere Bild kann später die Idee für einen wunderbaren Film erzeugen.

Ganz gleich, ob Sie ein klar definiertes filmisches Thema bearbeiten, also die Aufgaben streng vorgegeben sind, oder mit hoher Motivation und viel Spaß am Umgang mit Kamera und Montage-Equipment private Szenen filmisch festhalten möchten: Immer führt ein hohes Maß an Kreativität und originellen Einfällen zu einer besseren Umsetzung und einer höheren Qualität. Oft ist es dafür notwendig, in die Thematik einzutauchen, sie bewusst und ohne Ablenkung für einen Moment zu erleben. Häufig beginnen sich im Gehirn Bilder einzustellen und ein innerer Film entsteht. Diese Bilder sind oft unlogisch, passen nicht zusammen und könnten in dieser Form noch nicht zu einem filmischen Produkt führen. Die Kunst besteht nun darin, sich nicht von dem »Geht ja nicht, weil ...« lenken zu lassen, sondern die originellen Ideen, die bei vielen von uns häufig verkümmert sind, zu beleben, sie als Keim für weitere, noch ausgefallenere Ideen aufzugreifen.

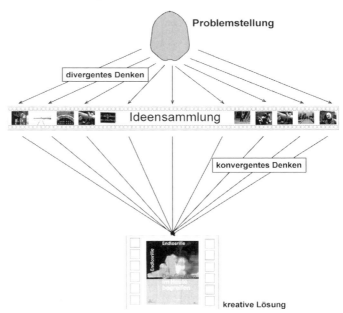

Abbildung 1 ▶
Von der Problemstellung über divergentes und konvergentes Denken zur kreativen Lösung

Originelle Ideen können darin entstehen, besondere Perspektiven auszuwählen. Kreatives Potenzial kann aber auch in der Lösung einer schwierigen Montage liegen. Auch wenn im Vorfeld schon einige Grundregeln der Filmsprache beschrieben wurden, sollten wir in der Sammelphase, der Ideenfindung, all dies für einen Augenblick zurückstellen und uns freimachen von einschränkenden Faktoren, also unser »Brain stormen« lassen.

Skizzieren Sie in der Sammelphase Bilder, halten Sie Ideen schriftlich kurz fest, greifen Sie bei weiterem Sammeln und Entwickeln neuer Ideen auf bereits Fixiertes zurück, weiten Sie das Feld der »unendlichen Möglichkeiten« aus. In der Kreativitätstheorie wird diese Phase als **divergentes Denken** bezeichnet. Gemeint ist damit, eine frühzeitige Einengung und damit einhergehende Einschränkung der uns eigenen Ideenvielfalt zu verhindern. Erst in einer zweiten Phase erfolgt dann das so genannte **konvergente Denken**.

Die gesammelten Ideen können nun einzeln überprüft werden, inwieweit sie unserer filmischen Thematik genügen und realisierbar sind.

Zwangsläufig ist man in der letzten Phase der Ideenfindung gezwungen, sich von einigen sehr originellen Einfällen zu verabschieden, um sich auf den Extrakt, das Beste zu konzentrieren. Manchmal können diese verworfenen Ideen bei einem späteren Filmprojekt aufgegriffen und umgesetzt werden. Die Mühe war also nicht umsonst.

Zur Umsetzung Ihrer ausgewählten Idee erfolgt in den nächsten Schritten die Entwicklung der Story, des Drehbuches und Storyboards, bevor dann endlich mit den Aufnahmen begonnen wird.

Beispiel

Ein neu entwickeltes Krankenhausbett sollte so dargestellt werden, dass seine Eleganz, aber auch seine Funktionalität in breitem Spektrum erkennbar wurden. Dem Hersteller lag sehr daran, dass diese beiden Schwerpunkte das Wohlbefinden des Kranken in diesem Bett transportieren sollte. Bei der Ideensuche entstanden Begriffe wie: lebendes Bett, Bett als Organismus, tanzende Betten, Ballett etc. Die entscheidenden Stichwörter in der Ideenfindung waren die Begriffe »Ballett« und »Tanz«. Es entstand ein Drehbuch und später ein Film, in dem zwei Krankenhausbetten tanzende Bewegungen nach klassischer Musik ausführen und während dieses »Tanzes« fast organisch ihre gesamte Funktionalität unter Beweis stellen (einen Filmausschnitt finden Sie unter www.tricast.de).

3.3 Die Story

Die Story ist das Erzählmuster, der »rote Faden«, welcher die filmischen Elemente verbindet, an dem sich die Video-Geschichte entlangbewegt. Bevor Sie mit der eigenen Produktion beginnen, sollten Sie eine **Geschichte** entwickeln. Wie dies geschehen kann, möchten wir Ihnen in dem folgenden Kapitel erklären.

Vorüberlegung
Beispiel: Der Urlaubsfilm
Vor einer Reise z.B. in eine Küstenregion können Sie ohne großen Aufwand vorab ein Konzept erstellen, wie Sie die Bilder einfangen und später montieren möchten.

Was steht für Sie als Reisender dabei im Vordergrund? Ist es die Weite der Natur, das Mit- und Gegeneinander von Meer und Landschaft, ist es die Beziehung zu einer Person, die mitreist, sind es Kinder, die die ungewohnte Landschaft entdecken, oder sind es besondere Kultureindrücke, die sich in dieser Region herausgebildet haben?

Jede dieser Fragestellungen, aber auch Kombinationen daraus können Ausgangspunkt für die Filmstory sein. In den Vorüberlegungen sollten sich der Blick und – da wir ja noch nicht am Ziel unserer Reise sind – die Vorstellung, was Sie erleben werden, darauf fokussieren, was unter der gewählten Überschrift mit einem detektivischen Auge erfassbar sein wird.

Das Kleinkind, das die Region nicht kennt, wird von Neugierde getrieben sein, bestimmte Räume zu eröffnen, Entdeckungen zu machen, aber auch Angst vor dem Unbekannten haben. An der Strandlinie wird es den Gischt der auslaufenden Wellen fassen wollen, dann vielleicht erschrocken vor dem herannahenden Wasser weglaufen. Die sich an dem Felsen aufbäumende Brandung der rauen See wird es mit Faszination bestaunen, sich nur zögerlich nähern wollen. Die weite Fläche des Sandes wird es zum Laufen, Sichfallenlassen und zum Spielen nutzen wollen, der »Riesensandkasten« wird zum Bauen von Burgen motivieren.

All das sind Bilder, bei denen wir mit Gewissheit davon ausgehen können, dass sie sich bei der späteren Reise filmisch realisieren lassen werden, und das ohne besondere Regieanweisung.

Die Hauptfigur

Mit diesem Vorwissen beginnt nun die eigentliche Überlegung eines Konzepts, also die Ausarbeitung der Story. Nehmen wir an, unsere Geschichte soll wirklich aus der Sicht des Kindes die Reise erzählen, das Kind wäre also Hauptdarsteller des Urlaubsfilms. Dann wäre mit dieser Frage ein zentrales Problem gelöst, nämlich wer die Hauptfigur in dem beabsichtigten Film ist. Dabei darf der Begriff Figur nur relativ gesehen werden, denn Hauptfigur kann auch ein Gegenstand, eine Maschine, etwas Abstraktes sein. Entscheidend ist, dass die Hauptperson charakterlich definiert wird und damit eine emotionale Komponente in den Film einbringt.

Diese emotionalen Besonderheiten der Hauptperson gilt es also herauszustellen, und zwar mit Mitteln der Filmsprache. Unser Kleinkind an der Küste kennen wir charakterlich gut, wir wissen um seine Neugierde und Verspieltheit, aber auch um seinen manchmal etwas zu intensiv ausgeprägten Forscherdrang. Je besser es uns nun gelingt, besonders deutliche Charaktermerkmale schon in der Planung filmisch festzulegen, desto mehr erfahren wir darüber, was wir durch das Medium Film transportieren können. Und umso konkre-

Maschine als Haupt»figur«

Bei Menschen ist dies leicht vorstellbar, doch auch bei Maschinen, bei Arbeitsabläufen können emotional wirkende Eigenschaften herausgearbeitet werden: Eine mit hoher Geschwindigkeit und nach Takt arbeitende Maschine ist schnell, zuverlässig, wartungsfrei etc., und auch eine Büroorganisation kann demokratisch, durchdacht, kreativ und menschlich sein.

ter bildet sich ein roter Faden heraus, mit dem wir unsere Filmreise planen können.

Der rote Faden

Beginnen könnte die Story damit, dass das Kleinkind schon zu Hause mit Farbstiften Fantasie-Urlaubsbilder malt und all jene Elemente, die in der Kinderzeichnung festgehalten werden, zu der späteren Erzählkette führen. Das stark vereinfachte Schiff mit dampfendem Schornstein auf dem blaugrünen Wasser wird voraussichtlich auch später, dann allerdings ohne rauchenden Schornstein, aufgenommen werden können. Die fantasievoll gemalte Sandburg wird es ebenfalls später als Motiv geben.

Warum also nicht die vorher oder im Nachhinein aufgenommenen Kinderzeichnungen als Layout nutzen, die Bilder als Anfangseinstellung einer neuen Szene für den Urlaubsfilm einbinden? Akustisch ließen sich diese Sequenzen mit den Wünschen und Träumen, den Erwartungen der Kleinen an die Reise unterlegen. Durch das konsequente Aufgreifen dieses gestalterischen Elementes entsteht ein einheitliches Layout, ein roter Faden.

Bei der Entwicklung eines roten Fadens geht es darum, visuelle oder akustische Bausteine einer Geschichte zu entwickeln, die in irgendeiner Form – soweit möglich – logisch zusammenhängen.

Schritt für Schritt: Kontinuität der Story

Versuchen Sie in der folgenden Übung, die logischen Bezüge, durch die Geschehnisse miteinander zusammenhängen, besonders zu betonen. Stricken Sie daraus Ihre Geschichte.

Verfolgen Sie gedanklich den Weg eines Geldstückes, wie es weitergeleitet wird, durch verschiedene Gruppierungen seinen Weg nimmt. Mit etwas Einfallsreichtum wird man feststellen, dass alleine bei diesem Gedankenspiel unendlich viele Möglichkeiten der Montage existieren.

1. Der Weg eines Geldstücks

2. Eine Kugel als roter
Faden

Bringen Sie eine Kugel ins Rollen und lassen Sie diese durch verschiedene Themenfelder laufen. Dabei dürfte sich die Kugel sogar verändern, also aus dem Fußball eine Billardkugel, ein Tischtennisball, eine Kickerkugel, eine Murmel oder ein Hühnerei werden. Das im Bild immer wiederkehrende Rundobjekt könnte auf sehr einfache Art verschiedene Themenkreise aneinander knüpfen, für den Zuschauer also einen roten Faden erzeugen.

Ende

In diesen beiden einfachen Übungsbeispielen ist noch nichts darüber gesagt, ob die Objekte, die als Verbindungsmedium gewählt wurden, in irgendeiner Form zum Thema des Filmprojektes passen. Dieser Aspekt kann sicherlich in der Anfangsübung vernachlässigt werden, bei einem später zu realisierenden Filmprojekt sollte selbstverständlich ein Bezug zwischen Verbindungselement und Aufgabenstellung des Films existieren.

▲ **Abbildung 2**
Filmbeginn mit Bildcollage aus historischem Material: alte Schulszenen

Weitere Zutaten zur Story

In dem schon oben beschriebenen Beispiel, der Dokumentation einer Reise ans Meer, war es die Kinderzeichnung, die an verschiedenen Stellen des Films auftaucht, vielleicht sogar von dem Kind während der Reise weiterentwickelt wird. Nun macht sicherlich ein roter Faden noch nicht die ganze Story aus.

In einer Geschichte wird etwas erzählt, d.h. es gibt
▸ Zusammenhänge
▸ eine Entwicklung
▸ Überraschungen, die zu einer Wende in der Erzählung führen,
▸ eine Dramaturgie

Außerdem hat eine Geschichte meist einen Anfang und ein Ende und ist in ihrem Verlauf von unterschiedlich starken Höhepunkten geprägt.

Das Ablaufmuster einer Geschichte folgt bestimmten Fragestellungen. Zu Beginn steht die Frage:
▸ Wie führe ich in die **Thematik** ein?
▸ Wie mache ich den Zuschauer auf mein Thema aufmerksam bzw. **neugierig**?
▸ Wie schaffe ich eine **Grundmotivation**, sich für die Geschichte und später für den Film zu interessieren?

In kurzen Filmen können so genannte **Eyecatcher** die Geschichte interessant halten, die durch die Schönheit des Bildes oder die Besonderheit der seltenen Aufnahme (natürlich passend zum Thema) die Aufmerksamkeit des Betrachters auf sich lenken.

Beispiel: Der Eyecatcher

Bei einem Film über ein Mineralwasser können Sie dem Zuschauer ein positives Gefühl gegenüber Wasser vermitteln, indem Sie Wassertropfen in Zeitlupe zeigen.

▲ **Abbildung 3**
Eyecatcher: Wassertropfen in Ultrazeitlupe zu Beginn eines Films

Beispiel: Ein weiterer Eyecatcher

Eine Dokumentation über Metallgussverfahren könnte z.B. mit nach Musik tanzenden Flammen auf dem Eisen sowie mit dem Sprühregen glühender Metallfunken beginnen.

Abbildung 4 ►
Filmbeginn mit ungewöhnlicher Ton-Bild-Montage:
Funken tanzen nach Musik

In einfach gestrickten Dokumentationen arbeitet dann die Geschichte in kleinen Schritten die Fragestellung ab und kommt zum Schluss zur Beantwortung, also zur dramaturgischen Auflösung.

Es gibt kein Universalrezept dafür, wie eine Geschichte konstruiert werden muss. Als grundsätzliche Anregung kann man jedoch festhalten, dass sich der Erzählverlauf in seiner Qualität immer an dem dramaturgischen Verlauf orientieren sollte, d.h. dass wir die Zielgruppe möglichst immer wieder neugierig machen, in Spannung bringen, unterhalten sollten. Dies gilt sicherlich nur für den Fall, dass Sie einen Film produzieren wollen, den auch andere gerne und mit Genuss sehen, das erstellte Werk also nicht für die Schublade gedacht ist.

Das Entwickeln des richtigen Maßes der **Dramaturgie** einer Geschichte setzt ein wenig Einfühlungsvermögen in eine zum Teil unbekannte **Zielgruppe** voraus.

Zielgruppe

Um unseren späteren Zuschauer schon in den ersten Sequenzen unserer Geschichte zu motivieren, ist es sicherlich hilfreich, eine konkrete Zielgruppe im Auge zu haben. Sind es Jugendliche, denen die Geschichte vom ersten sexuellen Kontakt erzählt werden soll, könnte das Auspacken eines Kondoms zu Beginn des Films schon ausreichend Aufmerksamkeit auf die späteren Teile der Geschichte erzeugen. Aus dramaturgischen Überlegungen heraus ist es nicht ratsam, in dieser frühen Phase des Erzählens zu viele Informationen vorwegzunehmen. Hier darf keine Auflösung der Story erfolgen, vielmehr soll ja Spannung erzeugt werden, d.h. Fragestellungen müssen zwar aufgeworfen, dürfen aber noch nicht beantwortet werden.

Wendepunkte

Bauen Sie kleinere Wendepunkte im Handlungsverlauf, die den Betrachter überraschen sollen, in Ihre Geschichte ein.

Im Verlauf der Geschichte ist es sehr wichtig, die Spannungskurve nicht aus den Augen zu verlieren. Bis zur Auflösung sollte sie, wenn möglich, permanent steigen. Der Zuschauer sollte einer Auflösung entgegenfiebern. Geben wir in unserer Story zu früh die Antworten, kann sich die Dramaturgie bis zum Desinteresse unserer Zielgruppe abschwächen, die Zuschauer steigen aus.

Wäre also bei dem Beispiel der Betriebsschließung von vornherein klar, dass die Firma geschlossen wird, müsste die zu Beginn aufgeworfene Frage anders gestellt werden. Sie könnte beispielsweise lauten: Was hätte gegen die Schließung getan werden können, haben Arbeitnehmervertretungen versagt, oder, noch besser, welche gesundheitlichen Auswirkungen hat ein Arbeitsplatzverlust? Der Untergang der Firma ist klar, die gesundheitliche Entwicklung der Mitarbeiter offen. Ausreichend Spannung bis zur Beantwortung der Frage gegen Ende des Films ist so gegeben.

An einem weiteren Beispiel sollen die wesentlichen Bestandteile, die für die Erstellung einer Story wichtig sind, zusammengefasst werden.

Beispiel: Eine Tanzgruppe möchte über ihre Arbeit ein kurzes Präsentationsvideo erstellen.

▶ Am Anfang steht der Eyecatcher: Federn, die sich, an einem Mobile befestigt, spielend leicht durch die Luft bewegen. Der erste Wendepunkt und die Problemstellung: mehrere kurze Aussagen von Agenturen, die sehr hohe, kaum erfüllbare Erwartungen formulieren.

Beispiel für Wendepunkte

Ein Arbeiter, der die Schließung seines Betriebes filmisch dokumentieren möchte, kennt seine Kollegen und die emotionale Situation, die in der Story stecken muss, um die Atmosphäre emotionsgeladen und damit spannend wiederzugeben. Die stillstehenden Maschinen und niedergeschlagene ehemalige Kolleginnen und Kollegen könnten am Anfang der Story diese Situation aufgreifen.

Den dramaturgischen Wendepunkt könnte dann ein kurzes Gespräch mit dem Geschäftsführer über die Notwendigkeit der Schließung mit Schuldzuweisung gegenüber den Arbeitnehmern darstellen. Mit der Fragestellung, welche Schuldzuweisungen berechtigt sind und welche nicht, wäre ausreichend Stoff für den eigentlichen Teil der Story gegeben. Ein Plot könnte aus Kollegen bestehen, die an einigen Stellen die Vorwürfe der Geschäftsleitung bestätigen, es können aber auch Familienangehörige sein, die die Auswirkungen der Schließung auf die wirtschaftliche familiäre Situation beschreiben.

▶ Der weitere Verlauf der Story: die Tänzer bei der harten Arbeit, Detailanweisungen der Trainerin und der Regie.

▶ Zwischenplots: Schmerzende Fußgelenke führen zu ersten Ausfällen in der Tanzgruppe, Zeitvorgaben von Agenturen.

▶ Der weitere Verlauf der Story: kurz vor dem zweiten Wendepunkt extrem intensive Trainingssituationen.

▶ Die Auflösung: die Tanzgruppe auf verschiedenen Veranstaltungen.

▶ Ende: stürmischer Beifall.

Filmtitel als Einstieg in die Story

Titellänge

Bemühen Sie sich, Ihre Titel möglichst einzeilig zu halten; er sollte nicht zu lang sein.

Bemühen Sie sich, zu Beginn einen Filmtitel zu finden. Dieser hilft bereits, eine zentrale Perspektive zu entwickeln, auf die sich das gesamte filmische Geschehen und die spätere Montage beziehen. Verfahren wie Brainstorming und Ideenkette können hier letzte kreative Ressourcen freisetzen.

Beispiel: Ein im Webdesign tätiges Unternehmen könnte für ein Elektronikunternehmen Stichwörter von dessen Unternehmensphilosophie wie Vision, Zukunft, Innovation aufgreifen und daraus den Titel Bit-Vision montieren.

Beispiel: Eine ähnliche Vorgehensweise funktioniert ebenfalls für Freizeitfilmer bei ihrer »Kinder wachsen auf-Dokumentation«. Der Kinderfilm mit dem Titel »Auf der Suche nach Neuem« würde damit auch schon den ersten »roten Faden« anlegen, nämlich bereits bei der Aufnahme darauf zu achten, wann das Kind sucht, wann es unberührte Bereiche ertastet. Kameraeinstellungen könnten entsprechend gewählt werden, eine Fokussierung auf diesen Bereich würde dem Ganzen eine entsprechende Spannung geben.

Die Story formulieren

Als Nächstes gilt es, aus der Idee bzw. dem Titel eine Story zu formulieren (schriftlich oder zumindest gedanklich). Da Video ein Medium mit kontinuierlichem zeitlichem Verlauf ist, also oft logische Verbindungen zwischen den einzelnen Geschehnissen existieren, sollten Sie versuchen, sich von Ihrem Titel ausgehend etwas Verrücktes einfallen zu lassen, das mit dem Titel logisch zusammenhängen könnte.

Beispiel: Als Anregung an dieser Stelle: In Assoziation zum elektronischen Begriff »Bit« könnten sich Begrifflichkeiten wie Bitten, also etwa Bittgebet oder Bittstellung einstellen, die in bildhafter Umsetzung einen ersten Einstieg darstellen könnten. Als zweiter Schritt würde dann die Fragestellung folgen, was dieses Bittgebet oder die Bittstellung mit dem Bereich Vision zu tun hat.

Erlauben Sie sich an dieser Stelle ruhig einmal, Wege zu beschreiten, die wahrscheinlich im späteren Fall nicht filmisch umgesetzt werden, denn diese kreativen Ausflüge helfen oft, hinterher realistische Ideen zu finden.

Zum Abschluss dieses Kapitels soll darauf hingewiesen werden, dass es nicht die Story gibt, sondern endlos viele Storys, aber es gibt die gute Story, und die gilt es zu finden. Jede noch so einfache filmische Themenstellung, wie Geburtstage, Sterbefälle, das Anlegen des eigenen Gartens etc., lassen sich sicherlich mit einfachen Bildern schnell aufnehmen und montieren. Ansprechendere Beispiele werden jedoch erst dadurch erzielt, dass vor dem ersten aktiven Produzieren eine gedankliche Vorproduktion im Kopf abläuft. Ein Teil dieses Prozesses ist das Entwickeln der Story.

Mit der Story haben Sie nun die erste Voraussetzung für eine spätere filmische Umsetzung geschaffen. Sie beinhaltet visuell attraktive Bestandteile, die Sie später filmisch aufgreifen werden, aber auch weniger spannend anzuschauende Kapitel, die nur kurz dargestellt oder ganz entfallen werden. All diese Entscheidungen fließen in die nun folgende Arbeit der Erstellung eines Drehbuches ein.

> **Neue Ideen – neue Story – neue Bilder**
>
> Beachten Sie bei dieser Übung, dass bei der Entwicklung der Story von Aussage zu Aussage logische Verknüpfungen existieren. Beispielsweise: Ich drehe den Wasserhahn auf; logische Verknüpfung: Es fließt Wasser heraus; nächste logische Verknüpfung: Dadurch entsteht ein glucksendes Geräusch im Siphon; nächste logische Verknüpfung: Eine Person im Raum hört dieses Glucksen usw.

3.4 Von der Story zum Drehbuch

Versuchen Sie unter diesem Aspekt, die von Ihnen entwickelten Storys so zu reduzieren, dass die wesentlichen bildhaften und tonhaften Bestandteile markiert werden.

Exposé

Fixieren Sie die reduzierten filmbaren Anteile schriftlich in einem Exposé, sodass Sie sehr konkret die wichtigsten Passagen bildhaft beschreiben. Überprüfen Sie anschließend, ob diese Beschreibung noch der Erzählweise der Story entspricht.

Drehbuch

Sollte dies der Fall sein, kann zur detaillierteren Vorbereitung ein Drehbuch erstellt werden. Dies bietet sich vor allen Dingen bei Spiel- oder Imagefilmen, Dokumentationen und Präsentationsfilmen an. In diesen Produktionen ist es notwendig, dass der Auftraggeber bzw. Kunde vor der eigentlichen kostenaufwändigen Verfilmung eine differenziertere Vorstellung von dem späteren Machwerk erhält. Gestalterische Änderungen sind an dieser Stelle noch relativ kostengünstig vorzunehmen.

Das Drehbuch ist die eigentliche Grundlage für geplantes Filmen und beschreibt sehr ausführlich:

- den Drehort
- die Zeit des Geschehens
- die Aufnahmesituation
- Agierende/Schauspieler
- Dialoge

Drehbuch ohne Anweisungen

Vermeiden Sie Anweisungen zu Einstellungsgrößen, Kamerapositionen etc., denn dies bleibt den Personen vorbehalten, die später das Drehbuch filmisch umsetzen (dieser kreative Spielraum sollte für Regisseur/in und Kameramann/-frau vorhanden sein).

Jeder Wechsel des Drehortes bedeutet im Drehbuch eine neue **Szene**, die dadurch markiert wird, dass es eine Szenenüberschrift gibt, in der der Drehort benannt wird. Die Überschrift wird zur besseren Hervorhebung unterstrichen. Alle Dialoge werden in Großbuchstaben mit dem Namen der Sprechenden (zentriert) eingeführt. Darunter folgt zu beiden Seiten (eingerückt) der Dialog und Kommentartext. Zwischen Dialog und Überschrift finden sich Beschreibungen der Drehorte, sofern sie mit dem Handlungsablauf bzw. mit der Bildgestaltung zu tun haben.

 Schritt für Schritt: Wie wird ein Drehbuch erstellt?

An einer kurzen Textpassage Ihres Lieblingsromans können Sie sich im Drehbuchschreiben üben. Zuerst stehen dabei formale (für Profis allgemein gültige) Aspekte im Vordergrund. Erst in einem zweiten Schritt behandeln wir den Inhalt.

1. Formatvorlage

Legen Sie sich in Ihrem Textprogramm folgende Formatvorlagen an:

- SZENE: Arial, 12 pt., unterstrichen
- SPRECHER: Arial, 12 pt., Großbuchstaben, zentriert
- SZENE: Arial, 12 pt., Blocksatz
- DIALOG: Arial, 12 pt., Blocksatz, rechts und links 2 cm eingerückt

2. Nummerierung der Szenen

Fügen Sie in die SZENEN hinter das Wort Szene eine automatische Nummerierung ein. Die später formatierten Texte sollten etwa dieses Aussehen haben.

Definieren Sie die dort beschriebenen
▸ Schauplätze
▸ Personen
▸ Dialoge
ähnlich wie in der Abbildung.

3. Inhalte der Szenen

Versuchen Sie nun, den kurzen Ausschnitt aus Ihrem Roman so in Szene zu setzen, wie er vor Ihrem »inneren Auge« abläuft. Als zeitliche Orientierung gilt: Eine Drehbuchseite entspricht später etwa einer Minute des filmischen Verlaufs.

4. Von der Story zum Drehbuch

Achten Sie bei der Übertragung des Romans in ein Drehbuch darauf, dass Szenen, in denen der Raum eine besondere Rolle spielt, entsprechend ausführlicher beschrieben werden, sodass der Kameramann später versteht, welche Details möglicherweise aufgenommen werden müssen, um die benötigte Gesamtatmosphäre zu erzeugen.

5. Textlängen und Inhalte

Ende

3.5 Das Storyboard

Das Storyboard dient vor dem eigentlichen Dreh zur Visualisierung einzelner Kameraeinstellungen, also zur Veranschaulichung des filmischen Ablaufs. Besondere Bedeutung liegt beim Storyboard in den so genannten Anschlüssen, also im Übergang von einer Einstellung zur nächsten.

Durch ein kurzes Skizzieren des bildlichen Aufbaus in einem Fenster (4:3) lassen sich auf diese Weise mögliche Anschlussprobleme, also Zappler, Achssprünge, Richtungswechsel etc., schon in dieser Planungsphase frühzeitig erkennen und korrigieren.

Wie erstelle ich ein Storyboard?

Hierbei existieren keine allgemein gültigen Regeln. Das Einzige, was zählt, ist, dass der Filmende das Storyboard verstehen muss. Zunächst müssen Sie die Einstellungen festlegen. Dazu wählen Sie sich aus dem Drehbuch eine Szene aus und lösen diese – so wie es ein Kameramann später tun würde – in verschiedene Einstellungen auf.

Dann können Sie eine Zeichenvorlage erstellen, die Sie auch für zukünftige Storyboards wiederverwerten sollten: Bereiten Sie sich ein Din-A4-Blatt vor, in dem Sie pro Zeile drei Rahmen für später folgende Skizzen im Verhältnis 4:3 vorsehen, und drucken Sie dieses mehrfach aus.

Storyboard: Völker Krankenbett

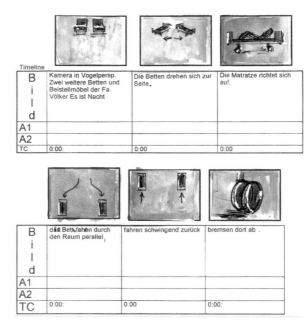

Abbildung 5 ▶
Beispiel eines Storyboards zum Film »Völker Krankenhausbetten« (siehe auch den Beispielfilm unter www.tricast.de)

Im Storyboard sollten Sie die jeweiligen Einstellungen, in denen Sie Ihre Szene platziert haben, grob skizzieren. Sollten Kamerabewegungen oder ein Zoom bzw. Aufzug folgen, markieren Sie diesen durch entsprechende Pfeile in den Bildfenstern.

3.6 Shooting-Plan

Die eben entstandenen Fotogeschichten entsprechen in grober Form bereits einem Shooting-Plan, der bei professionellen Dreharbeiten häufig vorab produziert wird. Hier versucht man auf ökonomische Weise, die Story und die im Drehbuch geplanten Drehorte im Vorfeld durch Fotos festzuhalten, um schon in einer frühen Phase das Funktionieren bestimmter Bildausschnitte und deren Aussagen überprüfen zu können. Um den Kostenaufwand in dieser Phase gering zu halten, werden an Stelle der späteren Schauspieler Ersatzdarsteller positioniert. Besonders gerne wird ein Shooting-Plan erstellt, wenn es sich um komplizierte Bestandteile im Drehbuch handelt.

3.7 Drehplanung

Im letzten Schritt der Planungsphase, der Drehplanung, werden anhand des Drehbuches, des Storyboards und des Shooting-Plans all diejenigen Dinge herausgefiltert, die für den produktionstechnischen Ablauf später relevant sind. Das können sein:

▸ Requisiten
▸ Lichtverhältnisse und damit die benötigte Anzahl und Art der Scheinwerfer
▸ Darsteller
▸ Kostüme
▸ Maske
▸ Schaubilder etc.

Organisatorisch und wirtschaftlich ist es sinnvoll, diejenigen Szenen und Einstellungen, die an **gleichen Orten** stattfinden, hintereinander zu produzieren und erst im später erfolgenden Schnitt die endgültige Reihenfolge festzulegen. Ausnahmen entstehen, wenn sehr teure Darsteller »schnell abgedreht« werden müssen. In diesem Fall bestimmen die Szenen mit diesen Darstellern die Produktionsreihenfolge.

Der produzierte Anteil des filmischen Materials sollte mindestens zehnmal länger sein als das für das Endprodukt genutzte Material.

Kreativität

Bei den Dreharbeiten selbst gelten Storyboard und in besonderem Maße das Drehbuch eher als Orientierung. Aus der Situation heraus sind oft Spontaneität, Ideenreichtum und Flexibilität erforderlich. Sollte sich also eine räumliche Aufnahmesituation anders darstellen, als konkret im Storyboard fixiert, wird man vor Ort Alternativen suchen. Dabei sollten Sie allerdings auf mögliche Anschlussfehler achten. Auch können bei Dreharbeiten weitere filmische Auflösungen vorgenommen werden, wenn sich entsprechende gestalterische Möglichkeiten durch eine neue Bildauswahl ergeben.

Produktionsreihenfolge

Sofern Sie aus ökonomischen Gründen oder weil keine Schnittmöglichkeit besteht, einen Kameraschnitt planen, also keine Nachbearbeitung erfolgen wird, entfallen viele Planungsaspekte. Denn in diesem Fall richtet sich Ihre Aufnahmeplanung nach der Reihenfolge Ihrer späteren Kameraeinstellungen.

3.8 Praxisbeispiele für die Planung

▲ **Abbildung 6**
DV-Kamera von Sony mit
Speicherchip

Für diesen Workshop benötigen Sie einen Fotoapparat, besser noch eine digitale Kamera oder eine DV-Kamera, die es Ihnen erlaubt, auf einem entsprechenden Speicherchip Fotos aufzunehmen (wie z.B. die Sony-Kamera aus der Abbildung).

Ziel dieser Übung ist es, eine Verkettung von Ereignissen, also eine (in unserem Fall kurze) Geschichte auf die wichtigsten Bild- und Tonbestandteile zu reduzieren. Die Aufgabenstellung sollte dabei so gelöst werden, dass natürlich die Geschichte von externen Betrachtern verstanden wird. Je nachdem, wie geschickt Sie dabei vorgehen, können bereits erste dramaturgische Elemente in der Bildergeschichte aufgegriffen werden.

Jedes Bild erzählt eine Geschichte. Selbst verwackelte Bilder (z.B. in der Kriegsberichterstattung) vermitteln uns Zuschauern das Gefühl des Dabeiseins. Schon mit geringer Vorkenntnis lassen sich auch für Amateure die Grundregeln der Bildauswahl für die eigene Filmsprache nutzen.

Haben wir bestimmte Anlässe fotografisch festgehalten, waren wir ebenfalls gezwungen, aus der Vielzahl entwickelter Fotos und Dias die schönsten und aussagekräftigsten herauszusuchen, um unseren Freundeskreis noch im wachen Zustand damit zu beglücken.

Eine Foto-Bildergeschichte

Die Bildauswahl beim Filmen unterscheidet sich zuerst einmal nicht grundsätzlich von der herkömmlichen Foto- oder Diaauswahl. Der Grundgedanke besteht darin, bei einer festgelegten Anzahl von Bildern die Bildausschnitte, Motive und Reihenfolge so zu wählen, dass für die Betrachter später eine möglichst verständliche Geschichte erzählt wird. Wir alle kennen Bildergeschichten, sei es aus Comic-Heften oder den Illustrierten im Wartezimmer. Die Auswahl dieser Bilder reduziert sich auf das Wesentliche. Sprechblasen oder Untertitel stehen in diesen Fällen für die Vertonung.

Um sich der Bedeutung der richtigen Bild- oder Motivwahl bewusst zu werden, bietet sich eine kleine Übung an. Wir möchten dabei ein Umfeld wählen, das es Ihnen gestattet, ohne großen Aufwand eine sich häufig wiederholende alltägliche Situation in eine Bildergeschichte »aufzulösen«.

Schritt für Schritt: Bildergeschichte erstellen

Erstellen Sie eine Bildergeschichte zum Thema »Spaziergang«.

Wählen Sie Bildmotive für die Vorbereitung aus. Stellen Sie dabei möglichst abwechslungsreiche Aufnahmen von verschiedenen Drehorten zusammen: das Anziehen der Wanderschuhe, Packen des Reiseproviants, Studieren der Karte, prüfender Blick zum Himmel.

1. Bildmotive überlegen

Richten Sie Ihr Augenmerk auf die Wanderer in der Landschaft. Wechseln Sie das Motiv, um dem Zuschauer neue Informationen zu geben.

2. Bildmotive wechseln

Wählen Sie geeignete Motive für das Ende der Geschichte. Als letzte Bildausschnitte wären vorstellbar: Einstellungen von schmutzigen Schuhen vor der Wohnungstür, das Erreichen der Wohnung, das Einparken der Fahrräder in der Garage.

3. Schlussmotive wählen

Ende

 Beim Betrachten dieser Bildserie wird Ihnen auffallen, dass das Verhältnis zwischen der Vorbereitung, der eigentlichen Wanderung und der Nachbereitung etwa gleich groß ist. Wenn wir einmal davon absehen, dass dies real auch dem zeitlichen Verhältnis mancher Wochenendspaziergänge entspricht, stellt sich trotzdem die Frage, wie nun der eigentliche Schwerpunkt dieser Bildergeschichte, nämlich die Wanderung selbst, mit weiteren Bildern derart angereichert wird, dass auch für medial verwöhnte Augen eine interessante Bildergeschichte übrig bleibt.

▶ Allein durch den Wechsel der Bildauswahl auf unsere Wanderung ließen sich hier unterschiedlichste Aspekte in die Bildergeschichte montieren.

▶ Naturinteressierte Wanderer werden ihre Bildreihe mit detaillierten Fotos von besonderen Pflanzen am Wegesrand ergänzen.

▶ Die Rast während der Wanderung bietet ebenfalls Gelegenheit, unterschiedlichste Personenporträts mit der Kamera zu zeichnen.

▶ Ein nah aufgenommenes offenes Schuhband, ein dampfender Kaffeebecher vor im Hintergrund liegenden unscharfen Höhenzügen oder der aus einem Taschentuch gebastelte Sonnenschutz: Diese Bilder haben jeweils für sich einen Informationsgehalt, der sich von den übrigen Aufnahmen der Wanderung unterscheidet.

In einer zweiten Bildergeschichte können Sie nun spezielle Aspekte der Motivwahl berücksichtigen und bereits gemachte Erfahrungen verfestigen.

Reduzierungen

Wir sind es gewohnt, schnell wechselnde Bildinformationen dargeboten zu bekommen und haben gelernt, die zwischen den gezeigten Bildern demontierten Reduzierungen je nach Stimmung und Persönlichkeit selbst mit einer Geschichte aufzufüllen. Das macht Film so spannend. Je größer die Reduzierung, also je weniger leicht ableitbar die Information von Bild 1 zu Bild 2, umso größer der Spielraum der möglichen Interpretationen. Doch wir wollen mit der Sprache Video auch verstanden werden. Die Reduzierung auf das Wesentliche ist also eine Gratwanderung.

 ### Schritt für Schritt: Bildergeschichte erstellen

Überlegen Sie sich eine kurze Geschichte, deren Einzelelemente logisch zusammenhängen, und fotografieren Sie die wichtigsten Bestandteile der Geschichte so, dass sie von dem späteren Betrachter verstanden werden.

1. Kurzgeschichte

Sollte es Ihnen noch an Ideen mangeln, möchten wir an dieser Stelle eine kleine Anregung geben. Die Geschichte: Sie haben einen Termin frühmorgens. Der Wecker funktioniert nicht. Sie verschlafen. Sie kommen zu spät zum Termin. Ihr Gesprächspartner ist bereits gegangen und ruft Sie zu einem späteren Zeitpunkt an. Sie entschuldigen sich und vereinbaren einen neuen Termin. Hiermit endet die kurze Geschichte.

Nehmen Sie nun zu jeder dieser einzelnen Kurzkapitel Ihrer Geschichte maximal ein bis drei Fotos auf. Achten Sie bei den Aufnahmen darauf, dass aus der Motivwahl dem Betrachter möglichst die wichtigsten Bestandteile der Geschichte verständlich dargestellt werden. Achten Sie außerdem darauf, dass Phasen von höherer Dramatik (das hektische Aufstehen, nachdem der Wecker nicht geläutet hat) mit mehr Bildern belegt werden, die dann das schnelle Aufstehen, Anziehen, Aktenkofferpacken etc. festhalten.

2. Aufnahme der Fotos

Suchen Sie aus den produzierten Fotos die aussagekräftigsten heraus und montieren Sie diese entweder auf Ihrem Rechner in QuickTime als Diafolge oder in althergebrachter Art an der Wand. Die zweite Methode ermöglicht einen besseren Überblick und unterstreicht außerdem Ihr taktiles Vermögen beim Umgang mit der Materie Papier und Foto (ähnlich, wie es beim herkömmlichen klassischen Filmschnitt eingesetzt wurde).

3. Montage der Bilder

4. Bildunterschrift, Text, Ton

Versehen Sie nun die montierten Bilder jeweils mit einem kurzen Text. Sollte der Text sich über mehrere Bilder erstrecken, gestalten Sie entsprechend den Textblock breiter. Achten Sie dabei darauf, dass der Text den Aussagegehalt Ihrer Bilder ergänzt und nicht doppelt. Sehen Sie beispielsweise auf einem Foto das Zifferblatt Ihres Weckers mit der Uhrzeit 7:20 h, wäre ein Text, der nochmals die Uhrzeit beschreibt, überflüssig. Ein informativerer Text wäre an dieser Stelle: Warum hat der Wecker wieder einmal nicht geklingelt?

5. Präsentation der Bildergeschichte

Präsentieren Sie abschließend Ihre kurze Bildergeschichte Freunden, Bekannten, Arbeitskollegen etc. und lassen sich von diesen jeweils die Story erzählen. Je näher die Erzählungen an Ihrer eigenen Geschichte liegen, umso besser haben Sie das Handwerk verstanden und können sich nun auf den schwierigeren Teil, die Montage von bewegten Bildern und das Erzählen von Geschichten mit dem

Ende

Medium Film, einlassen.

Bildergeschichte auf die Videokamera übertragen

Eindeutige Bilder

Vermeiden Sie allzu viel Interpretationsspielraum: Wenn bestimmte Kapitel Ihrer Kurzgeschichte nicht verstanden worden sind, ist man schnell geneigt, die dadurch neu entstehenden Geschichten ebenfalls als reizvoll zu empfinden und hinterfragt den Aussagegehalt der eigenen Bildergeschichte kaum noch. Seien Sie also selbstkritisch und überprüfen Sie exakt das von dritten Personen wiedergegebene Geschichtskonstrukt mit dem Ihren.

Einstellungslänge

Eine Kameraeinstellung ist in der Regel nicht länger als 10 bis 15 Sekunden!

Die vorherigen Fotogeschichten ließen sich in gleicher Weise mit einer Videokamera aufnehmen. Würden wir uns mit der Videokamera jeweils den Standpunkt wählen, den wir bei den aussagekräftigsten Fotos bezogen hatten, und würden wir von dort aus jeweils nur so lange den Bildausschnitt aufnehmen, bis die gewünschte Information übermittelt worden ist, dann wäre das Ergebnis ein kurzer ansehnlicher Videofilm, der in ca. 20 bis 30 Kameraeinstellungen einen Wochenendausflug – auf fünf Minuten reduziert – schön zusammenfasst.

Das Wesentliche wäre festgehalten. Die Betrachter würden diese fünf Minuten noch mit Spannung verfolgen. Weitere Ausflüge könnten aufgrund dieser Erfahrung, vielleicht mit anderem thematischen Schwerpunkt, Gegenstand neuer Kurzdokumentationen werden und würden ein dankbares Zielpublikum finden.

Die Bildergeschichte steht also in engem Zusammenhang mit unseren Videokleinprojekten und dieser Zusammenhang lässt sich in der Planung gut einsetzen.

Wenn ich die Fotogeschichte dem bewusst gedrehten Videofilm vergleichend gegenüberstelle, habe ich zur Vereinfachung an dieser Stelle einen Aspekt außer Acht gelassen. Der Film und die angesprochene Bildauswahl beziehen sich in den meisten Fällen auf bewegtes Bild. Dieser reizvolle Vorteil birgt sicherlich auch seine Gefahren. Grundsätzlich vertrete ich an dieser Stelle die Auffassung: Unbewegliche Motive sollten per Dia oder Foto abgelichtet werden. Und nur dann, wenn Bewegungen und Veränderungen aufgenommen und gezeigt werden sollen, ist der Einsatz einer Videokamera sinnvoll und nötig. Die Trennung des Mediums Foto und Video wird heute für den Anwender häufig dadurch verwischt, dass in den digitalen Video-kameras eine digitale Fototechnik mit Speicherchip integriert ist.

Diese Kombination verschiedener Aufnahmetechniken beinhaltet aber auch eine Chance. Immerhin haben Sie als Benutzer einer derartigen Kamera die Möglichkeit, je nach Motiv spontan und schnell zu entscheiden, ob Sie ein digitales Foto oder eine entsprechend bewegte Bildsequenz aufnehmen möchten.

3.9 Die Videosprache erlernen durch Analyse

Schritt für Schritt haben Sie sich in den ersten Kapiteln mit den Grundlagen der Videosprache vertraut gemacht. Das Zusammenwirken der einzelnen Elemente stellt eine neue Herausforderung für Sie dar. Die folgenden Beispiele sollen Sie dazu anregen, sich mit weiteren handwerklichen Grundlagen des Filmens auseinander zu setzen, eigene Ideen zu entwickeln und dabei den intuitiv gesteuerten Filmemacher in die Lage versetzen, eine Vielzahl der angesprochenen Aspekte bewusst einzusetzen und als filmsprachliche Elemente zu nutzen.

Professionell produzierte Werbeclips werden mit einem sehr hohen Aufwand hergestellt. Budgets erreichen astronomische Höhen, wenn es um die Umsetzung und Realisierung von Träumen und Ideen geht, und das Ganze für 20 bis 40 Sekunden realer oder animierter Traumwelt mit psychologisch ausgefeiltem Aufbau. Werbeclips enthalten deshalb in sehr komprimierter Form viele Elemente der Bildsprache, eignen sich also bestens zur Analyse und zum Erkennen einiger uns schon bekannter Elemente.

Die zwei Werbeclips, die Sie sicher aus dem Fernsehen kennen, die sich aber auch auf der Website von Galileo Design (www. galileodesign.de, dann im Buchkatalog auf den Buchtitel klicken) befinden, bieten sich für die Analyse sehr gut an, da hier in kurzer Zeit (nicht mehr als 20 bis 30 Sekunden) eine komplette Geschichte mit gut gewählten Elementen der Filmsprache erzählt wird.

Reduktion auf einen 20 Sekunden-Film

Achten Sie bei Werbeclips auf Story und Einstellungen, aber vor allem auch auf das, was an Bildern bewusst weggelassen wurde, und wie Sie diese »Löcher« in Ihrer Fantasie ausfüllen.

Werbung analysieren

Pro Tag laufen auf den ca. 30 vorhandenen Privatkanälen im Abstand von mindestens 20 Minuten Werbeblöcke. Gerade bei besonders wertvollen und spannenden Spielfilmen nehmen diese Werbeblöcke einen kaum noch zu ertragenden Zeitraum ein.
Ab sofort lassen sie sich hervorragend als Lektion zum Verstehen der Komplexität der Filmsprache nutzen. →

→ Wer diese Prozedur einige Male bewusst durchgeführt hat, wird feststellen, dass das nun geschulterte Auge auch bei weniger fesselnden Szenen in Spielfilmen beginnt, auf Einstellungsgröße, Einstellungslänge und Montage zu achten.

Um uns bei der Vielschichtigkeit der gestalterischen Möglichkeiten nicht zu überfordern, helfen oft einige kleine Tipps und Regeln.

▶ Zählen Sie leise während einer Einstellung mit und ermitteln Sie auf diese Weise die verschiedenen Einstellungslängen. Bei jedem Schnitt starten Sie das Zählen neu, merken sich die jeweiligen Einstellungslängen und rekonstruieren am Ende des Werbeclips den Schnittrhythmus.

▶ Achten Sie auf die farbliche Gestaltung. Zurzeit werden Werbeclips häufig durch den Einsatz von Farbfiltern oder in der Endmontage durch Farbverfremdungen grünlichblau eingefärbt. Versuchen Sie im Rückblick, sich diese Farbkorrekturen bzw. Verfremdungen logisch aus dem filmischen Aufbau und dem Aussagewunsch abzuleiten.

▶ Vergleichen Sie den Ton jeder einzelnen Einstellung oder Szene mit Realtönen, die in dieser Szene normalerweise vorhanden wären. Stellen Sie Abweichungen fest und überprüfen Sie die Gründe dafür. →

Beispiel: DaimlerChrysler

▲ **Abbildung 7**
Zu Beginn des Clips ist das exklusive Fahrzeug in sehr schönen Einstellungen zu sehen.

▲ **Abbildung 8**
Ein gut gekleideter Geschäftsmann verlässt seine noble Villa und betritt die Garage.

▲ **Abbildung 9**
In der abschließenden Einstellung ist, leicht angeschnitten, die Kühlerfront des PKW in der Garage erkennbar.

▲ **Abbildung 10**
Etwas bewegt sich hinter dem Fahrzeug.

◄ **Abbildung 11**
Der Geschäftsmann verlässt mit seinem Aktenkoffer auf einem Fahrrad die Garage und fährt aus dem Bild.

Analysieren Sie den DaimlerChrysler-Werbeclip unter folgenden Aufgabestellungen:

1. **Sichtung:** Den Film ohne differenzierte Fragestellung betrachten.
2. **Nacherzählung:** Sich selbst oder einer zweiten Person die in Erinnerung gebliebene Geschichte erzählen.

3. **Überprüfen der Nacherzählung:** Den Clip erneut anschauen und überprüfen, ob die wahrgenommene Geschichte mit den dargebotenen Bildern übereinstimmt. Welche Kameraeinstellungen haben Sie vergessen?

4. **Analyse der grundsätzlichen Gestaltungsmittel:** Reflexion dieser ersten Analyse unter folgender Themenstellung: Mit welchen Bildern hat der Werbeclip die Geschichte erzählt? Welche Stimmung habe ich dabei empfunden? Welche gestalterischen Elemente haben zu dieser Stimmung geführt?

5. **Analyse der differenzierten Gestaltungsmittel:** Erneut den Clip anschauen unter der Fragestellung: Wie viele Kameraeinstellungen wurden bei der Montage aneinander gefügt, wie lang sind die jeweiligen Einstellungen, aus welchen Positionen wurde aufgenommen, wie wurde der Schnittrhythmus (Wechsel zwischen langen und kurzen Einstellungen) gestaltet?

6. **Analyse der Reduzierungen:** Vergleich der Einstellungsanalyse mit der erzählten Geschichte: An welchen Stellen wurde reduziert, wo ergänzen Sie als Betrachter die fehlende Information?

7. **Tonanalyse:** Erneutes Ansehen des Werbeclips unter dem Aspekt: Welche Tonquellen wurden verwendet und welche Funktion haben die einzelnen Tonquellen?

8. **Ton-Bild-Wirkung:** Wie korrespondieren Ton und Bild miteinander? Gegebenenfalls den Clip erneut anschauen.

9. **Diagramm der Filmsprache:** Zusammenstellung aller untersuchten Einzelbereiche. Hilfreich kann hierbei das Skizzieren eines Diagramms sein, das die einzelnen Funktionsebenen in ihrem Zusammenwirken zeigt.

Diese mit wenigen Worten skizzierte Story enthält folgende bereits besprochene Merkmale:

▶ eine in sich durchgängige und nachvollziehbare Geschichte
▶ eine Charakterisierung der Hauptfigur durch äußerlich deutlich wahrnehmbare Symbole
▶ eine trotz der Kürze der Story stimmige Dramaturgie (Wendepunkt durch das Fahrrad am Ende)

Die Story ist bewusst sehr einfach gehalten und deckt sich mit den Lebensbereichen, die den meisten Zuschauern bekannt sind: das allmorgendliche Verlassen des Hauses, der Gang zum Auto und der dann beginnende Weg zur Arbeit. Durch diese nachvollziehbare

---

→
▶ Widmen Sie sich der Dramaturgie eines Werbeclips. Überprüfen Sie, an welchen Stellen sich ein Wendepunkt befindet, sich also eine nicht erwartete Handlungsänderung ergibt. Versuchen Sie an dieser Stelle herauszufinden, wie dieser Wendepunkt erzeugt worden ist.

All diese Analysehinweise haben sicherlich einen nachhaltigen Effekt, wenn sie häufiger praktiziert werden, wenn also beim Betrachten von weniger spannenden Filmsequenzen automatisch ein analysierender Prozess beginnt. Diese Filmanalyse raubt einem sicherlich nicht den Spaß an der Betrachtung von bewegten Bildern; vielmehr werden Sie feststellen, dass gut produzierte Filme zu fesseln verstehen und dann auch der »geübteste Analytiker« in die Spielhandlung hineingezogen wird. In diesen Fällen ist erst durch mehrfaches Betrachten eine Analyse möglich. Hier liegt nun gerade der Vorteil der Werbeclips, die sich allabendlich wiederholen: Deren Inhalte, die Gags und die kleinen emotionalen Anspielungen kennen wir. Damit ist eine ideale Voraussetzung gegeben, nun wertneutraler und mit Distanz die filmischen Machwerke zu sezieren, zu betrachten und zu fragen, warum was wie produziert wurde, um daraus für die eigene filmische Arbeit zu lernen.

Das Besondere

Wir sind weit entfernt von jenen Zeiten, in denen das Problem eines schmutzigen Flecks in der Wäsche als Ausgangspunkt für eine Story stand, in der das entsprechende Waschmittel die Lösung brachte. Immer häufiger ziehen die Hersteller von weltweit bekannten Produkten Werbeclipvarianten vor, in denen die umworbenen Produkte die logische Antwort der Zuschauer selbst sind.

Zum Teil sind die Produkte, die beworben werden sollen, überhaupt nicht mehr zu sehen. Die Neugierde treibt den interessierten Betrachter dann dazu, selbst zu recherchieren, um welches Werbeprodukt es sich handelt. Werbeclips können jedoch auch das umworbene Produkt von Anfang an thematisieren, ohne dabei als langweilig empfunden zu werden.

Story wird eine sehr hohe Identifikation mit der darstellenden Figur erreicht, so als lebte man selbst in dieser Situation.

Durch die letztendlich stattfindende Fahrt mit dem Fahrrad zum Arbeitsplatz wird ein weiterer, gegenwärtig wichtiger Aspekt in die Story eingebunden: das ökologische Bewusstsein. Dadurch wird versucht, den diametralen Gegensatz von (unökologischem) Auto und notwendigem Ökologiebewusstsein dahingehend aufzulösen, dass das alleinige Besitzen eines Autos weniger umweltbelastend ist als das Fahren. Diese Aussage zielt auf das Image der Fahrzeuge von DaimlerChrysler als Statussymbol in unserer Gesellschaft.

Der Hauptdarsteller, scheinbar ein leitender Angestellter, wird durch die Symbolik (noble Villa, breite Garage, modisch teurer Anzug, Aktenkoffer) schnell und unkompliziert charakterisiert. In dieser Charakterisierung entspricht er dem Wunschbild vieler Arbeitnehmer, wird also positiv besetzt.

Die besondere Qualität dieses Werbeclips liegt in seiner ausgefallenen Dramaturgie. Das beworbene Produkt wird in sehr schönen Naheinstellungen gezeigt. Wir erwarten eine normale Autowerbung. Erst beim Verlassen der Garage wird der Betrachter in seiner Erwartungshaltung unterbrochen: Der Angestellte verlässt mit dem Fahrrad die Garage. Ein abschließender Kommentar löst die Dramaturgie auf: »Man muss ihn besitzen, aber nicht fahren.« Er setzt die zentrale Aussage, den PKW als Statussymbol, ans Ende des Werbeclips.

Beispiel: Die Diebels-Werbung »Ein schöner Tag«

Ein zweiter, ganz anders gestalteter Werbeclip soll die vielfältigen Möglichkeiten bei der Gestaltung eines Films verdeutlichen. Die Aufgabenstellung entspricht der im ersten Beispiel. All diejenigen, die sich auf die kurzen Übungsbeispiele der Filmanalyse eingelassen haben, werden feststellen, dass sich eine Vielzahl von Werbefilmen (allerdings eignen sich nicht alle dazu) für weitere Übungen nutzen lassen.

Auch in diesem Werbeclip werden beide Personen während ihres Aufenthalts in einer Kneipe durch ihr Äußeres ausreichend charakterisiert, die Werbebotschaft stimmt mit der Wahrnehmung der atmosphärisch angenehmen Kneipe als Treffpunkt und Ort des Kennenlernens überein. Zwei andere Aspekte unterscheiden diesen Clip von dem vorab vorgestellten. Zum einen nimmt hier die **Musik** (»Ein schöner Tag«) einen besonderen Stellenwert ein: Der eigens für den Clip konzipierte Song wurde ein Welthit und funktioniert mittlerweile auch ohne die filmischen Bilder. Zum anderen beinhalten die

▲ **Abbildung 12**
Ein junger Mann ...

▲ **Abbildung 13**
... und eine junge Frau lernen sich durch Blickkontakt
kennen.

▲ **Abbildung 14**
Dramaturgischer Höhepunkt ist der Augenblick, in dem
die Frau dem Mann auf einem Bierdeckel ihre Telefon-
nummer überreicht.

▲ **Abbildung 15**
Der Höhepunkt wird durch die Reaktion des Mannes
unterstrichen.

◀ **Abbildung 16**
Ende des Spots: Bier und Telefon

Aufnahmen in der Kneipe besondere **Kamerawinkel und Perspektiven**. Die Bildachse ist bewusst schräg gewählt worden, um dem Film Dynamik zu verleihen und durch die Bildgestaltung eine kneipentypische Atmosphäre zu erzeugen.

Problemstellungen

Damit Sie sich in dieser Phase noch nicht überfordern, ist es sinnvoll, bei den ersten produzierten Filmen nur eine überschaubare Anzahl an Problemstellungen zu berücksichtigen: Sie sollten die verschiedenen Elemente der Filmsprache voneinander trennen, um sich in einzelnen Schritten auf jeweils ein gestalterisches Element konzentrieren zu können.

1. **Erstellung eines Tonhörspiels:** Konzentrieren Sie sich nicht direkt auf die Montage von Ton und Bild, sondern erstellen Sie ein »Tonhörspiel«. Versuchen Sie dabei ein Thema ausschließlich durch die Zusammenstellung bestimmter Töne und Geräusche umzusetzen, sodass dem Zuhörer durch diese Toncollage eine Geschichte erzählt wird. Verschließen Sie dafür an Ihrer Kamera das Objektiv mit dem Schutzdeckel.
2. **Erstellung eines Stummfilms:** Berücksichtigen Sie in dem zweiten Schritt den Ton nicht. Produzieren Sie jetzt einen Stummfilm. Hierbei ist darauf zu achten, dass Sie mit wenigen Kameraeinstellungen, die eine maximale Länge von zehn bis zwölf Sekunden nicht überschreiten sollten, die Geschichte auf das Wesentliche reduzieren. Bei jeder Einstellung und bei der Einstellungslänge sollten Sie sich fragen: Welche Bildinformation wird dem Zuschauer vermittelt? Erfährt er wirklich neue Informationen? Nach wie vielen Sekunden sind diese Informationen im Normalfall transportiert? Kann eventuell die Einstellung gekürzt werden, oder – wenn keine neue Information übermittelt wird – kann die Einstellung gar entfallen?

In der Bild- und Tonmontage, also in dem nächsten Schritt, besteht nun die Kunst darin, keine Dopplungen der Aussagegehalte beider Medien (wenn nicht ausdrücklich gewünscht) zu erzeugen. Sehen Sie sich die Grafik mit der Ton-Bild-Schere an.

Sehe ich vor der kanarischen Küste einen Delfin aus dem Wasser springen, erübrigt sich ein Kommentar, der dies beschreibt. Hier könnten eher nachträglich montierte Tonsequenzen von Delfingeräuschen die Gesamtstimmung unterstreichen.

Kommentar: Im Film sehen Sie eine alte Fabrikhalle.

▲ **Abbildung 17**
Die Ton-Bild-Schere: Es sollen keine Doppelungen vorkommen.

Nach diesem Kapitel sollten Sie sich allmählich von der Vorstellung entfernen, bei einem Reisebericht oder einer Firmenpräsentation über die gesamte Länge Ihre Lieblingsmusik aufzuspielen, die ja scheinbar so hilfreich auch unvollkommene Schnittsequenzen auf wundersame Weise zu überbrücken hilft.

3.10 Medial gestalten

Der Übersicht halber sollen in dem folgenden Abschnitt noch einmal einige Bereiche der Filmsprache, die für gestalterische Möglichkeiten und somit als Einzelelemente der gesamten Filmsprache Bedeutung haben, zusammengestellt werden.

▲ **Abbildung 18**
Mit jedem dieser gestalterischen Bausteine können Sie die Aussage Ihres Videofilmes bestimmen.

Mit Fachwissen Regeln brechen

Ähnlich wie in der bildenden Kunst existiert auch beim Umgang mit dem Medium Film eine permanente Diskussion darüber, ob das handwerkliche Grundwissen Voraussetzung oder eher Hindernis für eine kreative Arbeit darstellt. In unseren bisherigen Tipps und Übungen sollten grundlegende handwerkliche und technische Dinge vermittelt werden, die auch ungeübteren Filmern erlauben, auf konventionelle Weise eine verständliche Geschichte durch das Medium Film zu erzählen. Gönnen wir uns nun einmal den Spaß und wenden all die erlernten Kriterien, die für einen soliden Erzählungsablauf notwendig sind, auf die allabendlich präsentierten Werbeclips der Privatsender an, werden entweder Zweifel an der Richtigkeit der Texte dieses Buches oder an der Machart der Werbeclips aufkommen müssen. Hier werden alle oder zumindest viele der Grundregeln gebrochen – und gerade hierin besteht die Möglichkeit der Produzenten, dem Zuschauer immer wieder etwas Neues zu präsentieren. Das heißt aber nicht, dass bei diesen Filmen das entsprechende Basiswissen nicht vorhanden wäre.

Das Gemälde »Die Taube« von Pablo Picasso entstand mittels weniger Strichen und mit der Leichtigkeit einer Kinderzeichnung. →

→ Als Jugendlicher beschäftigte sich Picasso jedoch mit Porträt- und Aktzeichnungen und studierte sehr intensiv die anatomischen Hintergründe. Erst durch das Wissen um den Umgang mit diesen künstlerischen Grundelementen konnte er damit brechen und neue ungewohnte Wege beschreiten. Beziehen Sie also die Bewertung, ob falsch oder richtig, nach dem Beherrschen der ersten Übungen nur noch auf den Bereich, ob ein Film verstanden oder nicht verstanden wird. Als Filmender formulieren Sie den Raum, in dem sich eine Geschichte bewegen kann. Entweder findet sich ein Zuschauer in diesem Raum wieder, hat dort Zeit und Möglichkeit, sich gedanklich mit eigenen Interpretationen auf dem Erzählstrang mitzubewegen, entwickelt vielleicht sogar interessante neue Facetten und Gedanken, oder der erdachte Raum wird nicht betreten, die Botschaft wird nicht verstanden, der Sprache kann nicht gefolgt werden. Ein Falsch und Richtig gibt es dabei nicht, nur der natürliche und selbstverständliche Wunsch, als Erzählender (mit dem Medium Film) verstanden zu werden. Ein Film wird idealerweise angenommen, wenn man sich als Zuschauer geografisch und zeitlich in die Handlung versetzt fühlt. Fachleute nennen das den geografischen und temporären Anwesenheitseffekt.

Versuchen Sie doch einmal, Ihr Storyboard dahingehend zu überprüfen, inwieweit die in diesem Kapitel aufgelisteten filmischen Werkzeuge Verwendung gefunden haben, warum sie eingesetzt worden sind (wenn) und ob die Verwendung der filmischen Aussage entspricht bzw. diese unterstützt. Überprüfen Sie also Bild für Bild auch die Einstellungsgröße, vergleichen Sie, ob die Einstellungslänge hierzu relevant ist, ob wirklich das Aufgenommene im Zentrum des Bildes steht und damit für den Betrachter daraus eine Eindeutigkeit resultiert.

Überprüfen Sie, ob die von Ihnen gewählten Aufnahmewinkel eine Betonung der Person bzw. Gegenstände oder eine Reduzierung erzeugen und ob dies so gewollt ist.

Analysieren Sie all Ihre Kamerabewegungen danach, ob diese notwendig sind, Bewegung ins Bild bringen oder ob möglicherweise auch überflüssige Kamerabewegungen vorhanden sind. Verfahren Sie in dieser Weise mit den übrigen Punkten sehr selbstkritisch, denn nicht der Filmproduzierende entscheidet, was verstanden wird, sondern der spätere Zuschauer, das Zielpublikum. Entscheiden Sie sich also im Zweifelsfall für die sicherere, eindeutigere Aussage.

In einigen Standardsituationen lässt sich der Produktionsstress durch das Anwenden einfacher Regeln vermeiden.

Regel 1: Hauptereignis konzentriert drehen; Inserts in Ruhe vorher oder nachher filmen!

Häufig werden Sie bei Ihren Dreharbeiten auf Situationen treffen, die sich mehr oder weniger unvorbereitet einstellen. Als hoch motivierter Dokumentarfilmer z.B. haben Sie das plötzliche Ereignis entweder nur halb, verwackelt oder gar nicht aufgenommen worden.

Versuchen Sie, »vor dem inneren Auge« im Vorfeld der eigentlichen Aufnahme eine möglichst konkrete Vorstellung davon zu bekommen, was später auf dem Film zu sehen sein soll. Sie bestimmen die Bilder, nicht der Zufall.

Bemühen Sie sich permanent darum, das, was Sie filmisch erzählen möchten, in sehr kurzer Zeit, also mit wenigen Sekunden Film bzw. DV-Band, abzuhandeln.

Planen und drehen Sie nur Einstellungen, die etwas wirklich Neues vermitteln.

Beispiel: Sie möchten auf einer Island-Reise einen aktiven Geysir, in einer Druckerei das automatische Wechseln der Papierrolle oder in einem Bahnhof die einfahrende Dampflok aufnehmen.

Bleiben wir für die Erläuterung bei dem Geysir: Dieser macht sich durch das durchaus regelmäßige Austreten einer Wasserfontäne bemerkbar – Ihr Vorteil. Andererseits dauert das Schauspiel nur wenige Sekunden. Wenn Sie es verpassen, heißt das möglicherweise eine längere Wartezeit bis zum nächsten Austritt in Kauf zu nehmen – Ihr Handicap.

◄ **Abbildung 19**
Geysir mit Vordergrund

Vor der eigentlichen Aktion sollten Sie die Kamera standsicher aufgebaut haben und das, was Sie in diesem Augenblick noch nicht sehen können – nämlich die Wasserfontäne – möglichst mehrfach abgeschwenkt haben. Eventuell stellen Sie bei dieser Probe schon fest, dass Sie zu nah an der Austrittstelle stehen, sodass Sie nur die Hälfte der Wasserfontäne aufnehmen würden oder dass die Schärfeneinstellung noch korrigiert werden muss. Die Probe und die daraus gezogenen Erkenntnisse erlauben Ihnen eine optimale Planung.

Schritt für Schritt: Filmen von plötzlichen Ereignissen

Zeitlich begrenzt auftretende Ereignisse zwingen zu konzentrierten Vorbereitungszeiten. Alle vorab geplanten und zuerst gedrehten Einstellungen beziehen sich auf das eigentliche, oft einmalige Geschehen. Erst nachdem dieses erfolgreich gedreht worden ist, werden in einer zweiten, nun ruhigeren Arbeitsatmosphäre die Inserts, also das Drumherum, aufgenommen.

1. Planung

2. Recherche Bemühen Sie sich vor den eigentlichen Kameraaufnahmen um möglichst detaillierte Informationen über das zu filmende Geschehen. Aus dem Internet, von Reiseleitungen, Veranstaltern oder Ortskundigen lassen sich oft problemlos Informationen über den zeitlichen Verlauf eines Ereignisses, einer sportlichen oder politischen Veranstaltung, eines kulturellen Spektakels erfahren. Manchmal kennt das Personal vor Ort das Problem der Videoleute und gibt auf Bitte kurz vor Aktionsbeginn ein Handzeichen. Informieren Sie sich also über die genauen Startzeiten, über Programmabläufe: Recherchieren Sie z.B. beim Veranstalter den exakten Fahrplan der Dampflok, um das Eintreffen optimal aufnehmen zu können.

In der Abbildung sehen Sie die Kameraposition bei einfahrendem Zug.

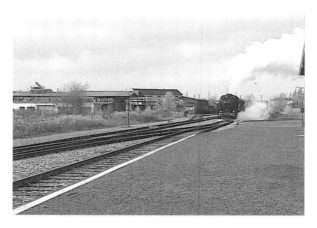

3. Einstellungsaus- Erkundigen Sie sich in einem zweiten Schritt über inhaltliche Abläufe
schnitte festlegen und Details des zu erwartenden Geschehens. Erfragen Sie z.B., wo der Zug voraussichtlich zum Stehen kommen wird – denn Sie möchten vielleicht die dampfenden Zylinder direkt im Bildvordergrund platzieren – und klären Sie, welchen Sicherheitsabstand Sie einhalten müssen.

4. Aufnahmestandpunkt Nun sind Wendigkeit und Geschick gefragt. Positionieren Sie sich
und Einstellungsgröße aufgrund dieser Informationen für die geplanten Aufnahmen optimal. Legen Sie Ihre Einstellungsgrößen, mögliche Schwenks, Zooms oder Kameraaufzüge fest. Proben Sie jede später beabsichtigte Einstellung wenigstens einmal.

Nach erfolgreichem Dreh des Hauptereignisses haben Sie ausreichend Zeit zum Spiel mit der Filmsprache. Beeindruckt Sie die enorme Kraft, mit der der Stahlkoloss in den Bahnhof einfährt, könnten Sie dies dadurch vermitteln, dass der Bildausschnitt sehr nah den unmittelbaren Ort des Geschehens – die dampfenden Zylinder – erfasst. Eine zweite Aufnahme aus mehr Distanz vor staunenden Gesichtern, vor einer alten Bahnhofsuhr, dem auf die Uhr schauenden Schaffner, Koffer tragenden Menschen würde die gesamte Szenerie abrunden.

5. Inserts drehen

Ende

Regel 2: Personen über Bezüge zu anderen Bildern filmisch einbinden!

Planung setzt nicht nur einen möglichst guten Informationsstand voraus, sondern erfordert auch Beobachtungsvermögen.

Während der szenischen Imagination suchen wir nach Motiven, die direkt oder indirekt (assoziativ) unsere Aussage verstärken. Der Versuch, dabei einen uns nahe stehenden Menschen noch in diese Szene zu integrieren, schlägt dann oft fehl. Aber nichts ist unmöglich und auch ein derartiges Vorhaben ließe sich mit etwas Planung so realisieren, dass unsere filmische Sprache dennoch verstanden wird.

Kamerablick
Lassen Sie die Personen, die Sie aufnehmen, möglichst nicht in die Kamera schauen.

◄ **Abbildung 20**
Personen in Landschaft eingebunden

Die einfachste, aber auch langweiligste Möglichkeit, bei filmischen Dokumentationen Menschen in den Ablauf zu integrieren, besteht in der »zufälligen« Montage. Der Partner baut sich vor einigen

Sehenswürdigkeiten auf oder läuft in eine Einstellung, um zu dokumentieren, an welchen Stellen man seinen Urlaub verbracht hat.

Spannender ist es, wenn ein thematischer Bezug zwischen Person und Dokumentation hergestellt wird. So bietet es sich bei der Dokumentation eines ausschließlichen Aktivurlaubes an, die Person in kurzen Einstellungen wandernd, kletternd oder paddelnd zwischen die Landschaftsaufnahmen zu montieren. Bei einem besonders reizvollen Panorama ist es dann auch einmal erlaubt, ein paar Schritte des Wanderers vor der Landschaftskulisse nachzustellen. Einstellungen von ein paar Paddelschlägen vor dem Wasserfall oder das Auftauchen der Personensilhouette vor dem aktiven Vulkan im Abendlicht setzen Landschaft und Mensch in einen Bezug.

 ### Schritt für Schritt: Filmischer Bezug Landschaft – Person

Stellen Sie zwischen einer von Ihnen aufgenommenen Landschaft und den darin vorkommenden Personen Bezüge her.

1. Motiv suchen Suchen Sie sich in einer Landschaft den für Sie wichtigen Aspekt heraus. Das kann ein Wasserfall, eine Hängebrücke im Urwald oder ein verdrecktes Hafenbecken sein.

2. Person einbinden Setzen Sie diesen Aspekt zu einer Person in Bezug. Die Person am Wasserfall zieht sich die Kapuze ins Gesicht, die Urwaldbesucherin greift ängstlich nach einem Tau, die Familie schaut angewidert in das Hafenbecken. Weitere Bezüge als Beispiel: der Flohmarktstand, an dem eine Person stöbert, die bunte Alpenwiese, auf der eine Person Blumen pflückt, das Tiergehege im Zoo, wo eine Person die Elefan
Ende ten füttert.

Regel 3: Bei der Dokumentation einer Veranstaltung auf das Wesentliche konzentrieren!

Profis arbeiten in diesen Situationen mit einem Team von mehreren Kameraleuten, deren Aufnahmen dann oft schon vor Ort schon live geschnitten werden. Bei einer ausreichenden Anzahl von Kameras besteht dadurch die Möglichkeit, jedes noch so wichtige Detail im richtigen Augenblick nicht zu verpassen und gut in Szene zu setzen. Mit **einer** Kamera wachsen für Sie die Herausforderungen. Alles kann nicht aufgenommen werden. Manche Details entziehen sich wahrscheinlich den noch so aufmerksamen Augen des Kameramannes. Und überall im Raum kann man eben nicht gleichzeitig sein.

In dieser Situation ist eine gute Vorbereitung unverzichtbar; ja sie ermöglicht es Ihnen überhaupt erst, ein einigermaßen authentisches Bild der gesamten Situation filmisch festzuhalten.

Schritt für Schritt: Dokumentation Familienfeier

Dokumentieren Sie mit Ihrer DV-Kamera eine normale Familienfeier (Geburtstag) oder ein außergewöhnliches Fest (Hochzeit).

Auf Feiern liegt oft durch Essenszeiten oder feste rituelle Abläufe schon im Vorfeld ein Ablaufplan fest. Skizzieren Sie für sich den zeitlichen Ablauf, markieren Sie sich dann die in Ihren Augen (bzw. denen des Auftraggebers) wichtigsten Veranstaltungsblöcke. Den größten filmischen Raum werden die Höhepunkte der Feier, also die Gratulation, das Kerzenausblasen, das Tortenanschneiden, das Jawort, die Urkundenüberreichung etc. einnehmen.

1. Übung: Zeitablauf erfassen

Planen Sie zwischen jedem dieser Blöcke ausreichend Zeit für den Kameratransport, den Stativ- und Kameraaufbau ein. Überprüfen Sie dann an den einzelnen Drehorten im Vorfeld die Lichtverhältnisse. Positionieren Sie, falls vorhanden, an den dunkleren Drehorten Scheinwerfer.

2. Übung: Aufbau zwischen den Drehs

Markieren Sie sich die Phasen, in denen Reden gehalten werden. Hier ist oft mit der Kamera die Nähe zum Redner zu suchen, wenn kein vorher montiertes externes Mikrofon vorhanden ist. Fragen Sie die Redner, ob ein Manuskript der Rede vorliegt, sodass Sie sich schon in der Planung die wesentlichen Textpassagen heraussuchen können. Denn nichts ist langweiliger als lange Reden, die aus nur einer Perspektive in einer Einstellungsgröße aufgenommen wurden. Sprechen Sie, wenn nötig, die Textpassagen ab, die aufgezeichnet werden sollen.

3. Übung: Aufnahme von Redeausschnitten

Nehmen Sie vor Veranstaltungsbeginn die so genannten Inserts auf. Das können die Blumendekoration, das schöne Gebäude von außen, lachende Gesichter, der Tisch mit den Präsenten oder das Buffet sein. Mit dieser Vorleistung werden Sie bei dem dann folgenden Dreh immer noch sehr konzentriert arbeiten müssen und spontan und kreativ die Regeln der Filmsprache einsetzen müssen. Dieser Einsatz wird aber die Höhepunkte der Veranstaltung später kurzweiliger montieren lassen.

4. Übung: Aufzeichnung von Inserts

Ende

Scheinwerferaufbau

Beachten Sie, Scheinwerfer bei Veranstaltungen so einrichten, dass die Atmosphäre der Veranstaltung nicht gestört wird. Gegebenenfalls sind Diffusor, Grau-, Frostfolie, Scheinwerfer-Tore oder passende Farbfilter einzusetzen.

Ein zentrales Kriterium für den Einsatz von bestimmten Gestaltungsmitteln ist sicherlich die später beabsichtigte **Präsentation**. Soll der Film einem breiten, technisch interessierten und verwöhnten Publikum vorgestellt werden, sollte er in seinem Aufbau, in der Nutzung gestalterischer Möglichkeiten und in der Produktion selbst diesem hohen Anspruch genügen. Aufwändig produzierte Werbeclips sind mit ihren Gestaltungsmitteln oft Vorreiter für Spielfilme und Fernsehproduktionen. Werbung fordert immer neue Ideen, zwingt die Werbefilmer, sich von »Altem« abzusetzen. Folge ist, dass Werbefilmgestalter sich dann häufig für einen sehr reduzierten Einsatz von Gestaltungsmitteln entscheiden. Was zur guten Qualität eines Films zählt, ist die knappe übersichtliche Auswahl von Gestaltungselementen und die Stringenz ihres Einsatzes in dem Film.

4 Aufnahme

Über Bildgestaltung, Kameraeinstellungen und Perspektiven

- ▶ Das Motiv richtig zur Geltung bringen

- ▶ Der optimale Bildausschnitt und die richtige Bildanordnung

- ▶ Einstellungsvarianten und Aufnahmetechniken

- ▶ Den richtigen Kamerastandpunkt/die Perspektive finden

- ▶ Gestalten mit Unschärfe und Farbe

- ▶ Anschlüsse drehen

- ▶ Hintergrundwissen zur korrekten Aufnahme

Ein wichtiger Aspekt bei der Bildgestaltung ist die Gestaltung des Motivs, z.B. indem die Kulisse entsprechend arrangiert oder ein passender Bildausschnitt gewählt wird. Dabei spielen Einstellungsgrößen, Kamerabewegungen, die Raumtiefe und selbstverständlich auch der Einsatz von Licht und Ton eine große Rolle.

Gerade in dem folgenden Produktionsschritt, der Aufnahme, sind endlose Möglichkeiten der Gestaltung gegeben. Welche Farben in dem Gesamtfilm dominieren werden, welche Einstellungsgrößen vorherrschen werden, wie Kameraanschlüsse gedreht werden, welche Kamerabewegungen vorherrschen, welche Motive bevorzugt gewählt werden, all dies sind Bereiche, die möglichst dem Gesamtkonzept, also dem Look des Films entsprechen sollten. Grund genug, dies auf den nächsten Seiten zu thematisieren.

4.1 Bildgestaltung

> **Vor dem inneren Auge**
>
> Sie sollten ein Gespür dafür entwickeln, was Sie in der eigenen Vorstellung vor dem inneren Auge sehen, wenn Sie über ein Thema nachdenken und es visuell ausdrücken möchten. Hier kommt es also darauf an, dass Sie sich bei der weiteren Beschäftigung mit dieser Thematik dazu erziehen, permanent zu fragen, ob die geplanten Bilder und deren Montage, im Einzelnen betrachtet, jeweils wirklich ausreichend sind, um die Aussage zu transportieren, die Sie damit beabsichtigten.

Im Folgenden werden wir die verschiedenen Aspekte der Bildgestaltung zum besseren Überblick einmal kurz anreißen, um später dann auf die wichtigsten Themen noch genauer einzugehen.

Bildausschnitt

Nach dem Erwerb Ihrer Kamera werden Sie wahrscheinlich zuerst einmal ohne thematischen Bezug Ihre ersten Aufnahmen produzieren. Schon dabei werden Sie feststellen, dass Sie die Kamera mit dem Objektiv nicht wahllos durch den Raum bewegen und einfach nur aufnehmen, sondern sich recht bald bestimmte Bereiche heraussuchen, sich diesen nähern und somit einen Bildausschnitt wählen, der Ihnen am geeignetsten erscheint. Dieser Vorgang läuft nicht unbedingt rational ab, sondern geschieht gerade bei Anfängern noch sehr unbewusst. Im Unterbewusstsein werden Sie möglicherweise nach Schönheit, Gestalt, Aufbau von Vorder-, Mittel- und Hintergrund, nach Helligkeitsunterschieden und Farbkontrasten den passendsten Bildausschnitt auswählen.

Eine ähnliche Situation kennen Sie sicherlich, wenn Sie einmal in einem Urlaubsort ein dort fest installiertes Fernrohr nutzen und damit über die Stadt schauen bzw. in die Bergwelt eintauchen. Auch hier werden Sie nicht ziellos mit dem Fernglas über die Landschaft gleiten, sondern sich wahrscheinlich im Vorfeld (ohne Fernglas) einige spannende Objekte aussuchen, die Sie dann mit dem Instrument näher betrachten können. Auch hier wählen Sie einen **Bildausschnitt**.

◄ **Abbildung 1**
Eine Umgebung, mehrere
mögliche Bildausschnitte

Wenn Sie sich nun näher mit der Thematik Bildgestaltung beschäftigen, werden vorher unbewusst ausgeführte Auswahlmechanismen bewusster wahrgenommen und können für die Gestaltung Ihres Films konkret eingesetzt werden. Dies kann beispielsweise geschehen, wenn Sie Personen in Ihre Filmsequenz eingebunden haben. Auch wenn Sie konkret nun an Ihrem Motiv nichts verändern, können Sie doch durch die Wahl des Bildausschnittes Ihrem Film zu unterschiedlichen Aussagen verhelfen.

So bestände die Möglichkeit, eine Person so in den Raum zu integrieren, dass sie mit den umgebenden Möbeln wahrgenommen werden können, also eine Beziehung zwischen Person und Umfeld sichtbar ist. Man spricht in diesem Fall von einer **geschlossenen Form** der Bildgestaltung.

Abbildung 2 ▶
Geschlossene Form der
Bildgestaltung

Demgegenüber sind bei der **offenen Form** durch die Wahl Ihres Bildausschnittes die Motive um die aufzunehmende Person nicht sichtbar. Trotzdem nimmt der Zuschauer sie auf anderem Wege war. Dies kann z.B. dadurch geschehen, dass die Person im Raum ein Telefon klingeln hört, was aber nicht sichtbar ist. Der Zuschauer kombiniert sofort und stellt sich dieses Telefon im gleichen Raum vor.

Abbildung 3 ▶
Offene Form der
Bildgestaltung

Mit beiden Formen der Gestaltung kann sehr schön gespielt und können dramaturgische Effekte erzeugt werden. Durch die Andeutung nicht sichtbarer Elemente wird Spannung erzeugt, die Dramaturgie des Filmes gesteigert.

Schritt für Schritt: Workshop Objekterfassung – Motivauswahl

Aufgabe: Nutzen Sie die Physiologie des menschlichen Auges und lassen Sie Ihre Augen über eine Raumwand gleiten. Lassen Sie Ihren Augen die Zeit, von Objekt zu Objekt zu springen, bis Sie eine konkrete Vorstellung des Ganzen besitzen. Filmen Sie anschließend geplant die wichtigen Bereiche der Wand ab.

Fixieren Sie die Kamera auf dem Stativ. Suchen Sie sich einen Gegenstand aus. Zoomen Sie langsam (ohne eingeschaltete Kamera) darauf zu. Stellen Sie im Telebereich, wenn nötig, die Kamera scharf. Verringern Sie die Brennweite. Schalten Sie die Kamera ein und zoomen langsam auf das Objekt.

1. Zoom auf ein Objekt

Bewegen Sie in gleicher Reihenfolge die Kamera von Objekt zu Objekt. Nehmen Sie jedes Objekt mit unterschiedlicher Brennweite auf. Zoomen Sie dabei nicht. Die maximale Aufnahmedauer liegt bei ca. sechs Sekunden.

2. Aufnahmen einzelner Objekte

Schwenken Sie nun langsam in einer durchlaufenden Einstellung von Objekt zu Objekt. Versuchen Sie sich bei diesem Schwenk mit dem zweiten Auge oder durch Details im Sucherfenster so zu orientieren, dass Sie möglichst zielsicher die Objekte ansteuern. Gegebenenfalls testen Sie den Schwenk mehrfach bei nicht eingeschalteter Kamera.

3. Schwenk über Objekte

In der Abbildung liegt die visuelle Konzentration auf der Frau.

4. Objekte im Zentrum der Aufmerksamkeit

Positionieren Sie im rechten Drittel eine Person, im linken Drittel eine zweite Person. Wechseln Sie bei der zweiten Einstellung die Anordnung von Person 1 und Person 2. Kontrollieren Sie beim Sichten der beiden Einstellungen, welche Bildinformationen für Sie dominant sind.

Ende In dieser Abbildung ruht die visuelle Konzentration auf dem Mann.

Bildanordnung

Ein weiteres gestalterisches Element bei der Bildgestaltung ist die **Anordnung** der Elemente im sichtbaren Bild. Hierbei spielt der Abstand dieser Objekte von der Bildkante eine sehr große Rolle. Hintergrund dafür ist, dass der Zuschauer beim Betrachten eines Bildes die wichtigsten Motive nicht unbedingt an der Bildkante sucht, sondern eher im mittleren Bildbereich, wie das auch schon vom Prinzip des Goldenen Schnitts gesagt wird. Das bedeutet bei der Auswahl des Bildausschnittes, dass wichtige Personen oder Gegenstände im Mittelfeld Ihres Bildes, jedoch nicht unbedingt mittig positioniert werden sollen. Denn ein Positionieren direkt in der Mitte kann leicht langweilig wirken (siehe auch Infokasten »Gleichgewicht«).

Einstellungen

Ebenfalls zu erwähnen ist, dass Einstellungslängen bei der atmosphärischen Gestaltung eines Films eine bedeutende Rolle spielen. Generell sind lange Kameraeinstellungen eher dazu geeignet, Ruhe und Gelassenheit zu vermitteln. (Aber Achtung: Der Zuschauer erwartet einen Reizwechsel). Sehr kurze Einstellungen, später in der Montage hintereinander geschnitten, führen zu Hektik und Aufregung, unterstreichen die Spannung der aufgenommenen Bildsequenz. So würde eine Rauferei, aufgenommen aus der Perspektive mit einer langen Kameraeinstellung, relativ langweilig wirken. Wechseln Sie währenddessen 20-mal die Kameraperspektive und zeigen Naheinstellungen, Detailaufnahmen etc., erlebt der Zuschauer diese Auseinandersetzung lebendig mit.

Raumtiefe

Bei der Aufnahme mit Ihrer Videokamera können Sie wunderschöne Motive wählen und erhalten entsprechend häufig auch reizvolle Aufnahmen. Eins kann die DV-Kamera trotz immer besserer Technik jedoch nicht: den Raum in seiner Tiefe dreidimensional darstellen. Das bedeutet: Alles Räumliche, Plastische wird durch den Aufnahmevorgang auf eine zweidimensionale Ebene reduziert.

Goldener Schnitt

Der Goldene Schnitt teilt eine Strecke derart, dass die gesamte Strecke sich zu dem größeren Teilstück verhält wie das größere Teilstück zum kleineren. Der Lehrsatz beruht darauf, dass ein Betrachter die Aufteilung einer Strecke oder Fläche im Verhältnis von 3:5 als harmonisch empfindet.

Gleichgewicht

Alle übrigen Gegenstände der Szenerie sollten nun im **Gleichgewicht** mit diesem Objekt stehen. Diese Regel gilt allerdings nur, wenn Sie sich bewusst bei der Bildgestaltung für ein Gleichgewicht entschieden haben. In manchen Einstellungen kann, thematisch bedingt, sicherlich gerade ein Ungleichgewicht die dargestellte Situation unterstreichen helfen.

◀ **Abbildung 4**
Die Raumtiefe entsteht hier durch mehrere Ebenen, die sich überlagern.

Trotzdem erkennen Sie selbstverständlich in den aufgenommenen Bildern eine räumliche Tiefe und dies liegt daran, dass alle aufgenommenen Objekte je nach Licht und Schattenfall aus Ihren Seherfahrungen heraus von Ihnen **als dreidimensional verstanden** werden. In der Malerei hat man sich dieses in der Vergangenheit zu Nutze gemacht, indem beispielsweise Vasen links und rechts schraffiert bzw. mit dunkleren Farben gemalt worden sind.

Eine andere Seherfahrung, die ebenfalls die räumliche Wahrnehmung betrifft, besteht darin, dass **entferntere Objekte häufig dunkler wirken** als näher liegende. Wollen Sie nun also bei Ihren Videoaufnahmen eine möglichst große Raumtiefe erzielen, bietet es sich an, sich diese Erfahrungen zu Nutze zu machen.

Aufnahmen in einer Straßenschlucht oder in einem langen Flur vermitteln dem Zuschauer besonders dann eine räumliche Tiefe, wenn sich die Kameraachse nicht mit dem Fluchtpunkt der Perspektive deckt. Bei Straßenschluchten und Fluren kann dies sicherlich nicht der Fall sein, da in dieser Aufnahmesituation zumindest eine Perspektivlinie diagonal zum Fluchtpunkt verläuft. Stellen Sie sich jedoch die Straße nur einseitig bebaut vor und Ihre Aufnahmeposition befindet sich exakt auf Höhe der Hausfassade, dann würde eine derartige Einstellung flach, also weniger raumtief wirken.

Abbildung 5 ▶
Objekte im Vorder- und im Hintergrund angeordnet vermitteln Raumtiefe.

Auch mithilfe der eben getroffenen Erkenntnis, dass im Normalfall der Bildhintergrund dunkler ist als der Vordergrund, können Sie Verfremdungen oder besondere Betonungen erreichen, indem Sie diese Lichtsituation umkehren und den Hintergrund heller ausleuchten. Dadurch gewinnen Details in der Tiefe des Raums für den Zuschauer an Bedeutung.

Schärfentiefe

Sehr eng mit der Raumtiefe verknüpft ist auch die Schärfentiefe. Schärfentiefe (oder auch Tiefenschärfe, ein ehemals häufig benutztes Synonym) bezeichnet den Bereich um ein fokussiertes, scharf gestelltes Objekt, der ebenfalls noch scharf dargestellt wird.

Aber was ist eigentlich Unschärfe? Unschärfe ist nicht immer ein technischer Fehler, sondern sie kann ein ganz wichtiges Element der Bildgestaltung sein. Einer Person, die vor einem unscharfen Hintergrund agiert, kommt viel mehr Aufmerksamkeit zu, als wenn der Hintergrund detailreich in direkte Konkurrenz zu ihr tritt.

Besitzer von Spiegelreflexkameras kennen die Situation: bei großer Blendenöffnung über den Schärfenring sehr genau festlegen zu müssen, ob nun die Nasenspitze einer aufgenommenen Person scharf gestellt wird oder Augenbrauen bzw. Ohren. Verbessern sich die Lichtverhältnisse, nimmt die Toleranz und damit auch die Schärfentiefe zu.

Durch Unschärfe Raumtiefe erzeugen

Gestalterisch lässt sich mit dieser Raumtiefe spielen, indem Sie beispielsweise durch die Veränderung der Schärfe den Zuschauer auf bestimmte wichtige Aspekte Ihres Motivs lenken. Befindet sich im Vordergrund ein von Ihnen aufgenommener Bekannter, der hektisch nach seinem Autoschlüssel sucht, und der Hintergrund ist noch unscharf (dies kann nur bei entsprechend geringer Schärfentiefe erzielt werden), lässt sich durch das Verändern der Schärfe auf den fünf Meter hinter der Person befindlichen Tisch und den dort liegenden Autoschlüssel die Zuschaueraufmerksamkeit auf einen Bereich lenken, den im Film Agierenden noch unbekannt ist (siehe Abbildung 6).

◄ **Abbildung 6**
Dreidimensionalität wird hier durch das Spiel mit der Unschärfe erzeugt: Die Person im Vordergrund ist unscharf.

Dies können Sie leicht selbst ausprobieren, indem Sie eine Personengruppe aufnehmen, die hintereinander in einer Tischreihe sitzt. Positionieren Sie sich hierfür mit Ihrer Kamera in der Achse des Tisches und gehen Sie in den Telebereich. Sie werden feststellen (auch bei normalen Lichtverhältnissen), dass Sie mit Ihrer DV-Kamera nun die Schärfe entweder auf die am weitesten entfernte oder die vorderste Person bzw. die dazwischen sitzenden festlegen können. Alle übrigen Darsteller sind dann mehr oder weniger unscharf. Daraus folgt, dass, je näher sich Ihr Aufnahmeobjekt vor oder hinter der von

Ihnen gewählten scharf gestellten Ebene befindet, es umso schärfer im Video erscheint.

▲ **Abbildung 7**
Die Personengruppe in unterschiedlichen Schärfeeinstellungen.

Verschönern mittels Schärfentiefe

Interviews vor einem hässlichen Hintergrund können Sie dadurch verschönern, dass Sie die zu interviewende Person möglichst weit vom Hintergrund positionieren, sich selbst ebenfalls weit von dem Interviewpartner mit der Kamera aufstellen und dann im Telebereich drehen. Stellen Sie nun die Schärfe auf die Person, werden der unschöne Hinter- und Vordergrund unscharf und damit für den Betrachter unwichtig.

Die Schärfentiefe ist kein feststehender Faktor, sondern hängt von unterschiedlichen Einstellungsgrößen ab. Hierzu gehören die Brennweite, die Entfernung zum Objekt, die gewählte Blende und indirekt auf die Blende wirkende Gestaltungsmittel wie Einsatz von Filtern und Ausleuchtungshelligkeit.

Um nun aktiv die Schärfentiefe einzusetzen, gelten im DV-Kamerabereich einige Faustregeln:

▶ Bei weniger Licht verringert sich die Schärfentiefe.

▶ Haben Sie ein Motiv in sehr starkem Licht, benötigen aber eine geringe Schärfentiefe, dann hilft der Einsatz eines ND-Filters oder das Schließen der Blende.

▶ Mit größerem Abstand zum Aufnahmeobjekt verringert sich im Telebereich auch die Schärfentiefe.

Perspektive und Blickrichtung

Ein weiteres Element der Bildgestaltung liegt in der Wahl der **Perspektive**. Wir gehen im Folgenden noch näher auf die Wirkung von Frosch-, Vogel- und neutraler Perspektive ein. Die Wahl der Perspektive reduziert sich sicherlich nicht nur auf Personen, sondern erreicht ebenso ihre Wirkung bei Objekten. Stellen Sie sich also ein von der Straße aus aufgenommenes Gebäude vor: Es wirkt groß und imposant. Vom Dach des gegenüber stehenden Hochhauses aufgenommen wirkt es aber eher klein und bedeutungslos. Mehr zur Perspektive finden Sie ab Seite 123.

Wenn Sie Personen mit Ihrer DV-Kamera aufnehmen, spielt bei der Bildgestaltung die **Blickrichtung** eine sehr bedeutende Rolle. Zum einen sollten Personen niemals direkt gegen die Bildkante blicken, was bedeutet, dass ausreichend Luft zwischen Auge und Bildkante existiert. Zwei unterschiedlich große Personen sollten außerdem so aufgenommen werden, dass die Blickrichtung der ersten Person schon in der Auswahl der Perspektive für die zweite bestimmend ist. Für den Kameraanschluss ist hierbei auch bedeutend, dass sich die Personen, einzeln aufgenommen, beim späteren Schnitt auch wirklich anschauen (wenn dies gewünscht wird). Das bedeutet für Sie, dass eine Person, die links positioniert wird und nach rechts in das offene Bild blickt, in der Folgeeinstellung auf eine Person trifft, die dann rechts positioniert ist und nach links in das offene Bild schaut. Man spricht in diesem Zusammenhang auch von der Augenlinie.

Bildinformation

Befolgen Sie grundsätzlich bei Ihren Aufnahmen als Arbeitsvorgabe, was ein Fernsehjournalist folgendermaßen formuliert hat: »Der Zuschauer ist zuerst einmal grundsätzlich dumm.« Gemeint ist damit, dass ein Zuschauer weder Ihre Absichten noch Ihren filmischen Aufbau kennt und durch behutsames Erzählen in Ihre Geschichte eingeführt werden will. Das heißt, er sollte verstehen können, wo er sich gerade im Verlauf der Handlung befindet, in welchem Raum das Geschehen spielt, an welchem Ort die Handlung stattfindet. Man unterscheidet dabei zwischen einem geografischen, einem sozialen und einem räumlichen Umfeld.

Kamera bewegen

Insbesondere noch ungeübte Kameraleute lassen sich häufig dazu verführen, die Kamera zu bewegen. Da dies gerade am Anfang in der Nachbearbeitung zu größeren Problemen führen kann, sei darauf hingewiesen, dass Sie sich in der ersten Phase Ihrer filmischen Tätigkeit darauf beschränken sollten, Kamerabewegungen nur dann auszuführen, wenn das Motiv es von Ihnen verlangt. Bei Sportaufnahmen ist es selbstverständlich, dass Sie den Schwimmer auf seinem Weg zum Ziel durch einen Schwenk begleiten. Dabei sollte allerdings auch ausreichend Platz zwischen Schwimmer und einer eindeutig angestrebten Richtung zum Bildrand berücksichtigt werden.

▲ **Abbildung 8**
Wenig Bildinformation

▲ **Abbildung 9**
Mehr Bildinformation

Beim **geografischen Umfeld** vermitteln Sie beispielsweise den Ort Ihrer Szene am Strand dadurch, dass Strandwellen und Sonnenschirmreihen gezeigt werden. Handlungen, die im Inneren stattfinden, werden häufig dadurch eingeleitet, dass das Haus von außen

Indirekt

Es müssen bei der Auswahl des Bildausschnittes nicht immer konkrete Gegenstände aufgenommen werden. Der Schatten einer Person oder das Ein- und Ausschalten eines Lichtes in einem Raum vermitteln dem Zuschauer auch auf indirektem Wege, worum es gerade geht. Sollte bei Ihrem Thema die Uhrzeit eine besonders wichtige Rolle spielen – dies kann der Fall sein, wenn Sie z.B. das Verschlafen einer Person darstellen möchten –, dann ist es dafür nicht unbedingt notwendig, den Wecker oder eine Wanduhr ins Bild zu setzen. Tages- und auch Jahreszeiten sind ebenso durch andere Symbole vermittelbar. Hierzu gehören der Stand der Sonne und der dadurch ausgelöste Schattenfall, aber auch Leuchtkörper wie Straßenlaternen oder ein Fabriktor, durch das Arbeiter ihre Firma verlassen.

gezeigt, auf ein bestimmtes Fenster gezoomt und dann im Anschluss der Raum in der Totalen mit den entsprechenden Personen gezeigt wird. Bei der Definition des **sozialen Umfeldes** bilden Sie einen Spielplatz, Schmutz auf der Straße, herumlungernde Jugendliche oder noble Autos vor dem Haus einer Villa ab. Das **räumliche Umfeld** bettet bei geschickter Wahl der Kameraeinstellungen Ihren Handlungsraum in einen Großraum ein: Ein tropfendes Wasserrohr kann sich in einer normalen Küche befinden, es kann aber genauso den Defekt eines Leitungssystems innerhalb eines Wasserwerks zeigen.

Möchten Sie den von Ihnen aufgenommenen Personen zu mehr Charakter verhelfen, was bedeutet, die ihnen eigenen Wesenszüge zu unterstreichen, kann dies durch symbolische Einstellungen geschehen. Hierzu gehören Nahaufnahmen von Schweißperlen auf der Stirn, ein schmuddeliger Hemdkragen, aber auch das Reinigen von Fingernägeln, das Augenzucken von nervösen Personen.

Anschlüsse

Die von Ihnen aufgenommenen Sequenzen, die später ineinander gefügt werden sollen, dürfen von Schnitt zu Schnitt keine unlogischen Veränderungen aufweisen. Veränderungen können bei längeren Pausen zwischen den Drehs auftreten: Z.B. hat sich die Uhr weiterbewegt, der Sonnenstand ist verändert oder die Zigarette hat eine andere Länge, die Kleidung sitzt anders. Continuity-Spezialisten beobachten im Profifilm diese Vorgänge sehr genau.

Damit Dokumentationen nicht langweilig wirken, nutzen heute viele Filmemacher Elemente aus Spielfilmbereichen und verlassen, bezogen auf Rhythmus und Reihenfolge der Einstellungen, altbewährte Standards. Dies gilt selbst in Bereichen, die in den Siebzigerjahren noch undenkbar waren. Hierzu gehört beispielsweise der **Achssprung**.

Normalerweise befindet sich zwischen zwei agierenden Personen eine Handlungsebene. Die Verlängerung dieser gedachten Linie stellt die Achse dar. Wechseln Sie nun mit Ihrer Kamera die Position so, dass Sie diese Achse überspringen, schaut der vorher schwarz gekleidete Mann nicht mehr von rechts nach links auf die weiß gekleidete Frau, sondern schaut nun von links nach rechts auf sein Gegenüber. Damals haben diese Achssprünge bei Zuschauern zu Verwirrungen geführt, beispielsweise bei Fußballspielen, weil die Orientierung, in welcher Halbzeit man sich befand, dadurch verloren ging. Heute werden auch diese Achssprünge bedingt eingesetzt, um dramaturgisch besondere Effekte zu erzielen.

Sie sind jedoch gut beraten, dies nur sehr vorsichtig zu nutzen, denn Irritationen beim Zuschauer lenken von dem eigentlichen Aussagegehalt des Filmes ab. Wechseln Sie beispielsweise in der gerade beschriebenen Gesprächssituation die Kamera nicht durch einen Schnitt auf die andere Seite der Achse, sondern bewegen diese in einem Halbkreis um die Agierenden in die neue Position, versteht der Zuschauer den Achssprung und kann sich auf das Wesentliche, möglicherweise den Dialog zwischen den Agierenden, konzentrieren. Zu Anschlüssen siehe auch Seite 132.

Gestaltung durch Farbe

Bedingt durch die Entstehungsgeschichte des Films – wie wir uns erinnern, begann alles mit Schwarz-Weiß-Filmen – galt die Farbgebung im Film zu Anfang als technischer Fortschritt, der in der Gestaltung des Films jedoch zunächst kaum berücksichtigt wurde. Dieses Phänomen hat sich auch bei der Entwicklung von Videoaufnahmen gezeigt, denn gerade Amateurkameras stellten anfänglich in ihrer Entwicklung Farbe nur sehr schlecht dar – und Benutzer von VHS-Camcordern kennen das Problem, in schlecht beleuchteten Räumen kaum noch farbige Aufnahmen produzieren zu können. Aus diesem Grund ist es verständlich, dass Farbe in diesem Bereich heute oft nur »naturgetreu« aufgenommen wird, ohne mit ihr zu gestalten.

Trotz all dieser Entwicklungen ist es selbstverständlich möglich, Farbe auch als gestalterisches Element einzusetzen. Aufnahmen, die (vielleicht mit falschem Weißabgleich) blaustichig aufgenommen worden sind, strahlen Kälte aus, gelb- oder ockerstichige Aufnahmen aus Innenräumen vermitteln Wärme.

Gestalterischer Spielraum
Generell gilt für Ihre Aufnahmen, dass alles erlaubt ist, was verstanden wird, also alles von Ihnen eingesetzt werden kann, was die gewünschte Information vermitteln hilft. Sie können natürlich die klassischen Szenenfolgen einsetzen, wie sie häufig in Dokumentationen verwendet werden, also das Heranspringen von der Totalen in die Halbtotale und in die Nahaufnahme. Sollte es Ihnen jedoch gelingen, anders in einen Raum oder in eine Szene einzuführen, haben Sie hierbei allen gestalterischen Spielraum.

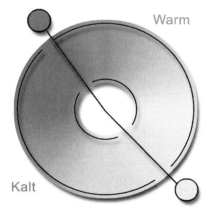

Warm

Kalt

◀ **Abbildung 10**
Diese Abbildung zeigt die unterschiedliche Wirkung von Farben. (Eine farbige Abbildung finden Sie im Farbteil ab Seite 266.)

Farbwirkung

Farben haben auch außerhalb der Filmthematik auf uns Menschen besondere Wirkungen. So wurde die Farbe Gelb immer als Signalfarbe wahrgenommen und wird entsprechend beim Beflaggen von Schiffen oder bei Hinweistafeln für Gefahren (Achtung: radioaktiv!) genutzt. Eine ähnliche Signalwirkung kennen wir von der Farbe Rot. So wird beispielsweise eine Fläche in Rot von Menschen deutlicher wahrgenommen als Flächen in anderen Farben.

Auf die Gestaltung mit Farbe haben Sie sicherlich, abgesehen von der Wahl besonderer Filter oder durch Folien veränderte Ausleuchtungssituationen, zunächst einmal wenig Einflussmöglichkeiten während der Aufnahme. Ihr Motiv ist so, wie es ist, und dort befinden sich im Normalfall die vorgegebenen Farben. Allerdings bestehen heute durch viele Zusatz-Tools Möglichkeiten, die Farbgestaltung auch in der Nachbearbeitung vorzunehmen. Dies kann durch das Erzeugen von bestimmten Bildmasken und das Einfärben bestimmter Gegenstände geschehen, worauf im Folgenden kurz eingegangen wird.

Abbildung 11 ▶
Farbe mit Signalwirkung (Eine farbige Abbildung finden Sie im Farbteil ab Seite 266.)

Gerade in der Werbung können Sie den gezielten Einsatz von Farbe über Filter während der Aufnahme oder durch Effekte-Tools in der Nachbearbeitung gut verfolgen. Der sonnengebräunte Schönling im Wasser, alles in ein Braun, Blau, Grau getaucht. Sie spüren förmlich, wie Sie schon beim Betrachten selbst Farbe bekommen. Oder das furchtbar bunte Treiben an einem exotischen Strand und mit einem Eis in der Hand: Eis essen macht lebendig und das Leben bunt. Und bunt ist schön. Aber eben nur in dieser Werbung. Wer Eleganz vermitteln möchte, orientiert sich an Pastelltönen und dreht sogar in Schwarz-Weiß (SW).

Häufig wird die Relation von Farb- und SW-Flächen zur Betonung von Gegenständen oder Personen eingesetzt. Das kann durch Filter geschehen, die nur den blauen Anzug aus einem sonst pastell wirkenden Umfeld herausheben. Das kann aber auch in der Nachbearbeitung über das Anlegen von (beweglichen) Masken im Schnittprogramm erfolgen. Ein Werbeclip über eine Schreinerei könnte beispielsweise aus einer Aneinanderreihung von Alltagsszenen existieren, in denen (per Maske) alle Holzgegenstände in einem warmen Farbton erscheinen, der Rest in SW. Hier hilft die Farbe, das Wichtige zu betonen, es sogar emotional durch die Wärme des Farbtons zu unterstreichen.

4.2 Einstellungen und Perspektive

Weitere wichtige Elemente der Gestaltung sind die Position, die Perspektive, der Winkel der Kamera in Bezug auf Personen und Objekte sowie die verschiedenen Einstellungsmöglichkeiten.

> **Definition Bildauswahl**
>
> Die Bildauswahl bezieht sich nicht nur auf die Auswahl wesentlicher Elemente, sondern umfasst auch den Bildausschnitt, mit dem Sie das gewählte Objekt in Szene setzen.

Die Perspektive wird durch den Kamerastandpunkt bestimmt. Das ist der Ort, an dem Sie Ihr Stativ aufbauen, die Stativhöhe einstellen und die Kamera befestigen. Die Perspektive ändert sich nicht, wenn Sie das Objektiv der Kamera wechseln – dabei verändert sich nur der Bildausschnitt. Von einem Kamerastandpunkt aus gesehen bleiben das Motiv und dessen Elemente die gleichen. Wenn bei der Bildgestaltung also von einem **Perspektivwechsel** die Rede ist, sind Sie gezwungen, den Kamerastandpunkt zu variieren. Weiter gedacht bedeutet dies aber auch, dass ein Schwenk vom Kamerastandpunkt aus keinen Perspektivwechsel herbeiführt. Dieser findet nur bei Kamerafahrten (Aufnahme aus einem fahrenden Fahrzeug) oder – bei Profis – mit Dolly oder Steadycam statt.

Der einmal eingenommene Kamerastandpunkt wird leider von vielen Filmemachern – womöglich aus Bequemlichkeit – nicht verlassen. Da aber jedes Objekt eine »Sonnenseite« besitzt, ist es ratsam, sich bei der Aufnahme so zu positionieren, dass Sie die beste Seite, den schönsten Ausschnitt, die informativste Ansicht vor dem Objektiv haben. Wenn sich also das Objekt nicht nach Ihren Wünschen dreht, müssen Sie sich um das Objekt bewegen.

Steigen Sie auf einen Tisch oder legen Sie sich auf den Boden, wenn Sie die Motive dazu auffordern. Machen Sie sich als Elternteil die Mühe, mit der Kamera in die Knie zu gehen, um das Gesicht der Kleinen aus deren Augenhöhe einzufangen.

Schritt für Schritt: Passender Kamerastandpunkt zur Einstellung

Stellen Sie sich in einen möblierten Wohnraum und suchen Sie sich ca. zehn Gegenstände aus, die sich in verschiedenen Ebenen des Raumes befinden. Das können Blumen, Bilder, Lampen, Sofakissen, aber auch Bodenkacheln oder Läufer, Steckdosen oder abgeblätterte Farbreste an der Decke sein.

1. Aufnahme von einem Standpunkt

Stellen Sie die Kamera auf einem Stativ in der Raummitte auf und nehmen für jeweils vier Sekunden diese Gegenstände von dem gewählten Standpunkt aus auf.

2. Aufnahme von diversen Standpunkten

Lösen Sie nun die Kamera vom Stativ und positionieren Sie sich in ca. einem Meter Abstand möglichst in gleicher Höhe vor dem Motiv. Legen Sie sich auf den Boden, klettern Sie auf einen Tisch, auf eine Leiter. Nehmen Sie aus den verschiedenen Kamerapositionen ebenfalls für jeweils vier Sekunden die Motive auf – wenn möglich mit Unterlage oder Stativ.

Versuchen Sie nun in einem dritten Schritt, die Objekte – ebenfalls von unterschiedlichen Standorten – aus sehr ungewöhnlichen Perspektiven zu filmen. Fangen Sie die Kaffeetasse auf dem Tisch senkrecht von oben ein, bitten Sie bei schwierigen Aufnahmen möglicherweise einen Assistenten darum, einen Spiegel zu halten, und nehmen Sie das Spiegelbild auf.

3. Aufnahme von extremen Standpunkten

Vergleichen Sie nun abschließend die Einstellungen aus Übung 1. Bewerten Sie die Bilder unter dem Aspekt der Lebendigkeit, Aussagekraft und der Abwechslungsfähigkeit.

4. Wirkung

Ende

Klassifikation der Kamerastandpunkte

Die klassische Aufnahmeposition ist die **Frontalansicht**. Sie ist aber durchaus nicht für alle Gelegenheiten geeignet. Im Gegenteil sollten Sie es vermeiden, Personen permanent frontal abzubilden, indem Sie den Standpunkt wechseln oder die Person bitten, nicht direkt in die Kamera zu schauen. Der Blick in die Kamera stellt nämlich eine oft unerwünschte Verbindung zum Zuschauer her und lenkt ihn von anderen Geschehnissen im Film ab.

Sie können auch in der Malerei beobachten, dass oft nicht die frontale Perspektive, sondern eine **Profilansicht** gewählt wurde. Nutzen Sie also diese Erfahrungen und nehmen Sie Gesichter charaktervoller in leicht gedrehter Perspektive oder seitlich auf. Das Gesicht wirkt dadurch plastischer und besondere Gesichtsmerkmale treten in den Vordergrund.

Genauso wie ein Blick in die Kamera eine Beziehung zum Zuschauer herstellt, kann auch die Aufnahme des reinen Profils, also von der Seite, gezielt dafür eingesetzt werden, zwischen der gezeigten Person und dem Zuschauer Distanz zu erzielen. Dabei geht der Gesichtsausdruck leider ein wenig verloren, denn es sind nicht

> **Ausnahmen von der Regel**
>
> Eine Ausnahme dieser Regel ergibt sich sicherlich dann, wenn vermieden werden soll, eine Körperseite zu zeigen, z.B. wenn die Person einen Hautfehler oder sonstige störende Merkmale aufweist. In diesem Fall ist es sicherlich ratsam, ganz unabhängig vom Aufnahmewinkel die »Sonnenseite« zu wählen.

▲ **Abbildung 12**
Die Profilansicht

▲ **Abbildung 13**
Die Rückansicht drückt ganz
eindeutig Distanz aus.

Betonung

Mithilfe des Kamerastandpunkts und der Kameraperspektiven können Sie auch die filmische Aussage unterstützen und z.B. die Personen Ihres Filmes herausheben oder betonen. Auch können Sie durch unterschiedliche Schärfeeinstellungen die Wichtigkeit der Aussage von einer Person auf eine andere verschieben. Dies geschieht zwar häufig durch vorherige Planung, lässt sich aber mit etwas Übung auch bei improvisierten Aufnahmen umsetzen.

---

mehr beide Augen und Mundwinkel erkennbar. Aber auch bei dieser Einstellung zählt letztendlich das, was Sie mit Ihren Film erreichen möchten. Ist also Distanz erwünscht, eignet sich dieser Aufnahmewinkel gut.

Bei der **Rückansicht** nehmen Sie die Person von hinten auf, sodass Sie Rücken, Schultern und Hinterkopf sehen.

Rückansichten, in denen nur eine Person zu sehen ist, können zweierlei bewirken: Zum einen drücken sie Distanz zu dieser Figur aus; unser Gegenüber hat sich quasi von uns abgewandt, agiert für sich alleine. Zum anderen kann es zu einer Identifikation mit der Person führen. Das ist z.B. bei der so genannten »**over shoulder**«-Einstellung (dt.: über die Schulter) der Fall. Sie zeigt die näher an der Kamera platzierte Person von hinten. Durch diese Einstellung wird eine Beziehung zwischen den beiden im Gespräch befindlichen Personen hergestellt, und da die Blickrichtung des Zuschauers der von hinten aufgenommenen Person entspricht, identifiziert er sich mit dieser Person.

Zoom vs. Kamerabewegung

Bei einem Zoom ändern Sie, wie bereits beschrieben, die Kameraperspektive nicht, sondern verengen nur durch Wechsel von Weitwinkel in den Telebereich den Bildausschnitt.

Bewegen Sie nun im anderen Fall die Kamera auf das Motiv zu (**Kamerafahrt**), nähern Sie sich zwar im gleichen Maße dem später gewünschten Bildausschnitt, erhalten jedoch eine andere ästhetische Wirkung in der Gestaltung. Bei der Kamerafahrt bewegt sich die Landschaft, die durchfahren wird, real an den Bildkanten an uns vorbei nach hinten weg. Beim Zoom verändert sich die Schärfentiefe, die weitwinklige Sichtweise geht verloren und der sichtbare Bereich des Gesamtbildes wandert nicht seitlich an uns vorbei, sondern reduziert sich auf das Endmotiv. Die gleiche Wirkung im umgekehrten Sinn erzeugt die Kamerafahrt vom Motiv weg (Abbildung 14).

Bei Ihren Aufnahmen sollten Sie sich also gestalterisch eindeutig entscheiden, ob Sie sich mit Ihrer Kamera durch das Motiv bewegen oder einen Ausschnitt näher heranholen wollen.

Aufnahmewinkel

Unter Aufnahmewinkel versteht der Profi den vertikalen Winkel der Kamera zum Motiv. Beim »normalen« Aufnahmewinkel befinden Sie sich mit Ihrer Kamera auf gleicher Höhe mit dem Motiv (Abbildung 15).

◄ **Abbildung 14**
Vergleich einer Kamerafahrt
mit einer Zoomaufnahme.
Links sehen Sie das Zoom,
wobei sich der Ausschnitt auf
das Endmotiv reduziert, rechts
die Fahrt, bei der der Weitwinkel erhalten bleibt.

◄ **Abbildung 15**
Person, aus der Zentralper-
spektive aufgenommen

Richten Sie die Kamera vom Boden nach oben beispielsweise auf eine an der Lampe sitzende Fliege, spricht man von der **Froschperspektive**. Diese von Profis auch als »Unterschneidung« bezeichnete Perspektive soll das aufgenommene Motiv größer und bedeutender darstellen.

Abbildung 16 ▶
Betonung der Wichtigkeit einer Person durch die Aufnahme aus der Froschperspektive

Richten Sie die Kamera von oben nach unten auf einen im Gras sitzenden Frosch, spricht man von **Vogelperspektive**. Vogelperspektiven, der Profi spricht auch von »Überschneidung«, sollen das Motiv kleiner und unbedeutender erscheinen lassen.

Abbildung 17 ▶
Betonung der Unwichtigkeit einer Person durch die Aufnahme aus der Vogelperspektive

Setzen Sie also ab jetzt die Aufnahmewinkel gezielt ein, **betonen** oder reduzieren Sie bei allen zukünftigen Aufnahmen die Bedeutung Ihrer Motive. Möchten Sie, dass Ihr jüngster Sprössling als das derzeit wichtigste Familienmitglied angesehen wird, werden Sie sich in Zukunft bei den Filmaufnahmen auf den Boden bewegen müssen.

Einstellungsgröße

Was bedeutet nun der Begriff Einstellungsgröße? In der Literatur tauchen sehr unterschiedliche Interpretationen auf. Häufig wird die Einstellungsgröße an einer aufgenommenen Person gemessen. Totalen, Nah- und Detaileinstellungen beziehen sich also darauf, ob die Person weit entfernt in einer Landschaft, also total oder nah vor der Kamera aufgenommen und somit bildfüllend ist. Bei noch näherer Einstellung spricht man von Detailaufnahme. Bei allen dazwischen liegenden Einstellungsgrößen bewegen wir uns häufig in spekulativen Bereichen.

Eine Hilfestellung ist bei der Definition von Einstellungsgrößen sicherlich die vorherige Themenstellung und ein Grundverständnis der Aussage einzelner Einstellungsgrößen.

▸ **Totale:** Sie soll den Betrachter in den Aufnahmeraum bzw. in die Thematik einführen, soll Überblick verschaffen und eine komplexere Situation erklären können. Da hierbei viele Informationen vermittelt werden, benötigt der Betrachter entsprechend längere Zeit (etwa 8 bis 15 Sekunden), um alle Inhalte zu erfassen.

▸ **Nahaufnahmen:** Sie widmen sich hierbei nur bestimmten Aspekten des Gesamten. Dies können Gesichtszüge sein, die eine bestimmte Charaktersituation darstellen, Produktionsschritte, die nur aus näherer Betrachtung deutlich werden, oder Inserts, die eine bestimmte Atmosphäre im Aufnahmeraum erzeugen. Da bei der Nahaufnahme die Zeit der Informationsaufnahme des gezeigten Bildes geringer ist als bei der Totalen, verkürzt sich auch die Dauer der Präsentation – und damit selbstverständlich die Dauer der Aufnahmezeit.

▸ **Detailaufnahmen:** Sie zeigen dem Betrachter kleinste Ausschnitte eines Gesamtgeschehens. Das Kameraobjektiv ist also sehr dicht am Motiv. Leider muss bei den meisten DV-Kameratypen ein Mindestabstand von ca. einem Meter eingehalten werden, da sonst die Aufnahmen unscharf werden. Glücklich darf sich der Besitzer einer Kamera mit Makrofunktion schätzen: Mit dieser Option kann er sich fast bis zur Berührung seinem Motiv annähern.

Definitionssache

Eine Aufnahme von einem Auge kann eine Totale oder eine Nahaufnahme sein. Lautete das Thema »Gesicht«, würde es sich bei dem bildfüllend aufgenommenen Gesicht um eine Totale handeln. Das aufgenommene Auge wäre eine Nah- bzw. Detailaufnahme. Lautet die Thematik jedoch »Das Auge«, dann könnte man das Bild des Auges als Totale verstehen. Das Bild der Iris wäre dann die Detailaufnahme.

Relative Größe

Begriffe wie Halbnah, Dicht, Halbtotale etc. stehen immer relativ zu dem filmischen Thema.

▲ **Abbildung 18**
Thema »Das Gesicht« –
Einstellung Totale

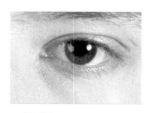

▲ **Abbildung 19**
Thema »Das Gesicht« –
Einstellung Halbnah

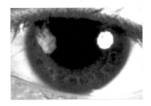

▲ **Abbildung 20**
Thema »Das Auge« –
Einstellung Nah

▲ **Abbildung 21**
Thema »Das Auge« –
Einstellung Detail

▲ **Abbildung 22**
Thema »Das Gesicht« – Ein-
stellung Nah oder Thema »Das
Auge« – Einstellung Totale

Weil bei der **Detailaufnahme** die Zeit der Informationsaufnahme des gezeigten Bildes noch geringer ist als bei der Nahaufnahme, verkürzt sich damit auch die Dauer der Präsentation und Aufnahmezeit. Bei **Detailaufnahmen** reicht z. B. eine zweisekündige Einstellung der glühenden Spitze einer Zigarette, um diese Information zu vermitteln.

Alle übrigen Aufnahmegrößen wie Halbtotale, Halbnah, Amerikanische Einstellung etc. bewegen sich zwischen diesen beiden Erklärungshintergründen und werden häufig als gestalterische Mittel eingesetzt. Bei jeder Einstellung sollte sich der/die Kameramann/Kamerafrau selbstkritisch einige Fragen stellen: Wird das vermittelt, was ich eigentlich sagen möchte? Sieht die Zielgruppe diese Information im Bild? Reichen nicht auch weniger Sekunden von der gezeigten Einstellung, wenn die Informationen in entsprechend kürzerer Zeit übermittelt werden können?

Digitale Kameras sind, wie auch schon ihre analogen Vorläufer, mit Wipe- oder Drehschaltern ausgestattet. Das ist ein in der Nähe des Handgriffs mit Daumen oder Zeige- bzw. Mittelfinger erreichbarer Schalter zum Wechsel zwischen Tele- (T) und Weitwinkelbereich (W): Der Einsatz dieser Zoomfunktion kann dazu führen, dass eine Teleaufnahme als Nahaufnahme verstanden und umgekehrt eine weitwinklige Aufnahme als Totale angesehen wird. In der folgenden Abbildung erkennen Sie, dass dies nur zum Teil stimmt, denn die unterschiedliche Brennweite führt auch zu einem anderen räumlichen Wahrnehmen.

Die **Schärfentiefe** verändert sich, was zu sehr schönen und gewünschten Effekten führen kann. Für das Bild unbedeutende Details können auf diese Weise (große Entfernung zum Aufnahmeobjekt mit Teleeinstellung) in die Unschärfe eintauchen und an Dominanz verlieren.

Abbildung 23 ►
Aufnahme ohne und
mit Schärfentiefe

Allerdings lässt man sich von dem Wipe-Schalter auch schnell einmal dazu verleiten, aus größerem Abstand ein Motiv nah einfangen zu wollen. Profis sind da sehr kritisch und lehnen diese Art von Bequemlichkeit ab.

Kameraschwenk

Wofür die Kamera schwenken? Weil sich das aufzunehmende Objekt bewegt? Warum dann nicht die Position wechseln, die Perspektive verändern?

Gehen Sie mit Schwenks behutsam um, wechseln Sie lieber häufiger die Perspektive und erinnern Sie sich: Einstellungen haben im Durchschnitt eine Maximallänge von ca. 8 Sekunden. Ein ruhiger Schwenk, bei dem Sie etwas erkennen können (also kein Reißschwenk), dauert oft mit sanfter Anfahrt und ruhigem Abbremsen länger. Der Schritt zum Profifilmer beinhaltet also auch den reduzierteren oder bewussteren Einsatz dieses Gestaltungsmittels.

Variation der Aufnahmepositionen

Möchten Sie ein Detailbild vom Objekt aufnehmen, stellen Sie sich mit Ihrer Kamera nah an das Objekt. Bevorzugen Sie eine Totale, bewegen Sie sich vom Objekt weg. Vermeiden Sie zur Überbrückung räumlicher Distanzen die Telefunktion Ihrer Kamera.

◄ **Abbildung 24**
Ein schlechter Kameraschwenk

◄ **Abbildung 25**
Ein guter Kameraschwenk

Wo werden sie nun sinnvoll eingesetzt? Sicherlich häufig dann, wenn sich das aufzunehmende Objekt bewegt und Sie sich vorher entschieden haben, dass es sich innerhalb des Bildfensters bewegen soll. Das klingt recht einfach und lässt sich bei Objekten mit kon-

Droht das aufzunehmende Objekt im Schwenk zu nah an die Bildkante zu geraten oder gar aus dem Bildfenster zu verschwinden, lassen Sie es ganz bewusst herauslaufen. Bemühen Sie sich also nicht, es wieder einzufangen, denn das sieht laienhaft aus.

Übung

Positionieren Sie sich beispielsweise mit Ihrer Kamera in einem Abstand von 8 Metern vor einem Fenster (möglichst mit den Seitenkanten 4:3). Beginnen Sie die Aufnahme im Telebereich mit dem Motiv: rechter Fensterrahmen oben. Nun starten Sie den Kameraaufzug, wechseln sie in den Weitwinkelbereich. Währenddessen müssen Sie die Kamera leicht nach links und unten schwenken. Sobald Sie das Fenster bildfüllend im Sucher haben, sollten Aufzug, Schwenk nach unten und Schwenk nach links abgeschlossen sein. Das Ganze ist eine weiche Bewegung, bei der man den Schwenk kaum erkennt. Beim ersten Ausprobieren werden Sie vielleicht zu spät schwenken und müssen dann, wenn das Fenster die Suchergröße erreicht hat, nachziehen, oder Sie schwenken zu früh. Sie bemerken dies, stoppen den Schwenk für einen Augenblick und setzen ihn dann fort. Die Folge ist ein sichtbarer Ruckler im Ablauf.

tinuierlicher, also planbarer Geschwindigkeit auch einfach umsetzen. So dürfte Ihnen ein Schwenk mit einer in der Ferne fahrenden Dampflok kaum Probleme bereiten, wenn die einzusehende Fahrstrecke ausreichend lang ist.

Anders verhält es sich beispielsweise bei der Aufnahme von Wildpferden in der Camargue. Hier ist die Bewegung des Objekts nicht vorhersagbar. Das Objekt kann rasch aus dem Bildfester verschwinden, weil Sie nicht schnell genug oder zu schnell schwenken.

Extreme Anforderungen an Kameraschwenks stellen Sportarten wie Volleyball, Basketball, Badminton oder Naturaufnahmen von Vögeln bzw. Tieren wie Mäusen, Ameisen etc., bei denen ein relativ kleiner Abstand zu den Agierenden existiert. Haben Sie einmal versucht, einen Basketball beim Korbwurf per Schwenk zu verfolgen? Unmöglich. Hier hilft nur eins: eine andere Perspektive. Auch wenn Sie sehr schnelle Schwenks aus dem Motor- oder Skisport kennen: Lassen Sie sich gesagt sein, dort ist extrem gute und teure Technik im Einsatz, die nicht einmal dem »normalen« Profi zur Verfügung steht.

Sehr häufig werden Schwenks in Kombination mit Aufzügen und Zooms eingesetzt. Allerdings setzt es einige Übung voraus, hierbei ein sauberes Bild (ohne Nachziehen) zu erzeugen.

»Übung macht den Meister«: Diese Volksweisheit ist hier die einzige Empfehlung, die ich Ihnen geben kann. Motive gibt es dafür genug und mit etwas Ausdauer werden Sie schon bald zu sehenswerten professionellen Schwenks kommen.

Einstellungs-Anschlüsse

Unter Anschluss wird im Schnitt der bildliche und logische Übergang von einer Einstellung zur nächsten verstanden. Bei einer guten filmischen Planung werden die Anschlüsse schon im Vorfeld im Storyboard bzw. Drehbuch geplant und vom Kameramann konkret berücksichtigt und umgesetzt. In der aktuellen Berichterstattung spricht man dann von der Situation, dass ein Kameramann Anschlüsse denkt. Für einen professionellen Kameramann sollte dies selbstverständlich sein. Beim Einschalten der Kamera sollten bereits Gedanken darüber existieren, mit welchem vorherigen Bild sich diese Einstellung kombinieren ließe. Beim Stopp der Kamera sollte ebenfalls bewusst darüber nachgedacht worden sein, warum gerade an dieser Stelle die Kamera angehalten wird und auf welche Weise dieses Bild mit dem folgenden korrespondieren könnte. Dies können inhaltliche Gesichtspunkte sein. Die Anschlussästhetik sollte dabei jedoch möglichst nicht gebrochen werden.

Dieses Anschlussdenken unterliegt einigen Regeln, die wir bereits in einem anderen Zusammenhang erörtert haben. Eine grundsätzliche Regel dabei lautet, Einstellungsgrößen, die sehr ähnlich sind und ein gleiches Motiv aufweisen, zu vermeiden, denn hier entstehen sonst Sprünge.

Eine klassische Falle für diese Art von Anschlussfehlern stellen Interviews oder Gespräche dar. Die Kamera ist auf den Befragten gerichtet, die Einstellungsgröße zeigt das Gesicht und den oberen Teil des Oberkörpers. Nach der ersten Antwort wird in gleicher Einstellungsgröße bei unverändertem Aufnahmewinkel die zweite Frage beantwortet usw. Wenn nun die Frage des Interviewenden herausgeschnitten wird, weil man ja nur die Antworten sehen möchte, erhalten wir einen filmischen Zappler. Der Kopf wird, wie Sie auf der Abbildung sehen, von dem letzten Bild der Einstellung zum ersten Bild der nächsten Einstellung springen.

Beispiel

In einer Einstellung, in der eine Person einen Gegenstand wirft, erwarten wir als Anschluss, dass in der nächsten Einstellung dieser Gegenstand seine Flugbahn zu Ende bringt. Ein geworfener Ball wird dann z.B. von einem Kind gefangen oder ein Teller landet auf dem Boden und zerbricht.

◄ **Abbildung 26**
Vier Redeausschnitte von Frank Bsirske, hart aneinander montiert, zeigen den Sprung der Person (Zappler) an den Schnittstellen.

Man kann man diese Anschlussfehler vermeiden, indem von Frage zu Frage die Einstellungsgröße bewusst und wahrnehmbar verstellt wird oder indem vor oder nach dem Interview so genannte **Inserts** produziert werden. Dies können sein: Accessoires oder besonders interessante Bilder aus jenem Raum, wo das Interview stattfindet, Details des Interviewten, Naheinstellung seiner Hände, seiner Augen etc. Eine andere Alternative der Inserts könnten Bilder darstellen, die zu einem anderen Zeitpunkt, passend zum Gesprächsinhalt, produziert und bei der Montage über diese Bildsprünge gesetzt werden.

Trotzdem sollte ein guter Kameramann bemüht sein, neben der optimalen Gestaltung seiner Aufnahmen permanent auch Anschlüsse zu bedenken und, mit entsprechender Ideenvielfalt ausgestattet, mehrere Varianten an Anschlussmöglichkeiten zu drehen.

Beispiel: Ein spielendes Kind im eigenen Kleingarten darf oder soll sich sogar aus dem Bildfeld bewegen, was heißt: Die Kamera bleibt starr, das Kind bewegt sich aus dem Bildfenster. Dadurch haben wir alle Möglichkeiten eines problemlosen filmischen Anschlusses.

▶ Bleibt das Kind im Bildfenster, muss uns Filmenden klar sein, dass ein guter Anschluss nur darin bestehen kann, die folgende Einstellung durch einen anderen Aufnahmewinkel oder/und durch eine andere Aufnahmegröße zu beginnen. Ein im Sandkasten spielendes Kind, aufgenommen in der Totale, würde in die Szene einführen, zum Ende dieser Einführung würde das Kind im Bildfenster bleiben, dann erfolgte der Schnitt. In der nächsten Einstellung sehen wir in Nahaufnahme die spielenden Hände des Kindes, die sich in den Sand graben.

▶ Alternative hierzu: das spielende Kind im Sandkasten in der Totalen, die Kamera bewegt sich, verlässt das Kind, endet auf einem im Rasen liegenden Ball, nun erfolgt der harte Schnitt: in der nächsten Einstellung die Kinderaugen nah, die den Ball entdecken und dort hinlaufen.

▶ Dritte Variante von Anschluss: Kind im Sandkasten in der Totale. Das Kind verlässt den Bildausschnitt, harter Schnitt, das Kind läuft in den neuen Bildausschnitt hinein oder befindet sich bereits in einer anderen Szene im sichtbaren Bildbereich.

Um sich etwas vertrauter mit dem Denken und Produzieren von Anschlüssen zu machen, empfiehlt sich eine kleine Übung.

Schritt für Schritt: Anschlüsse drehen

Wählen Sie einen bewegten Gegenstand, wie Vogel, Auto, Schiff, Blatt auf Wasseroberfläche eines Baches, Flugzeug, Wolke etc., und versuchen Sie, die Bewegung dieses Gegenstandes in mehreren Kameraeinstellungen zu dokumentieren. Vermeiden Sie dabei lange Schwenks.

1. Dokumentieren eines bewegten Gegenstandes

Konzentrieren Sie sich darauf, dass bewegte Gegenstände auch einmal ein Bildfenster betreten und wieder verlassen können.

2. Bewegungen aus dem Bildfenster heraus

Bewegen Sie sich zur Variation Ihrer Anschlüsse von einem Gegenstand (wie Bushaltestellenschild) auf den bewegten Bus, also das Zentrum Ihres filmischen Geschehens, zu. Oder ziehen Sie von einer Detailaufnahme (Ameise im Laub) zu dem im Bach treibenden Blatt auf.

3. Anschlussvariationen

Diese Kameraaufzüge, kombiniert mit einem leichten Schwenk auf das eigentliche Handlungszentrum, reduzieren Ihre Anschlussprobleme und erfassen parallel dazu wichtige räumliche Bereiche.

Ende

Kameraführung

Auf den vorhergehenden Seiten haben Sie sich mit verschiedenen einzelnen Elementen der Bildgestaltung beschäftigt. Diese können nun in unterschiedlicher Form kombiniert werden, sodass – bezogen auf die Filmsprache – ein komplexes System von Gestaltungsaspekten Ihren Filmen zu einer stärkeren Aussagekraft verhelfen kann. Die Kameraführung bezeichnet genau dieses Zusammenwirken verschiedener Gestaltungselemente.

Auch als Amateurfilmer oder semiprofessioneller Anfänger sollten Sie bewusst und in Kenntnis um die Wirkung möglichst viele Bereiche berücksichtigen, denn die kleinen DV-Kameras, oft mit Fernbedienung ausgestattet, erlauben Ihnen mehr Möglichkeiten der Kameraführung, als es beispielsweise im Profibereich der Fall ist. Die Kameras sind klein, haben wenig Gewicht, sind in den meisten Fällen über ein Display von fast allen Seiten in dem Aufnahmebild kontrollierbar und lassen sich dadurch für bestimmte Drehsituationen so unterbringen, dass sehr originelle Kameraperspektiven erzeugt werden können. In der Menüführung sind häufig bei DV-Kameras bereits Optionen für Farbverfremdungen vorgesehen. Doch hier bitte Vorsicht: Dies sollte man für die Nachbereitung auf-

Tipps für die Kameraführung

Wichtig ist nur, dass die Kamera jeweils möglichst fest positioniert wird, es also während der Aufnahmen nicht zu ungewollten Wacklern kommt. Als kleine Hilfe sollen im Folgenden noch einmal die wichtigsten Regeln aufgeführt werden, wie man auch bei derartigen Kameraführungen eine ausreichend sichere Position findet.

▶ Wenn Sie nicht selbst die Kamera führen, sondern diese an einem beweglichen Gegenstand befestigen, tun Sie dies mit einem guten Klebeband, sodass sich die Kamera nicht oder nur noch wenig bewegen lässt, um mögliche Schäden zu vermeiden.

▶ Wenn Sie selbst die Kamera führen und kein Stativ einsetzen, weil es die Aufnahmesituation unmöglich macht, sollten Sie sich einen sicheren Standpunkt suchen und die Kamera mit beiden Händen umfassen. Fixieren Sie, wenn möglich, die Kamera zusätzlich dadurch, dass Sie das Display ausschalten und das Okular fest gegen Ihr Auge drücken. Versuchen Sie möglichst während der kurzen Einstellungen ruhig zu atmen oder, falls erforderlich, kurz die Luft anzuhalten, denn jedes Atmen verursacht eine leichte Körperbewegung, die sich auf die Kamera überträgt. →

heben, denn einmal eingefärbte Aufnahmen können in der Nachbearbeitung nicht entfernt werden.

Die Variationsmöglichkeiten ausgefallener Kameraführungen sind nahezu unendlich und hängen letztendlich von Ihrem Einfallsreichtum ab:

Durch die kompakte Bauweise können Sie beispielsweise Ihre Kamera gut befestigt an einem Seil von einer Brücke schnell auf ein drunter herfahrendes Ruderboot gleiten lassen, was mit großem Kamera-Equipment kaum denkbar ist. Ebenso lassen sich die kleinen Aufnahmegeräte in Modellflugzeugen, Modellhubschraubern, Helmen für Fallschirmspringer und Motorsportler oder in preiswerten Unterwassergehäusen unterbringen, sodass ein breites Spektrum an neuen Aufnahmemöglichkeiten entsteht. Als passionierter Segler möchten Sie vielleicht eine Kameraeinstellung Ihres Bootes von der Spitze des Segelmastes aus aufnehmen. Schnell lässt sich der an ein Seil gehängte Camcorder nach oben ziehen und per Fernbedienung von dort ein Bild aufnehmen: für die sehr begrenzten Kameraperspektiven auf dem kleinen Deck eine interessante Zwischenvariante. Sollten Sie Kinder haben und diese im Besitz einer Modelleisenbahn sein oder Sie selbst Interesse an diesem Hobby hegen, kann es auch sehr reizvoll sein, eine Fahrt des Modellzuges so aufzunehmen, dass der kleine Mini-DV-Camcorder auf einem der Wagons befestigt wird und während der Fahrt die liebevoll modellierte Landschaft mit der im Vordergrund befindlichen Lok aufnimmt. Genauso besteht die Möglichkeit, Ihren Camcorder per Gaffaband auf einem Skateboard zu befestigen und eine möglichst glatte Strecke damit abzufahren. Mountainbiker können bei den immer ausgefalleneren Figuren die Kameras ebenfalls fest an Ihrem Mountain-Bike installieren, sodass Sie gegebenenfalls auch noch selbst im Bild sind und dem Betrachter einen subjektiven Eindruck dieses Fahrerlebnisses vermitteln.

4.3 Hintergrundwissen zum Kamera-Handling

Unterschiede zwischen menschlichem Sehen und Sehen mit der Kamera

Das Beachten von Regeln wird Ihnen bei der Gestaltung sicherlich häufig helfen. Jedoch hat es sich bewährt, auch deren Ursache zu verstehen, um Fehler zu vermeiden. Deshalb im Folgenden ein kurzer Ausflug in die Physiologie des menschlichen Sehens, der uns zeigt, warum das Handling der Kamera oft unvollkommener ist, als wir es uns wünschen.

Das menschliche Sehsystem gleicht **Größenveränderungen** von Gegenständen, die eigentlich durch unterschiedliche Entfernungen entstehen, aus, d.h. der Gegenstand kommt uns immer gleich groß vor. Dies geschieht, obwohl objektiv der Gegenstand entsprechend seiner Entfernung unterschiedlich auf die Netzhaut projiziert wird.

Beim binokularen Sehen, dem Sehen mit beiden Augen, beträgt das **Gesichtsfeld** eines Menschen ca. 180 Grad. Das ist der Bereich, den ein Mensch bei ruhig gestellten Augen und ohne den Kopf oder den Körper zu bewegen überblicken kann. Jedes Auge einzeln besitzt ein Gesichtsfeld von ungefähr 150 Grad. Das Gesichtsfeld des rechten und des linken Auges überschneidet sich in der Mitte. Diese Überschneidung beträgt etwa 120 Grad. Nur im Bereich der Überschneidung ist die Tiefenwahrnehmung möglich.

Das gesamte Gesichtsfeld, also der wahrgenommene Bereich, erfasst in unserem Gehirn ein farbiges, dreidimensionales und scharfes Bild von etwa 120 Grad. In den beiden nach außen sich anschließenden, zweidimensional wahrgenommenen Zonen von jeweils 30 Grad geht die Farbdarstellung in eine Schwarz-Weiß-Wahrnehmung über. In den Randflächen des Gesichtskreises sehen wir unscharf.

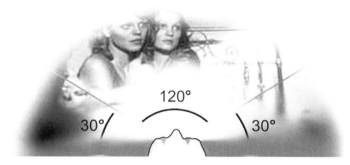

▲ **Abbildung 27**
Sichtbereich des menschlichen Auges

Die Physiologie unseres Sehverhaltens erfährt bei den Aufnahmen – und das auch mit neuestem Equipment – eine Einschränkung. Die Kamera besitzt allein durch ihre Objektive und Linsen ein anderes optisches Aufnahmevermögen als die menschlichen Augen.

Der aufnehmbare Bereich ist auch bei einem weitwinkligen

→
▶ Wenn es zu Ihrem Gestaltungsrepertoire passt, setzen Sie bei der freieren Kameraführung möglichst das Weitwinkelobjektiv ein, denn hier fallen leichte Wackelbewegungen weniger stark auf.

▶ Führen Sie die Kamerabewegung, die Sie geplant haben, mehrfach ohne laufende Kamera aus. Sie werden dadurch feststellen, ob Ihre Körperhaltung optimal ist, ob Sie gegebenenfalls Ihre Beine weiter spreizen müssen oder günstiger mit aufgesetztem Knie oder angelehnt an einer Wand einen sichereren Standpunkt erzeugen können. Erst wenn Sie der Überzeugung sind, aus der eingenommenen Position optimal die Bewegung ausführen zu können, schalten Sie die Kamera an und nehmen auf. Bei sehr aktiver Kameraführung sollten Sie sich zwischendurch eine Pause gönnen. So sollten Sie bei der Dokumentation einer Bergwanderung oder Skitour (als Teilnehmer) bedenken, dass Sie möglicherweise außer Atem sind und hierdurch auch eine Unruhe bei der Aufnahme entstehen könnte. Konzentrieren Sie sich also vor dem Auslösen des Films einen kurzen Moment, versuchen Sie ruhig zu atmen, bitten Sie gegebenenfalls die übrigen Teilnehmer in einer derartigen Aufnahmesituation, einen Moment zu warten und dann wieder aktiv zu werden.

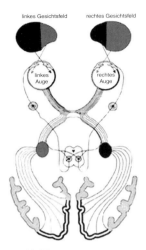

▲ **Abbildung 28**
Neuronale Verbindungen der Augen mit dem Gehirn (Eine farbige Abbildung finden Sie im Farbteil ab Seite 266.)

Wackler

Filmende versuchen möglicherweise diesen Sachverhalt unbewusst mit der Kamera nachzuempfinden. Der optische Sprung der Pupille auf das Zielobjekt wird durch schnelle Kamerabewegungen oder -zooms bzw. -aufzüge imitiert. Da zwischen Kamera und Gehirn keine Verbindung existiert und dadurch eine Kompensation nicht stattfinden kann, erleben wir diese unruhigen springenden Kameraaufzeichnungen später als »Wackelbilder«. Da außerdem die Kamera weitaus träger reagiert und die übrige Peripherie im Kamerasucher nicht existiert, wird das Zielobjekt durch die fehlende Orientierung schnell aus dem Auge verloren.

Objektiv kleiner als 180 Grad und, anders als beim menschlichen Auge mit einem sanften, unscharfen Übergang in dem peripheren Sehgrenzbereich, existiert **hier eine scharfe Bildkante** zu allen vier Seiten. Der umliegende äußere, schwarze Bereich ist statisch. Durch die harte Grenzlinie erleben wir an den Bildkanten innen die bewegten Aufnahmen mit einem hohen Grad an relativer Unruhe. Diese »Winkelgeschwindigkeit« ist beispielsweise gut an den Rändern bewegter Luftaufnahmen zu beobachten.

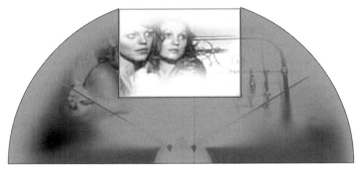

▲ **Abbildung 29**
Vergleich der Randbereiche des Gesichtskreises mit dem der Kameraaufnahme

Das menschliche Auge ist im Gegensatz zur Kamera außerdem mit dem **Gleichgewichtssinn** organisch verbunden, sodass eine permanente Abstimmung zwischen visueller Wahrnehmung, der Orientierung im Raum und dem zu erhaltenen Gleichgewicht stattfindet.

Diese Verbindung existiert zwischen Kamera und der aufnehmenden Person nicht. Entsprechend führt die Wiedergabe der wackelig aufgenommenen Einstellungen zu extremer Unruhe.

Bei einem festen Blick in eine Richtung springt die Pupille des menschlichen Auges, den Raum erfassend, normalerweise von Interessenobjekt zu Interessenobjekt. Dieser Wechsel geschieht etwa 20-mal in der Sekunde. Betrachten wir die Pupillen von außen, erleben wir eine ständige Unruhe, ein ständiges Suchen und Abtasten des Raumes. Die Suche beginnt links unten und führt schnell in das Zentrum des rechten Drittels. Dort fokussiert sich die Pupillenbewegung, hier wird die wichtigere Bildinformation erwartet (Goldener Schnitt).

Der Betrachter selbst kompensiert die schnellen Pupillenbewegungen über sein Gehirn. Das subjektiv wahrgenommene Bild steht ruhig. Dies ist bei allen Menschen gleich und basiert auf Urinstinkten der menschlichen Natur.

◀ **Abbildung 30**
Erfassen des linken Bildes –
Springen der Pupille:
Sakkadenmuster

Ruhige sichere Kameraposition

Bei stark unruhigen Untergründen (Autos, Bus, Schiff, Achterbahn etc.) sollten Sie möglichst immer ein Stativ benutzen! Das heißt, die Kamera sollte eine möglichst feste Verbindung mit dem Fahrzeug haben (siehe Infokasten auf Seite 138).

Nicht immer haben Sie für den Einsatz eines Stativs Platz oder die Zeit zum Aufbau. Eine Sitzlehne als Auflage oder eine Haltestange als Anlehnpunkt helfen dann, zumindest die größten Wackler zu vermeiden. Der bewegte Hintergrund addiert sich in Fahrzeugen mit den verwackelten Innenaufnahmen zu einem stark unruhigen Gesamtbild.

▶ Suchen Sie **vor dem Einschalten der Kamera** ein Motiv aus. Schalten Sie erst dann die Kamera ein, wenn Ihnen das Bild wirklich gefällt, wenn es etwas erzählt.

▶ Beachten Sie das Problem des Außenlichtes. Die Motive in geschlossenen Fahrzeugen sollten wegen des intensiven Gegenlichtes gegebenenfalls mit einem Akku-Headlight aufgehellt werden. Weitere Informationen zum Thema finden Sie im Kapitel Licht ab Seite 143.

Bewegte wackelige Kameraaufnahmen haben eine eigene Charakteristik, die Anfang der Siebzigerjahre Einzug in deutsche Kinos gefunden hatte. Kinofilme wie »Deutschland privat« haben sich bewusst dieser Gestaltungselemente bedient; und in dem Bemühen, immer neue Gestaltungsmöglichkeiten zu finden, suchen Jungfilmer auch heute wieder durch den amateurhaften Kameraeinsatz in ihren Debütkinofilmen nach dem Neuen.

»Deutschland privat«

D 1980, Robert van Ackeren
Der Zusammenschnitt diverser Super-8-Amateurfilme zu einem abendfüllenden Panorama bundesdeutscher Intimitäten. Als soziologisch und filmhistorisch wertvolle Landeskunde deklariert, offenbart der Film jedoch bald seinen voyeuristischen und spekulativen Charakter – zumal die Herkunft des Materials nicht hinreichend nachgewiesen wird und die Grenze zwischen vorgefundenen und gestellten Aufnahmen unklar bleibt.

▲ **Abbildung 31**
Aus »Deutschland Privat«

Aufnehmen Foto vs. Film

Beim Beobachten von Filmenden fällt ein Phänomen auf: Der Blick durch den Sucher eines Fotoapparates und das Drücken des Auslösers haben sich scheinbar auf die Bedienung der Videokamera übertragen. Beide Geräte werden trotz unterschiedlicher Funktionen häufig sehr ähnlich bedient.

Beispiel: In einem Reisebus auf einer holprigen Straße durch das Hochland Ecuadors filmte ein Mitreisender seine Partnerin. Für ein paar Sekunden bemühte er sich, die Kamera ruhig zu halten. Nachdem er sein Motiv im großen Farbdisplay zentriert hatte – es war trotz aller Mühe ein immer noch stark verwackeltes Bild –, führte er anschließend die Kamera ohne klare Zielvorstellung in alle Blickrichtungen des Busses. Immer wieder bewegte der Filmende die laufende Kamera auf die neuen Zentren seiner Aufmerksamkeit. Erst nach einigen Minuten stoppte er die Aufnahme. Diese Beobachtung zeigt, dass zwar die Motivsuche bei Fotografen und Filmemachern ähnlich ist, dann aber entscheidende Unterschiede auftreten: die Bewegungen, das zeitlich linear ablaufende Medium. Beachten Sie also bei Kameraaufnahmen, dass sie 25 Bilder pro Sekunde aufzeichnen und dabei während der gesamten Aufnahmezeit so konzentriert sein sollten wie bei der Motivauswahl im Sucher des Fotoapparates.

Vermeiden von Unschärfen

Die Autofokus-Funktion sollte, wenn möglich, ausgeschaltet werden, da sonst (technisch bedingt) der Sensor bei bewegten Hintergrundbildern wie dem Kameraschwenk über einen Lattenzaun permanent die neue Schärfe sucht. Dieses Verhalten erleben wir dann als »Pumpen« der Bilder. Auch bei Aufnahmen durch Glasscheiben würde der Sensor die Glasscheibe scharf einstellen, nicht aber das dahinter liegende Motiv. Vor einer Aufnahme mit Zoom sollten Sie zuerst die Schärfe im Telebereich einstellen.

Aufnahme bei starker Sonneneinstrahlung

Fast jeder Besitzer einer DV-Kamera wird das Problem kennen, wenn er bei ausgeklapptem, sonst gut funktionierendem Farbdisplay Aufnahmen in extremem Sonnenlicht machen möchte (und dies geschieht im Urlaub ja häufiger). Der LCD-Sucher zeigt nur noch ein graues Bild und lediglich schemenhaft sind die Motive darauf zu sehen.

Die meisten DV-Kameras haben einen okularen Sucher, der dann in Funktion tritt, wenn das Display eingeklappt bleibt. Auf diesem Weg sparen Sie sicherlich auch Energie, denn der LCD-Sucher frisst gehörig Strom, wodurch sich die Aufnahmezeit Ihrer Kamera verkürzt.

Nun gibt es allerdings Aufnahmesituationen, in denen ein LCD-Sucher einen größeren Bewegungsspielraum für Sie einräumt. Möchten Sie beispielsweise Ihr Kleinkind aus extremer Froschperspektive aufnehmen, bietet sich der Einsatz dieses Suchers an und lässt ein mühseliges Herumkrabbeln auf dem Boden vermeiden. Eine Aufnahmesituation, die auch häufig genug die Nützlichkeit des LCD-Suchers beweist, ergibt sich bei Konzertaufnahmen, bei denen Sie möglicherweise nicht in der ersten Reihe stehen, sondern über die Zuschauer hinweg einen kurzen Ausschnitt der Musikgruppe aufzeichnen möchten. Diese Aufnahmesituationen bei sehr heller Umgebung lassen sich dann nur noch realisieren, wenn Sie eine Abschattung für Ihren LCD-Sucher nutzen. Der Fachhandel hält hier entsprechende Aufsätze bereit.

Lebendige Motivwahl

Die Motivauswahl sollte dem Anlass stets angepasst sein. So sind z.B. Kindergeburtstage etwas Buntes, Lebendiges und entsprechend lebhaft sollten auch die Aufnahmen gestaltet sein. Ein schneller Wech-

sel von Detaileinstellungen und Naheinstellungen sowie eine bewegte Kamera bei Aktionen, beim Spielen der Kinder unterstützen
den lebendigen, bewegten Charakter der Feier.

**Nachbearbeitung
kann helfen**

Sollten Sie zu der Gruppe
Mensch zählen, die sehr
selbstdiszipliniert Regeln einhält, werden Sie zukünftig
damit belohnt, dass Ihre in
bewegte Bilder umgesetzten
Geschichten von anderen
nicht nur verstanden, sondern auch geschätzt werden.
Nun ist Planen sicherlich
nicht jedermanns Sache. Bevor Sie sich also zu sehr mit
der konsequenten Einhaltung
aller Regeln verzweifelt quälen, lassen Sie sich beruhigen: In der Nachbearbeitung
können noch manche Fehler
einer unzureichenden Planung professionell kaschiert
werden.

Detaileinstellungen

Reichern Sie Ihre Bilder
durch einige Detaileinstellungen der lebendigen Kinderaugen, der zappeligen
Kinderhände, laufender Kinderfüße oder der Geburtstagskerzen an.

5 Licht und Beleuchtung

Technisches und Gestalterisches

▶ Welche Lichtquellen gibt es?

▶ Welches Licht-Equipment ist für mich geeignet?

▶ Schatten, Lichtrichtungen, Lichtstimmungen

▶ Wie muss ich die Kamera positionieren?

▶ Wie meistere ich schwierige Aufnahmesituationen?

Bei Ihren Videoaufnahmen werden aus plastischen Gegenständen Flä-
chen, aus Drei- wird Zweidimensionalität. Durch das bewusste Setzen
von Licht können Sie jedoch ein Teil der Plastizität zurückgewinnen. Wie
Sie dabei vorgehen, wird in dem folgenden Kapitel erläutert.

Gute Kameraaufnahmen unterscheiden sich von schlechteren häufig
durch die professionelle Ausleuchtung, das heißt durch das gekonnte
Platzieren von Scheinwerfern und Lichtquellen zur Erzeugung der
optimalen Raumtiefe und Atmosphäre.

Die Variationen, mit Licht zu gestalten und eine bestimmte Atmosphäre für den Film zu erzielen, sind beinahe unendlich. Licht
kann verzaubern, kann den Blick lenken, kann Lebloses oder Un-
sichtbares zum Leben erwecken. Natürlich gibt es Grundregeln, deren Beherrschung Voraussetzung für die Feinheiten der Beleuchtung ist.

Abbildung 1 ▶
Gestalten mit Licht

Wir wissen, wie ein Glas Licht reflektiert, welchen Schatten ein
Stuhl wirft. Die zweidimensionale (Film- bzw. Video-) Abbildung der
Lichtreflexe und Schatten erzeugt beim Zuschauer eine Illusion von
Plastizität. Was kann die Lichtführung am Motiv tun, um diese Plas-
tizität zu erzeugen? Beginnen wir bei den Grundlagen:

Grundsätzlich unterscheiden wir zwei Aufnahme- bzw. Licht-
räume:

▶ die Außenaufnahme bei Tageslicht sowie
▶ die Innenaufnahme bei Kunst- oder Mischlicht.

Da Tageslicht um die Mittagszeit sehr hell ist, reicht es oft für eine kontrastreiche gute Aufnahme. Bei Innenaufnahmen sind Sie dagegen häufig gezwungen, Kunstlicht einzusetzen.

▲ **Abbildung 2**
Rechts die Außenaufnahme mit ausreichend Tageslicht, links eine Innenaufnahme mit Kunstlicht.

5.1 Grundlagen: weiches vs. hartes Licht

Eine wichtige Regel lautet: Hartes Licht erzeugt harte Schatten, weiches Licht dagegen leuchtet durch Reflexionen das aufzunehmende Motiv mit sehr weichen Schatten gleichmäßig aus. Ein typisches Beispiel für eine Lichtquelle, die hartes Licht hervorbringt, ist die Sonne.

Künstliche Lichtquellen

Welche künstlichen Lichtquellen stehen Ihnen zur Verfügung? Und welches Licht strahlen sie ab?
1. Das Licht von **Halogen-Metalldampflampen** (HMI-Lampe oder H-Lampe) ähnelt dem Tageslicht sehr stark und findet daher in der Video- und Filmproduktion starke Verwendung. Daher wird diese Variante bei Tagaufnahmen u.a. zum Aufhellen von Schatten oder zur Verstärkung von Tageslicht verwendet.
2. Eine **Spiegellampe** ist universell einsetzbar, denn je nachdem, wie der Spiegel gewölbt ist, liefert sie hartes bis weiches Licht.
3. **Stufenlinsenscheinwerfer** erzeugen hartes bis sehr hartes Licht.

▲ **Abbildung 3**
Stufenlinsenscheinwerfer

▲ **Abbildung 4**
Lichtwanne

4. **Flächenleuchten**, dazu zählen so genannte Lichtwannen, liefern außerordentlich weiches Licht.
5. **Spotlights** besitzen mehrere Linsen, die das Licht bündeln, und strahlen hartes Licht ab. Ihr Lichtfeld ist eher klein und rund.

Künstliche Lichtquellen sitzen in den meisten Fällen in einem Gehäuse und treten an einer Seite gebündelt oder zerstreut, gefiltert oder eingefärbt aus. Befindet sich hinter der Birne ein gewölbter Spiegel, sprechen wir von einer Spiegellampe. Sie kennen dieses System von Autoscheinwerfern bzw. von Taschenlampen. In den meisten Fällen befinden sich bei den Scheinwerfern zwischen Birne und Austrittsöffnung entsprechend angeordnete Linsen. Diese haben den Zweck, das austretende Licht zu fokussieren und – wenn diese Linsen beweglich sind – auch diffuser zu gestalten.

Auch im Bereich der Lichttechnik gibt es sehr viel **Zubehör**, z.B. Folien zur Erzeugung von farbigem Licht oder zur Anpassung an eine bestimmte Farbtemperatur.

▲ **Abbildung 5**
Dedolight mit verstellbarem Fokus

Kauf von Videolicht

Der Scheinwerfer sollte, falls vorhanden, ein leises Gebläse besitzen (sonst gibt es Probleme bei Tonaufnahmen). Tore sind zwar nicht notwendig, helfen aber bei guter Ausleuchtung, interessante Effekte wie Lichtstreifen etc. zu erzielen und Überbelichtungen zu vermeiden. Die Möglichkeit, Farbfilter einzuschieben, sollte existieren. Stufenlos dimmbare Scheinwerfer (**Dedolight**) sind zwar teurer, erlauben aber auch vielfältigere Gestaltungsmöglichkeiten.

Als sehr sinnvoll erweist sich, wenn die von Ihnen genutzten Scheinwerfer mit so genannten **Toren** ausgestattet sind. Diese Scheinwerfertore bewirken, dass der Lichtaustritt an den entsprechenden Stellen eingeschränkt werden kann. Dies kann manchmal notwendig sein, wenn beispielsweise am Randbereich Ihres Motivs ein Gegenstand existiert, der weniger stark beleuchtet werden soll. Manchmal hilft das Scheinwerfer-Tor auch dabei, das direkte Reflektieren des Spots auf einer glänzenden Stirn abzuschwächen.

▲ Abbildung 6
Scheinwerfer mit Toren

Farbige Folien

Farbfolien müssen hitzebeständig sein, denn die Metallgehäuse der Scheinwerfer werden sehr heiß; besonders in Scheinwerfergehäusen, bei denen aus Kostengründen auf einen Ventilator verzichtet wurde.
Diese Folien erhält man auf Rollen in Längen von 7 bis 15 Meter in vielen Dutzend Farben. Eine ganze Rolle kostet etwa 75 Euro. Die Folie lässt sich sehr einfach mit der Schere zuschneiden. Lieferant ist z.B. die LTM GmbH, Stolbergerstraße 200, 50933 Köln-Braunsfeld.

Weiches Licht kann aus »harten« Lichtquellen wie Stufenlinsen-Scheinwerfern erzeugt werden, indem man diese durch große Rahmen mit Diffusorfolie oder indirekt gegen große, weiche Reflektoren (z.B. Styroporplatten) oder einfach gegen weiße Zimmerdecken richtet. Umgekehrt gibt es aber keinen Weg, aus weichen Lichtquellen (z.B. Lichtwanne) hartes Licht zu machen.

Grundlagen zur Ausleuchtung

Wie so häufig ist bei vielen Aufnahmesituationen die Natur unser Vorbild. Das in der Natur bei bedecktem Himmel entstehende weiche Licht bildet auch in einer Ausleuchtung die Basis. Sonnenlicht wird dann durch eine entsprechende harte Lichtquelle erzeugt. Dies kann ein fokussierbarer Tageslichtscheinwerfer (HMI-Spot) oder ein Verfolgerscheinwerfer (siehe Abb. 7) sein. Beabsichtigen Sie also, entweder im Studio oder am realen Drehort eine Sonnenscheinsituation zu imitieren oder (in den meisten Fällen) zu verstärken, dann positionieren Sie die harte Lichtquelle, also die imitierte Sonne, so, dass sie nach Ihrer Logik auch aus dem richtigen Winkel in das Motiv fällt. Bei Situationen zur Mittagszeit sollte also der HMI-Scheinwerfer relativ steil von oben nach unten strahlen, bei Abendatmosphäre positionieren Sie den HMI-Spot in fast waagerechter Höhe zum aufgenommenen Motiv.

Welches Licht-Equipment braucht man?

Gerade diejenigen, die über kein oder nicht ausreichendes Licht-Equipment verfügen, werden sich bei den ersten Bemühungen, mit Licht nun auch gestalten zu wollen fragen, was sich anzuschaffen lohnt. Generell gilt: Wenn perspektivisch nur einmal oder sehr selten eine Ausleuchtungssituation zu erwarten ist, lohnt die Anschaffung von Scheinwerfern nicht. In diesem Fall sollten Sie vielmehr das entsprechende Equipment ausleihen. Infrage kommen Bekannte oder Freunde, die vielleicht kleine Scheinwerfer besitzen, aber auch örtliche Medienzentren, Schauspielhäuser und Theater, die gegen eine kleine Spende bereit sind, Ihnen bei der einmaligen Aktion behilflich zu sein.

▲ **Abbildung 7**
Verfolgerscheinwerfer

Personenaufnahme

Bei der Aufnahme von Personen sollten Sie auf jeden Fall berücksichtigen, dass durch die Stirn unterhalb der Augen häufig unschöne Schatten gebildet werden. Das erzeugt dann einen nicht gewollten, recht gruseligen Effekt. Sie sollten in diesem Fall durch entsprechende Aufhellung oder Veränderung der Scheinwerferposition einen anderen Ausstrahlungswinkel bevorzugen.

Da sich während dieser beiden Situationen die Farbtemperatur der Sonne in der Natur verändert, sollte dies in der künstlichen Nachbildung ebenfalls berücksichtigt werden. Die Abendatmosphäre müsste lichttechnisch über einen entsprechenden Filter oder eine orangefarbene Folie der goldenen Abendsonne angepasst werden.

Eine besondere Herausforderung bei Ausleuchtungen auch mit minimalem Equipment besteht darin, dass die Lichtkörper möglichst **nicht auf dem späteren Bild zu sehen** sein sollen. Das bedeutet nun wiederum, dass gerade bei totalen Einstellungen die Lichtquellen entweder hinter Säulen versteckt oder so weit aus dem Bild positioniert werden, dass sie nicht mehr sichtbar sind. Wenn nicht gerade große Studios zur Verfügung stehen – und das dürfte bei den meisten von Ihnen der Regelfall sein –, heißt das zwangsläufig, von dem Ideal abweichen und möglicherweise den Lichteinfallwinkel ändern zu müssen. Das bedeutet aber auch, dass bei entfernter positionierten Scheinwerfern die Lichtintensität abnimmt und Sie dies gegebenenfalls durch Fokussieren des Scheinwerfers ausgleichen müssen.

Bisher sind wir bei der Ausleuchtungssituation, wenn von weichem Licht die Rede war, häufiger von einer Tageslichtatmosphäre bei bedecktem Himmel ausgegangen. Weiches Licht lässt sich jedoch auch anders erzeugen. **Leuchtstoffröhren** erzeugen in der Regel eine weiche Lichtsituation und haben den Vorteil, dass sie weniger Energie benötigen. Außerdem strahlen sie geringere Hitze ab, sodass die aufzunehmenden Personen nicht so schnell ins Schwitzen geraten. Möchten Sie den Abstand zum Motiv erhöhen, also in eine totale Einstellung gehen, sind Leuchtstoffröhren nicht mehr einsetzbar, da sie nur innerhalb einer Entfernung von einigen Metern noch ausreichend Lichtkapazität besitzen. In diesem Fall müssen Sie mit Scheinwerfern arbeiten, die über entsprechende Filter (Diffusorfilter, Frostfolie, etc.) ein weiches Licht erzeugen. Die Intensität der Weichheit dieses dann erzeugten Lichtes variieren Sie durch Veränderung der Fokussierung Ihres Stufenlinsenscheinwerfers.

Gestaltung mit Licht

Diese Charakteristik der Beleuchtung lässt sich nun bei der **Gestaltung** sehr gut einsetzen.

Nehmen Sie eine bei bedecktem Himmel draußen befindliche, auf einem Tisch stehende Tasse auf. Sie werden feststellen, dass dieses diffuse weiche Licht kaum Schatten bildet und die Tasse nicht besonders plastisch wirkt. Nehmen Sie nun das gleiche Motiv in einem künstlich beleuchteten Raum auf. Positionieren Sie dabei einen Scheinwerfer oder eine Tischlampe (härteres Licht) in der Nähe der Kamera, beleuchten die Tasse also nun frontal. Auch hier werden Sie feststellen, dass kaum Schatten auftauchen und die Tasse entsprechend wenig plastisch wirkt.

Stellen Sie nun die Lichtquelle in einem weiteren Schritt seitlich von der Tasse auf, erzeugt der Lichtkegel auf der einen Seite der Tasse einen deutlichen Schatten. Dadurch schaffen Sie Plastizität und Tiefe. Die Tasse wird als räumlicher Gegenstand wahrgenommen und vermittelt das, was wir häufig als Filmemacher erreichen wollen, nämlich Raumtiefe.

Gegebene Lichtverhältnisse

Leider sind Dokumentarfilmer oft gezwungen, bei Veranstaltungen die von anderen Firmen installierte Lichttechnik zu nutzen. Das führt dann dazu, dass Rednerinnen und Redner durch die häufig an der Decke angebrachten Spots weniger schön ausgeleuchtet sind. Sollten Sie die Möglichkeit der Einflussnahme haben, weisen Sie die für das Licht zuständigen Kollegen möglichst schon vor der Veranstaltung darauf hin. Vielleicht lässt sich durch die Installation eines Zusatzscheinwerfers dieses Problem dann auf leichte Weise beheben.

▲ **Abbildung 8**
Mithilfe von Schatten wirkt die Tasse sehr viel plastischer.

Weiches Licht ist bei der Gestaltung von Raumtiefen eher ungünstig und empfiehlt sich in der Lichtkomposition eher als Aufheller. Dies bedeutet, dass wir möglicherweise nicht immer beabsichtigen, dass der durch hartes Licht erzeugte Schlagschatten unsere Szenerie komplett abdunkelt. Ein dezent eingesetztes weiches Licht auf die Schattenregion zeigt dann keine schwarze Fläche mehr, sondern nur eine abgedunkelte Bildfläche.

Es lohnt sich, diese Grundregeln bei der Ausleuchtung von Filmszenen zu beachten. Ganz gleich, ob man aus ästhetischen Gründen hohe Plastizität oder aber auch relativ geringe erzielen möchte, die Lichtprinzipien folgen den gleichen Regeln.

Raumtiefe

Raumtiefe lässt sich auch auf andere Weise erzeugen. Dabei spielt immer der Erfahrungshintergrund unseres Sehens eine Rolle. Beispielsweise lassen sich Reflexionen, kleine Schattenlinien, eine Lichtquelle, die von sehr weit hinten das Motiv bestrahlt, ebenfalls zur Erhöhung der Raumtiefe bei der Bildgestaltung einsetzen.

5.2 Lichtempfindlichkeit der Kamera

In vielen Gesprächen, in denen Kamerainteressierte davon berichteten, nach welchen Kriterien sie sich eine Videokamera gekauft haben, wurde stolz darauf hingewiesen, mit wie wenig Lux (Beleuchtungsstärke) die Kamera bei der Aufnahme auskommt.

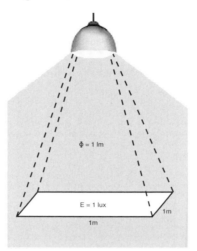

Abbildung 9 ▶
Beleuchtungsstärke in Lux
bei einer punktförmigen
Lichtquelle

Eine Kameraleistung von drei Lux, was etwa dem Licht von drei Kerzen entspricht, verführt bereits manchen Videofreund dazu, seine Aufnahmen dann auch nur mit diesem Licht zu produzieren. Entsprechend »matschig« ist die Bildqualität. Zwar ist bei der Beleuchtung auch mit einer Kerze noch schemenhaft ein farbloses, grobkörniges Bild zu erkennen. Gegenüber einer Tageslichtaufnahme fällt hier aber die sichtbare Qualität sehr stark ab.

▲ **Abbildung 10**
In einem Raum auftretende Lichtquellen: links vom menschlichen Auge wahrnehmbar, rechts mit den entsprechenden Farbtemperaturen und dem Aussehen bei falschem Weißabgleich. (Eine farbige Abbildung finden Sie im Farbteil ab Seite 266.)

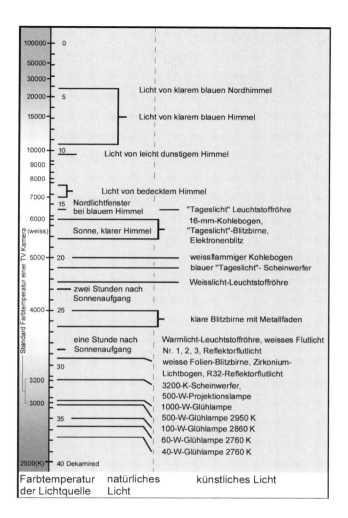

Farbtemperatur natürliches künstliches Licht
der Lichtquelle Licht

Beleuchtungsstärke

Lux ist die physikalische Einheit der Beleuchtungsstärke. Sie gibt an, wie viel Lichtleistung von einer punktförmigen Lichtquelle von ca. 0,5 Watt (Licht einer Kerze) auf eine Fläche von einem Quadratmeter auftrifft.

Lichteinsatz

Je mehr Licht gezielt bei den Aufnahmen eingesetzt werden kann, umso besser ist die Bildqualität.

◄ **Abbildung 11**
Farbtemperaturen in ihrem Aufnahmeumfeld

Verglichen mit den ersten Videogenerationen ist die heutige Aufnahmetechnik sehr gut. Trotzdem handelt es sich bei unseren Amateur- und Profivideokameras nicht um Infrarotkameras, was zur Folge hat, dass Aufnahmen in dunklen Räumen von wenig ausgeleuchteten Motiven sehr grobkörnig und farbschwach werden. Aus diesem Grund sollten die werbewirksamen Hinweise auf die geringe Lux-Zahl einer Kamera während der Produktion gänzlich vergessen werden.

5.3 Lichtstimmung

»Nachts sind alle Katzen grau.« Als Videofilmer entdecken Sie, dass die Katzen wohl grau sein mögen, jedoch in blaues Licht getaucht scheinen. Also gilt für Sie: Nachts ist die Lichtstimmung blau. Bei Ihren Aufnahmen in Innenräumen setzen Sie dies konsequent um, indem Sie mit farbigem Licht Stimmungen vermitteln. Eine Nachtszene leuchten Sie mit blauem Licht aus.

Szenen, die Gemütlichkeit und Behaglichkeit suggerieren sollen, leuchten Sie mit Gelb-Orange aus. Schon erhalten Sie mit jeweils einfarbigem Licht zwei ganz unterschiedliche Stimmungen.

Eine kurze Übung: Für die Kerze brauchen wir häufig wegen der für Videoaufnahmen zu geringen Leuchtkraft eine Zusatzlichtquelle. Setzen Sie einen kleinen Stufenlinsenscheinwerfer (etwa 200 Watt) ein. Schieben Sie gelbe Folie in den Folienhalter und schließen das Flügeltor bis auf einen schmalen Schlitz. Dieses Licht richten Sie nun auf die Kerze und vergrößern so deren Beleuchtungsstärke.

5.4 Technisches zu den Lichtquellen

Schattenwurf

Wo Licht ist, ist auch Schatten. Erst durch den Gegenspieler des Lichts, die Dunkelheit, kommt die Wirkung des Lichts voll zur Geltung. Licht und Schatten gehören untrennbar zusammen und entwickeln gemeinsam die Bildwirkung. Die Schattenverläufe bestimmen die Wahrnehmung und lassen Objekte je nach Wunsch angenehm bis bedrohlich wirken.

Auch die Raumwirkung wird durch Schatten maßgeblich beeinflusst. Form und Struktur eines Objektes gewinnen erst durch Schatten an notwendiger Tiefe. Dreidimensionalität und Perspektive werden maßgeblich durch den Schatten geprägt.

Die Stimmung des Gesamtbildes wird durch die Position der Lichtquelle und der hierdurch erzeugten Schatten definiert. Man verwendet gerne eine extreme Beleuchtung oder ungewöhnliche Kamerawinkel, um bestimmte Effekte oder Eigenschaften eines Objekts hervorzuheben.

Ein sehr einfache Möglichkeit zur Darstellung gewisser dramatischer Effekte besteht darin, ein Objekt aus einem extremen Lichteinfallwinkel zu beleuchten. Hierbei werden Kanten und Konturen des hervorzuhebenden Objektes stark durch den entstehenden Schatten betont.

Schatten kann zur gezielten Betonung einzelner Elemente genutzt werden und ist ein maßgebliches Gestaltungselement. Zwei grundlegende Arten von Schatten spielen eine wichtige Rolle:

▶ **Körperschatten:** Der Körperschatten ist der Schatten, der auf der Oberfläche des Objektes selbst entsteht.

▶ **Schlagschatten:** Der Schlagschatten ist der Schatten, den das Objekt infolge der Lichteinwirkung auf andere Objekte wirft. Der Schlagschatten besteht aus Kernschatten und Halbschatten.

Lichtrichtungen

Man unterscheidet Licht nach seinen unterschiedlichen Richtungen:

▶ **Frontales Licht:** Frontales Licht liegt in der Achse der die Szene darstellenden Kamera. Es erzeugt eine flächenhafte Beleuchtung mit wenig Tiefe. Mit frontalem Licht lässt sich kein Körperschatten erzeugen, der großen Einfluss auf die räumliche Tiefe des Objektes hat. Sie sollten, wollen Sie Tiefe in Ihre Szene bringen, auf frontale Lichter verzichten.

▶ **Seitliches Licht:** Seitliches Licht erzeugt eine hohe Plastizität der Objekte. Die meisten Darstellungen werden durch ein seitliches Licht dominiert. Schatten werden bei Verwendung eines seitlichen Lichts ausgesprochen gut ausgebildet. Das seitliche Licht ist die ideale Beleuchtungsrichtung für die meisten 3D-Szenerien.

▶ **Streiflicht:** Streiflicht wird in einem Winkel von etwas 90 Grad zur vorderen Seite des Objektes positioniert. Man erhält durch Verwendung eines Streiflichts ausgeprägte Hell-Dunkel-Differenzen. Streiflichter sind außerordentlich gut dazu geeignet, Konturen und Strukturen hervorzuheben. Fallen die Schattenbereiche zu dunkel aus, kann ein Fülllicht verwendet werden, um die Übergänge etwas weicher werden zu lassen.

▶ **Gegenlicht:** Gegenlicht erzeugt eine gewisse Spannung und kann äußerst gut für dramatische Effekte wie für Stimmungsbilder verwendet werden. Gegenlicht löst das von hinten beleuchtete Objekt aus dem Gesamtkontext der Szene.

Grundlicht, Führungslicht und Kantenlicht

Die gute Ausleuchtung einer Szene kann bereits mit drei kleineren Lichtquellen durchgeführt werden. Diese Lichtquellen werden in der Fachsprache als

- ▶ Grund- oder Umgebungslicht,
- ▶ Führungs- oder Hauptlicht und
- ▶ Lichtkante oder Spitze bezeichnet.

Das **Grundlicht** bestimmt die Grundhelligkeit und die Grundfarbe Ihrer Szene. Es ist meistens sehr diffus und entspricht in der Natur dem Sonnenlicht. Im Normalfall kann das Grundlicht aus einer helleren Deckenbeleuchtung oder indirekt an der Wand bereits befindlichen Scheinwerfern bestehen. Da das Grundlicht sehr weich ist, erzeugt es keine Raumtiefe und tritt damit in seiner Bedeutung des Arrangements in den Hintergrund. Es kann zur Erzeugung verschiedener Lichtstimmungen eingesetzt werden.

Das **Führungslicht** dagegen hat eine besondere Dominanz: Es führt den Zuschauer, denn es bestimmt die Lichtrichtung und somit auch die Richtung der Schatten. Diese Lichtquelle erzeugt durch die Härte des Lichtes Plastizität und Raumtiefe. Versuchen Sie beim Setzen des Führungslichtes logisch vorzugehen, also ein Führungslicht immer von Natur- oder Alltagssituationen abzuleiten. Soll das Führungslicht also die Sonne imitieren, ist sind entsprechender Einfallwinkel und eine harte Fokussierung notwendig. Soll demgegenüber der Lichtschein einer Tischlampe oder eines Computermonitors imitiert werden, muss das Führungslicht dann auch aus der Perspektive auf unser Motiv fallen.

Führungslichter müssen nicht besonders lichtstark sein, aber sie sollten die dominante Lichtquelle darstellen. Das bedeutet: Die Bestimmung des Führungslichts ist der erste Schritt für die Beleuchtung Ihrer Vorhaben. Alle anderen Lichtquellen dienen dann dazu, die Eigenheiten Ihres Hauptlichts zu verfeinern oder abzurunden.

Eine vor einem Bildschirm sitzende Person in Nachtatmosphäre sollte durch eingefärbtes, leicht blaues Licht aus Richtung des Bildschirms beleuchtet werden. Veränderungen auf dem Bildschirm können dann durch das Einschieben unterschiedlicher Folien oder Schattenerzeuger während laufender Aufnahme imitiert werden.

Sie sollten das Führungslicht so positionieren, dass es den Zuschauer nicht vor unlogische Fragen stellt (z.B.: Warum kommt das Licht von rechts, wenn in der Kulisse alle Fenster auf der linken Seite sind oder das Licht eigentlich von der Deckenlampe ausgehen müsste?) So sollte auch bei zwei Frontalaufnahmen von Dialogpartnern das Führungslicht nicht von derselben Seite kommen, wenn sich die Kamera logisch um 180 Grad gedreht hat. Lässt einem die Kulisse jedoch mehr Freiraum, so wird das Führungslicht oft in ei-

Porträtausleuchtung

Die Ausleuchtung von Personen hängt sehr von dem Personentyp ab. Dabei spielen Hellhäutigkeit, Reinheit der Haut, glänzende Hautpartien, Faltigkeit und markante Charakterzüge eine große Rolle. Aus diesem Grund ist es häufig wichtig, Naheinstellungen von Porträts extra auszuleuchten. Generell sollten Sie unreine faltige Haut diffuser ausleuchten, wenn Sie einen »normalen Gesichtsausdruck« aufnehmen möchten. Charaktervolle Aufnahmen verlangen das Setzen von härterem Licht, um Unebenheiten und besondere Charakterzüge der Gesichtsoberfläche hervorzuheben. Reflexion sollten Sie, wenn möglich, vermeiden, was z.B. bedeutet, die glänzende Stirn abzupudern, sodass sich der Spot darauf nicht spiegelt. Brillen sind entweder mit Antireflexionsspray zu behandeln oder, wenn möglich, bei der Aufnahme abzusetzen, da Brillengestelle häufig unschöne Schatten werfen.

nem horizontalen 45 Grad-Winkel etwas versetzt neben der Kamera platziert (wie eine virtuelle Sonne am Nachmittag). Je nach Einfallwinkel auf das Objekt wirft das Führungslicht nun Schlagschatten auf die Oberfläche. Sind diese nicht gewollt, was meistens der Fall ist, werden sie durch das so genannte Aufhelllicht reduziert. Daher platziert man dieses auf der anderen Seite neben der Kamera.

◄ **Abbildung 12**
Aufgenommene Person
mit Führungslicht

Das **Spitzlicht oder Kantenlicht** sorgt für eine Aufhellung der Kanten eines Objekts. Man versucht hiermit, das Objekt aus dem Hintergrund zu lösen und ihm eine stärkere Bildwirkung zu verschaffen.

Stellen Sie sich folgende Szene vor: Ein Führungslicht ist frontal oder seitlich positioniert. Die Folge ist, dass der Lichtkegel den Hintergrund bei nicht ausreichender Raumtiefe ebenfalls mit ausleuchtet. Unser Motiv hebt sich dadurch wenig stark vom Hintergrund ab. Um dies zu vermeiden, besteht die Möglichkeit, einen recht harten Lichtkegel von hinten oder seitlich hinten auf unser Motiv zu positionieren. Dabei sollte der Scheinwerfer so ausgerichtet werden, dass das ausfallende Licht aus Sicht der Kamera an der Person oder an dem Gegenstand eine leichte Kante bzw. Spitze (Lichtpunkt) bildet.

Wie intensiv Sie dabei den Scheinwerfer fokussieren und in welcher Entfernung und in welchem Winkel der Leuchtkörper aufgestellt wird, hängt dabei sehr von dem Motiv ab. Dunkle Motive schlucken erfahrungsgemäß viel Licht und benötigen so eine stärkere Ausleuchtung. Reflektierende Oberflächen kommen dagegen mit wenig Licht aus.

Das Einrichten eines Scheinwerfers zur Erzeugung einer Kante sollte deshalb besser mit einer zweiten Person geschehen, sodass die gewünschte Wirkung über den Kamerasucher verfolgt werden kann und durch Experimentieren eine optimale Position erreicht wird.

Abbildung 13 ▶
Aufgenommene Person mit
Führungslicht, Aufheller und
Kante/Spitze

Sonne kann glänzende Spitzlichter erzeugen (denken Sie nur an Wasserspiegelungen, Autolack, Glas, Schmuck etc.), während das weiche Licht bei bedecktem Himmel relativ gleichmäßige Helligkeit ohne Akzente liefert.

Aufhelllicht, Effektlicht und Augenlicht

Neben den aufgeführten Lichtquellen existieren nun zahllose Möglichkeiten, lichtgestalterisch durch zusätzliche Scheinwerfer innerhalb Ihrer Filmsprache zu variieren. Sollte also ausreichend Equipment zur Verfügung stehen, seien im Folgenden noch weitere Lichtquellen genannt, die bei einer begrenzten Motivgröße in ihrem Einsatz häufig Sinn machen.

Das **Aufhelllicht** wird oft benötigt, wenn durch das Führungslicht trotz Grundlichtstimmung und Spitze bestimmte Bereiche des Motivs im Schatten liegen. Das Aufhelllicht hellt nämlich die durch das Hauptlicht verursachten Schatten auf und verhilft so zu weicheren Schattengrenzen. In dieser Funktion ist das Aufhelllicht meist nur ein begrenzt lichtstarker, mehr diffuser Scheinwerfer von geringer Dominanz. Aufhelllichter werden in der Regel gegenüber des Hauptlichts gesetzt. Der Winkel, den das Aufhelllicht zur Kamera erhält, entspricht in etwa dem des Hauptlichts.

◄ **Abbildung 14**
Aufgenommene Person mit
Führungslicht und Aufheller

Um dem Aufnahmeraum Tiefe zu geben und möglicherweise atmosphärisch eine schöne Aufnahmesituation zu erzeugen, bietet es sich (gerade bei Interviews) an, die hinter dem Motiv befindliche Fläche mit einem so genannten **Effektlicht** anzustrahlen. Dies ist ein weniger dominanter mittelharter Spot, der durch Filter eingefärbt werden kann und oft vom Boden aus in sehr spitzem Winkel zur Wand einen interessanten Lichtkegel produziert.

◄ **Abbildung 15**
Aufgenommene Person mit
Führungslicht, Aufheller,
Spitze und Effektlicht

Eine weitere Lichtquelle ist das **Augenlicht**. Es bietet eine weitere Möglichkeit der Lichtgestaltung über die Lichtreflexion im Auge. Für Maler und Grafiker war und ist es eine Selbstverständlichkeit,

▲ **Abbildung 16**
Augenlicht – der Reflex im
Auge

einem Porträt mit einem kleinen Tupfer Weiß in der Pupille Nähe, Lebendigkeit und Brillanz zu verleihen. Auch beim Film sind es diese winzigen leuchtenden Punkte im Auge, die einer aufgenommenen Person helfen, näher, ja sogar schöner auf dem Bildschirm zu erscheinen.

Wie entsteht nun dieser Reflex im Auge? Wie das Wort selbst schon sagt, handelt es sich um die Spiegelung einer Lichtquelle auf der Pupille des Auges. Im Auge spiegelt sich so einiges: das Sonnenlicht, ein Fenster, eine Lampe etc. Doch da diese Lichtquellen meist etwas weiter vom Auge entfernt sind, hinterlassen sie höchstens einen winzigen Reflexpunkt, und dieser erzeugt nicht den gewünschten Effekt.

Die Lösung ist ein zusätzlicher kleiner Scheinwerfer, häufig an der Kamera montiert, dessen Hauptaufgabe es ist, jene Lichtpunkte groß und hell zu erzeugen: das so genannte »Augenlicht«. Solch ein Augenlicht strahlt relativ schwach und ist häufig auch im Niedervolt-Bereich (12 Volt Halogen) angesiedelt. Die Abstrahlfläche beträgt ca. 5 x 10 cm. Wichtig ist, dass es in der Nähe oder sogar direkt an der Kamera befestigt wird, denn das schafft die schönsten Effekte.

5.5 Licht und Drehorte

Außendreh

Stellen Sie sich vor, Sie haben einen Außendreh. Morgens schauen Sie aus dem Fenster, das Wetter ist gut, der Himmel leicht bewölkt. Leider bewirkt der leicht bewölkte Himmel, dass die Lichtverhältnisse durch den Zug der Wolken laufend wechseln. Die Problematik wird dann besonders deutlich, wenn wir verschiedene Einstellungen draußen produzieren – einige mit direktem Sonnenlicht, andere im Schatten – und diese später montieren wollen. In der Montage kann das zu einem Hell-Dunkel-Wechsel, oder genauer, zu einem Wechsel zwischen weichem und hartem Licht innerhalb einer Szene führen und dadurch stören.

Nun könnte diese Situation zu dem Schluss verleiten, dass blauer unbewölkter Himmel für die Aufnahmesituation günstiger sei. Dies ist nur zum Teil richtig, denn die direkte Sonneneinstrahlung führt ja, wie bereits erwähnt, zu extrem harter **Schattenbildung** (hohe Kontraste).

Um schon bei der Aufnahme die Kontrastverhältnisse gut zu erkennen und dadurch überbelichtete Flächen zu vermeiden, können

▲ **Abbildung 17**
Kontrastwahrnehmung im Vergleich. Das menschliche Auge nimmt mit 800:1 am differenziertesten Kontraste wahr. DV-Videokameras fangen Kontraste in erheblich geringerem Umfang ein.

Sie bei einigen Kameras eine so genannte »Zebrafunktion« einschalten. Überbelichtete Bereiche werden dann im Sucher mit einem Zebramuster überdeckt.

◄ **Abbildung 18**
Zebramuster zeigen im Sucher den überbelichteten Bereich an: hier der schneebedeckte Teil des Berges links oben.

Kameratechnisch bedeutet dies, dass stark reflektierende Flächen im Bild sehr hell erscheinen, was bei einer Blendenautomatik dazu führt, dass die Blende sich automatisch schließt, alle übrigen Bildbereiche also relativ dunkel erscheinen. Wenn diese Automatik manuell korrigiert wird, also der Großteil des Bildes gut ausgeleuchtet ist, überstrahlen jedoch die wenigen hellen Stellen.

Ein zweites Problem kann bei bestimmten Kamerapositionen das einfallende **Gegenlicht** sein, das zu einem ähnlichen Effekt führt. Auch hier könnte man die Blende manuell korrigieren.

◄ **Abbildung 19**
Manuelles Öffnen der Blende bei Motiv mit Gegenlicht

Trotzdem wäre dann aber der sehr lichtstarke Himmel überstrahlt und jegliche Konturen würden verschwinden. Abhilfe können spezielle Filter, die auch für Amateurkameras erhältlich sind, oder eine zum Sonnenlicht ergänzende Zusatzausleuchtung durch intensive HMI-Scheinwerfer (Tageslicht) oder Reflexionsschirme schaffen.

Abbildung 20 ▶
Gegenlichtaufnahme mit
manueller Blende korrigiert

Beispiel: Ein Firmenlogo befindet sich auf dem Dach des Unternehmens. Sie warten einen Frühsommertag mit blauem Himmel ab, um das Firmengebäude bei strahlendem Sonnenschein zu präsentieren. Beim Kamerazoom auf das Logo überstrahlt nun der sonst blaue Himmel zu einer weißen Fläche. Das Logo ist noch sichtbar, oder – alternativ – der schöne blaue Himmel bleibt uns erhalten, von dem Logo sind aber nur noch schwarze Konturen zu erkennen.

Abbildung 21 ▶
Aufnahmesituation mit
Gegenlicht, rechts ohne
manuelle Nachregulierung,
links mit starkem Tageslichtscheinwerfer aufgehellt

Gegenlicht

Eine Lösung wäre, entweder die Kleidung zu wechseln oder aber einen Kameraausschnitt zu wählen, der nur das Wesentliche zeigt, also Gesicht und Arme mit leichtem Anschnitt der Kleidung.

Beispiel: Ihr Partner trägt, schon leicht gebräunt, ein weißes Hemd. Bei strahlendem Sonnenschein sehen Sie das weiße Hemd mit entsprechenden Konturen (Falten, Nähte etc.), der Rest des Bildes ist durch die geschlossene Blende stark abgedunkelt, die Hautfarbe ist trotz der realen leichten Bräune schwarz. Alternativ: Die schon leichte Bräunung wird in ihrer realen Farbe wiedergegeben, das weiße Hemd ist jedoch vollkommen konturlos als eine überstrahlte weiße Fläche zu sehen.

Innenaufnahmen

Bei den Innenaufnahmen existieren seltener Stromquellen- oder Überstrahlungsprobleme. Die Kunst besteht darin, bei ausreichendem Raumlicht in einem Innenraum relativ farbecht und kernschattenfrei aufzunehmen, ohne dass das Bild kontrastarm und flächig wirkt. Vermeiden Sie also, dass das über die Wände reflektierte weiche Licht eine sehr gleichmäßige Ausleuchtung erzeugt und damit die Tiefe des Raumes verloren geht.

Setzen Sie also bewusst Ihr Licht. Dies können im Raum befindliche Lampen oder extra dafür aufgestellte Scheinwerfer sein. Doch schon vorab sei gesagt: Oft reicht der Einsatz eines einzigen Scheinwerfers nicht aus. Damit wachsen der technische Aufwand und die Gefahr von Störquellen, denn Scheinwerfer, Stative oder Kabel können im Bild erscheinen. Außerdem führt der Einsatz von zusätzlichem Licht oft zu einem unnatürlichen Bild, wenn nicht ein größerer Aufwand betrieben wird.

Beispiel: Der von der Nachttischlampe durch das Mobile an die Wand geworfene Schatten kann durch den Einsatz eines kleinen Scheinwerfers verstärkt werden. Dieser sollte so positioniert werden, dass er möglichst auf die gleiche Stelle der Wand den Schatten wirft.

Bei Produktionsprozessen innerhalb größerer Fabrikhallen ist bei Innenaufnahmen der Einsatz einer zusätzlichen Lichtquelle oft unerlässlich. Bei gewünschtem geringem Aufwand reicht hier oft ein Akku-Licht aus. Doch gerade Details, die im Industriefilm im Vordergrund stehen und dem Kunden präsentiert werden, sollten eine spezielle Ausleuchtung erfahren.

5.6 Verschiedene Aufnahmesituationen

Monitoraufnahmen

Da Monitoroberflächen von innen durch den Elektronenstrahl erleuchtet werden – der Lichtstrahl ist zur Kamera gerichtet –, ist die Leuchtkraft des Monitors sehr stark. Dies kann dazu führen, dass die

---

Innenlicht korrekt setzen

Für alle Innenaufnahmen gilt, die »natürlichen«, im Raum vorhandenen Lichtquellen zu nutzen. Sollten zusätzliche Scheinwerfer eingesetzt werden, dann in der Form, dass Standpunkt und Richtung der im Raum vorhandenen natürlichen Lichtquellen unterstützt werden. Ganz praktisch bedeutet dies: Die im Raum befindliche Stehlampe kann als Lichtquelle wunderbare Effekte bieten und ausreichen, wenn Sie statt der darin vorhandenen 40 Watt-Leuchte während der Filmaufnahmen kurzzeitig eine 200 Watt-Leuchte einschrauben.

Soaps

Sie kennen dies alles von den im Fernsehen mittlerweile weit verbreiteten Soap Operas. Auch der ungeübte Zuschauer erkennt schon an der Ausleuchtung, ob es sich in der Einstellung um einen mit großem Aufwand produzierten Spielfilm oder eine preiswerte Studioproduktion handelt.

Außenbeleuchtung zuhilfe nehmen

Bei ausreichender Außenbeleuchtung und großen Fensterflächen erübrigt sich im Innenraum häufig der Einsatz eines Scheinwerfers. Das einfallende Licht wirkt natürlicher. Damit hält sich der technische Aufwand in Grenzen.

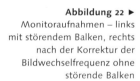

Weißabgleich bei Monitoraufnahmen

Die Farbtemperatur wird auf den Außenbereich neben dem Bildschirm eingestellt und dann die Helligkeit des Bildschirms vor der Aufnahme dem Gesamtbild angeglichen.

Monitorkante, so sie im Bild ist, sehr dunkel erscheint. Hier hilft der Einsatz von sehr lichtstarken Scheinwerfern. Um Reflexionen auf der Monitoroberfläche zu vermeiden, stellen Sie die Scheinwerfer sehr flach zur Bildschirmoberfläche auf. Bei stärker gewölbten Monitoroberflächen kann das schon einmal bedeuten, Licht- oder Kameraposition so lange zu verändern, bis der ungewollte Scheinwerferfleck verschwindet.

Wer von Ihnen schon einmal versucht hat, mit der DV-Kamera einen Monitor aufzunehmen, wird festgestellt haben, dass sich bei der Aufnahme störende Balken über den Bildschirm bewegen. Der Hintergrund dieser Störung liegt darin, dass Fernsehen und Computermonitore ihr Bild in einer bestimmten Frequenz darstellen. Diese so genannte **Bildwechselfrequenz** stimmt in den wenigsten Fällen mit der Wechselfrequenz Ihrer Kamera, die nach dem gleichen Prinzip das Bild aufbaut, überein. Dadurch kommt es zu einer Überlagerung (Interferenz), die dann diese unschönen Streifen auf dem Monitor erzeugt.

Abbildung 22 ▶
Monitoraufnahmen – links mit störendem Balken, rechts nach der Korrektur der Bildwechselfrequenz ohne störende Balken

Durch diese Erklärung wird deutlich, dass dadurch Abhilfe erzeugt werden kann, dass die Bildwechselfrequenz aufeinander abgestimmt wird. Da bei Fernsehern und Computermonitoren die Bildwechselfrequenz nicht fein justiert werden kann, kann diese Justierung dann nur noch in der Kamera vorgenommen werden. Das setzt allerdings voraus, dass Ihre Kamera die Möglichkeit der Veränderung der Bildwechselfrequenz besitzt. Dies kann durch einen Knopf (Shutter) am Kamerakorpus oder innerhalb des Menüs durch die so genannte Scan-Funktion geschehen. Zur Feinjustierung der Kamera, also zur Abgleichung auf den von Ihnen aufgenommenen Monitor können Sie über die Shutter-Geschwindigkeit – und hier ist Probieren erforderlich – eine entsprechende Frequenz einstellen, die möglichst exakt der des aufgenommenen Monitors entspricht. Da Kameratypen bei manueller Einstellung über Taste oder Drehknopf sehr unterschiedlich ausgestattet sind, empfehlen wir hier einen Blick in das Handbuch der Kamera.

Bei einigen DV-Kameratypen lässt sich in dem **Clear-Scan-Modus** die Frequenz nur in groben Schritten verändern. Im günstigsten Fall treffen Sie dabei die Frequenz Ihres Monitors. Günstiger ist die Option, die Shutter-Geschwindigkeit nicht nur in ganzen Schritten, sondern auch im Kommabereich ändern zu können. Shutter-Geschwindigkeitseinstellungen können Sie in den meisten Fällen über Einblendungen im Monitor verfolgen, den Erfolg dann entsprechend, indem sich der anfangs sehr schnell durchs Bild laufende Balken verlangsamt, schmaler wird und bei richtiger Einstellung ganz verschwindet. Aber Achtung: Sollten Sie Ihre Kamera in der Frequenz dem Monitor optimal angeglichen haben, führt ein Kameraschwenk oder eine -bewegung trotzdem zu Bildstörungen. Vermeiden Sie also in dieser Drehsituation jegliche Kamerabewegungen, wenn ein klares Monitorbild benötigt wird.

Foto-/Plakat-Aufnahmen

Die Ausleuchtung von Fotos bzw. dokumentarischem Material wie Plakaten, Bildern, Skulpturen etc. ist deshalb besonders reizvoll, weil sie unbewegten Darstellungen »Leben einhauchen« kann. Außerdem ist sie oft mir sehr einfachen technischen Mitteln realisierbar. Ein Format füllendes Foto sollte, um es lebendiger erscheinen zu lassen, auf die im Bildinhalt zu erkennenden Lichtquellen untersucht werden. Mit einer Taschenlampe oder einem kleinen fokussierbaren Scheinwerfer können wir häufig die in der Darstellung erkennbare Lichtquelle unterstützen. Fenster mit Lichteinfall von außen, Straßenlaternen, Sonne am Himmel oder Autoscheinwerfer: All diese Quellen können wir mit unserer künstlichen Lichtquelle aus der entsprechenden Richtung betonen (ein sehr flacher Lichteinfall verhindert dabei Reflexionen).

Aufnahmen von reflektierenden Flächen

Den Lichteinfall sollten Sie immer sehr flach zum aufzunehmenden Objekt einrichten, denn Einfallwinkel ist gleich Ausfallwinkel. Experimentieren (selbstverständlich bei ausgeschalteter Kamera) ist hier erwünscht.

Mehrere Monitore aufnehmen

Da jeder Monitor eine eigene Frequenz besitzt – und diese kann um Prozentstellen variieren –, bedeutet schon die Aufnahme eines Rechnerplatzes mit zwei angeschlossenen Monitoren eine besondere Herausforderung. Denn hier sind Sie nur in der Lage, die Kamera auf einen Monitor zu scannen. Der zweite Monitor wird entsprechende Störungen aufweisen. Computerschulungsräume lassen sich dadurch nie so darstellen, dass alle Monitore flimmerfrei laufen. Glücklicherweise führt die derzeitige technische Entwicklung zum Einsatz von immer mehr LCD-Bildschirmen, bei denen diese Problematik nicht existiert. Je nach Typ des TFT-Displays ist es allerdings erforderlich, eine relativ frontale Kameraposition zur Bildfläche einzunehmen, da der Abstrahlwinkel der Displays zur Seite hin begrenzt ist und Sie sonst gegebenenfalls nur noch eine graue Fläche aufnehmen.

Abbildung 23 ▶
Aufnahme mit und
ohne Reflektion

Bei Plakaten kann ein diagonal über die Bildfläche verlaufender Lichtkegel das Flächige und manchmal Langweilige nehmen. Wichtige Textzeilen können mit statischem oder bewegtem Lichtkegel markiert werden.

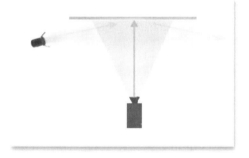

Abbildung 24 ▶
Vermeiden von Licht-
reflexionen bei glänzenden
Oberflächen

Nachtaufnahmen

Nachtaufnahmen bereiten vielen Filmern größere Schwierigkeiten. Sie haben in der Vergangenheit häufig ein großes Maß an Equipment, also Scheinwerfereinsatz, erfordert. In amerikanischen Spielfilmen wurde für dieses Problem schon vor vielen Jahrzehnten eine Lösung entwickelt, die man als »**Amerikanische Nacht**« bezeichnet. Tageslichtaufnahmen werden dabei bläulich eingefärbt und abgedunkelt. Sie kennen das vielleicht aus den alten Winnetou-Filmen, wo diese Lösung angewandt wurde – perfekt nachstellen kann man Nachtaufnahmen so leider auch nicht.

Diese Aufnahmen sollten selbstverständlich nur bei bedecktem Himmel produziert werden, keine Leuchtkörper zeigen und möglichst wenig Himmel darstellen. Außerdem ist es hilfreich, die so produzierten Nachtaufnahmen mit Einstellungen, die eindeutig Motive der Nacht symbolisieren (Straßenlaternen, Fernsehbild Tagesthemen, beleuchtete Hausfassaden etc.), zu kombinieren.

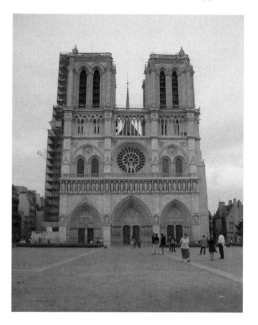

◄ **Abbildung 25**
Nacht über Notre Dame –
echt oder nachgestellt? (Eine
farbige Abbildung finden Sie
im Farbteil ab Seite 266.)

In Ihrem digitalen Schnittsystem lässt sich die »Amerikanische Nacht« relativ einfach herstellen. Selbst wenn sich Leuchtkörper im Bildausschnitt befinden, können diese durch einen einfachen Effekt zum Leuchten gebracht werden. Hierfür maskieren Sie den Leuchtkörper mit softer Kante und legen anschließend einen hellen, halb transparenten Farbton auf die Maske.

Alle anderen Nachtaufnahmen benötigen den **Einsatz von Licht**. In reduziertester Form kann dies ein auf der Kamera montiertes Headlight sein. Einige wenige DV-Kameras (Canon) haben einen kleinen Spot bereits integriert. Diese Scheinwerfer sind selbstverständlich nur als Aufhellung zu verstehen.

Das Headlight, auch Kopflicht genannt, hat den Vorteil, bei jeder ausgeführten Kamerabewegung mitbewegt zu werden. Auch wenn es sich als wunderbare Hilfe für halb dunkle spontane Aufnahmen eignet, weist das Headlight auch Nachteile auf. Meist werden Headlights über Akkus betrieben, die in der Anschaffung weitere Kosten verursachen, gepflegt werden wollen und während der Aufnahme zusätzliches Equipment, also Gewicht erzeugen. Ein weiterer Nach-

Weitere Probleme

Die Ausleuchtung bei nächtlichen Außenaufnahmen durch Scheinwerfer ist auch häufig deshalb besonders problematisch, weil entsprechende Stromquellen am Ort nicht vorhanden sind.

▲ **Abbildung 26**
Ein Headlight

▲ **Abbildung 27**
Headlight mit Flügeltoren

Trick mit dem Weißabgleich

Bei Kameras mit manuellem Weißabgleich erreichen Sie die bläuliche Nachtcharakteristik durch einen simplen Trick: Aktivieren Sie den Weißabgleich bei Kunstlicht auf einer weißen Fläche. Die Kamera reduziert nun den Infrarotanteil des Lichtes. Schließen Sie danach ein wenig die Blende. Wenn Sie nun bei gedämpftem Tageslicht drehen, erscheinen alle Aufnahmen bläulich.

teil des Headlight liegt darin, dass es zwar aufhellt, aber eben frontal und dass hierdurch das aufgenommene Motiv kaum Raumtiefe erfährt. Um starke Lichtreflexionen z.B. bei Lichtern zu vermeiden, ist es immer ratsam das Licht des Headlight durch eine Frostfolie etwas diffuser, also weicher zu gestalten.

Empfehlenswert sind auch Headlights mit Flügeltoren, mit denen im Bedarfsfall überstrahlte Bereiche abgedeckt werden können. Wenn an dem Headlight kein Schacht für das Einfügen von Filtern oder ein bereits montierter Tageslichtfilter existiert, kann eine Veränderung der Farbtemperatur des Headlight durch das Anbringen von Filterfolien mit Holzwäscheklammern erzeugt werden. Da Headlights in der Regel mit ihrer Leuchtleistung bei 50 Watt nur begrenzt tief ausleuchten, lassen sich Motive bis zu einigen Metern damit sinnvoll erhellen, weiter entfernte Gegenstände verlangen entsprechend stärkere Beleuchtungskörper.

Selbst wenn Licht-Equipment und Stromquelle vorhanden sind, taucht dabei ein gestalterisches Problem auf. Die eigentlich beabsichtigte Wirkung, die Szene auch als Nachtszene kenntlich zu machen, kann durch eine nicht fachgerechte Ausleuchtung fehlschlagen. Lichtstarke HMI-Scheinwerfer (Tageslichtscheinwerfer) und der Einsatz von Farbfolien und Effektlichtern (Blaufolie, Lichtreflexionen im nassen Asphalt etc.) können jedoch sehr gute Ergebnisse bei Nachtaufnahmen erzielen.

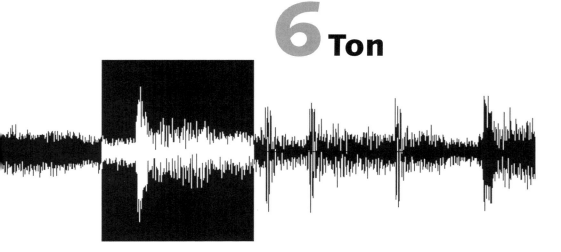

6 Ton

*Hintergrund, Kommentare
und Störgeräusche*

▶ Mikrofone korrekt verwenden

▶ Originalton sauber aufnehmen

▶ Konzerte mitschneiden

▶ Tonhintergrund: die Atmo

▶ Kommentare aufnehmen

▶ Die korrekte Nachvertonung und Nachbearbeitung

Ganz gleich, ob Sie Ihren Film nur musikalisch untermalen wollen, einen Kommentar aufsprechen möchten oder eine komplexe Tonabmischung in der Nachbearbeitung planen. Gerade hierbei können Sie ganz erheblich Ihre Videoaufnahmen gestalten und diesen Professionalität verleihen. Wie dies geschieht, erfahren Sie im folgenden Kapitel.

Der Ton macht ungefähr die Hälfte eines Films aus. Grundsätzlich unterscheiden wir auf der Tonebene mehrere gestalterische Elemente:

▶ den Original-Ton,
▶ die Musik,
▶ die Atmosphäre bzw. Atmo,
▶ den Kommentar,
▶ den Effekt-Ton und
▶ den inneren Monolog.

Diejenigen, die sich mit dem Medium Video intensiver beschäftigen, werden feststellen, dass gerade zu Beginn die grundsätzlichen Regeln der Bildgestaltung dermaßen im Vordergrund stehen, dass schnell der Ton schnell vergessen wird. Dieses Problem kann in unterschiedlichen Bereichen auftauchen.

6.1 Eingebaute und externe Mikrofone

Störungen bei eingebauten Mikrofonen

Alle gängigen DV-Kameratypen haben heute die Tonaufnahmemöglichkeit auch bei kleinsten Ausmaßen der Kamera integriert. Oft ist das Mikrofon so eingebaut, dass es schwer fällt, dieses auf Anhieb überhaupt zu erkennen. Bei Ihren Aufnahmen mit der Kamera befinden Sie sich jedoch häufig genug – und dies gilt besonders für totale Einstellungen – weit von der Tonquelle entfernt. Die Folge ist, dass der von Ihnen vielleicht noch wahrgenommene Ton von der Kamera nur in verminderter Qualität und kaum noch hörbar aufgenommen wird.

Aufgenommene Interviewsequenzen, aber auch Reden auf einer etwas entfernten Bühne, das Lied eines Kindes oder Konzertaufnahmen aus der zwanzigsten Reihe des Konzertsaales erfahren dann Störgeräusche durch Huster oder andere Tonquellen, die Sie eigentlich nicht aufzeichnen wollten. Zwar lassen sich an einigen Kamera-typen die eingebauten Mikrofone in ihrer Charakteristik auf derartige Situationen einstellen. Aber auch wenn Sie die Keule als Richtcha-rakteristik anwählen, holen Sie damit die Schallquelle nicht näher an Ihren Aufnahmestandpunkt heran (siehe hierzu auch Kapitel Mikro-fone, Seite 50).

▲ **Abbildung 1**
Kamera mit eingebautem Mikrofon

Ein weiterer Nachteil der intern integrierten Kameramikrofone besteht darin, dass sie oft die Tonaufzeichnung über eine Tonaus-steuerautomatik regeln. Der Paukenschlag als starke Tonquelle bei einem Konzert regelt dann den Tonkanal zu. Die Empfindlichkeit der folgenden Sequenzen ist fixiert und Sie erfassen nur noch extreme Geräusche, wie beispielsweise das Husten in Ihrer Nachbarschaft. Steuert dann die Automatik nach kurzer Zeit nach und öffnet den Tonkanal, werden wiederum feinste Geräusche, wie das Laufen der Kopftrommel Ihrer Kamera, mit aufgezeichnet. Abhilfe schafft bei dieser Problematik nur der Einsatz eines externen Mikrofons.

Eingebaute Mikrofone besitzen außerdem den Nachteil, dass sie oft Kamerageräusche wie die Kopftrommelumdrehung, Bandlaufge-räusche oder das Bewegen Ihrer Hand (Veränderung der LCD-Posi-tion) mit aufzeichnen.

Selbst verursachte Störungen bei externen Mikrofonen

Beim Einsatz von externen Mikrofonen sind nicht nur Wind und at-mosphärische Störgeräusche die Ursachen für eine Verschlechterung der Aufnahmequalität. Durch unsachgemäße Handhabung des Mi-krofons können ebenfalls sehr viele Störgeräusche entstehen. Ach-ten Sie also darauf, dass Sie beim Halten des Mikrofons den Korpus fest mit der Hand umschließen und dass das Mikrofonkabel, in einer Schleife aufgewickelt, ebenfalls fest in Ihrer Hand liegt. Sie verhin-dern dadurch bei plötzlichem Zug (wenn z.B. eine Person über das Mikrofonkabel stolpert), dass dieses abreißt oder Beschädigungen an der Kamera verursacht.

Außerdem benötigt die Aufnahme durch ein externes Mikrofon in vielen Fällen entweder einen Mikrofonständer oder eine zweite Person, die das Mikrofon hält. Da manchmal diese Tonassistenten mit der Thematik weniger vertraut sind und kein Interesse an den eigentlichen Inhalten der Aufnahme haben, kann es passieren, dass Sie ein wenig unkonzentriert das Richtmikrofon nicht exakt auf die eigentliche Tonquelle richten. In diesem Falle hilft kein technisches Mittel, sondern nur der Hinweis, denn die Kameraperson wird mög-licherweise über Kopfhörer die Verminderung der Aufnahmequali-

Extern Ton aufnehmen

Zeichnen Sie Direktton unbe-dingt auf dem Videoband auf, da beim externen Auf-zeichnen schon kleinste Lauf-schwankungen zur Asynchro-nität führen können. Atmosphärischen Ton kön-nen Sie dagegen gut für die spätere Nachbearbeitung auf einem Minidisk-Recorder, falls vorhanden, aufzeichnen. Ein gutes Tonarchiv ist auch für spätere Produktionen Gold wert.

tät bemerken und entweder die Kameraaufnahme abbrechen oder visuell dem Tonassistenten Zeichen geben.

Beim Einsatz von externen Mikros ist es selbstverständlich immer mit höherem Aufwand verbunden, ein Kabel zu verlegen und dieses möglichst für das Videobild unsichtbar. Aber in den meisten Fällen lohnt sich die Mühe.

Sollte kein externes Mikro vorhanden sein, hilft manchmal eine nachträglich gedrehte Tonaufnahme dicht an der Geräuschquelle, bei der das Bild dann keine Rolle spielt. Eine bessere Alternative sind Ansteckmikros, auf die wir ja bereits auf Seite 52 eingegangen sind. Die Positionierung durch Ansteckmikrofone sollte so vorgenommen werden, dass durch Bewegung entstehende Geräusche der Kleidung, wie das Klappern von Ketten oder anderen Schmuckstücken, vermieden werden.

▲ **Abbildung 2**
Ein Ansteckmikro

6.2 Original-Tonaufnahme

Bevor nun auf spezielle Situationen der Tonaufnahme durch externe Mikrofone eingegangen wird, sollen zum Verständnis einige Grundlagen der Schallbildung und -entwicklung dargestellt werden. Durch das selektive Hören sind Sie als Lebewesen in der Lage, aus verschiedenen Schallquellen nach kurzer Zeit diejenigen zu selektieren und aus Störgeräuschen herauszufiltern, die Sie für wichtig erachten (Cocktailparty-Effekt).

Die Kamera reagiert hier also anders: Sie zeichnet alles entsprechend der Intensität auf. Damit Sie selbst eine objektivere Kontrolle über die aufgenommenen Tonquellen erhalten, empfiehlt sich der Einsatz eines Kopfhörers und das bewusste Konzentrieren auf Störgeräusche. Lässt sich die Aufnahme wiederholen, stoppen Sie sofort die Aufzeichnung, sobald Störgeräusche wie Sirenen im Hintergrund, Huster, Knacker oder Bohrmaschinen im Haus die Aufnahmesituation stören.

Störungen können auch dadurch verursacht werden, dass unliebsame Reflexionen des Schalls durch die Ausstattung des Raumes auftreten. Ein Interview in einem mit Steinen gekachelten Flur oder ein Dialog zwischen Vater und Kind im Badezimmer aufgenommen ist aus diesem Grund schlechter verständlich, denn die Schallwellen reflektieren an den glatten harten Materialien. Weiche Oberflächen wie Stoffe, gepolsterte Stuhlreihen, Bilder oder im Raum befindliche Personen vermindern die Reflexion und führen in der Regel zu we-

Objektive Tonwahrnehmung

Bei dem so genannten **Cocktailparty-Effekt** konzentrieren Sie sich nach einigen Sekunden unterschiedlich dargebotener Geräuschquellen auf einen Ton. Über das Gehirn werden die anderen Tonquellen in den Wahrnehmungshintergrund gelegt. Erst wenn an dem anderen Tonbezugsort Ihr Name genannt wird, schaltet Ihre Aufmerksamkeit auf diesen Ton um. Bei einem Interview hören Sie also nur den Interviewpartner, Störgeräusche blendet Ihr Gehirn aus, die Kamera jedoch nicht. Das Gehirn arbeitet hier viel komplexer als eine Kamera. Das Kameramikrofon unterscheidet nur zwischen nahen, also lauteren, und fernen, also entsprechend leisen Geräuschen.

niger stark beeinträchtigten Tonaufnahmen. Versuchen Sie deshalb, wenn möglich, Interviewsituationen in möglichst schallschluckender Atmosphäre wie gedämpften Räumen oder draußen durchzuführen. Sollte dies nicht möglich sein, reduzieren Sie die Schallreflexion dadurch, dass Sie möglichst dicht mit dem Mikrofon an die Tonquelle herangehen.

Als Download existiert heute eine Vielzahl von kostenfreien Audio-Bearbeitungsprogrammen, die eine Überarbeitung der aufgenommenen Tonsequenzen bzw. den Einsatz neuer Tonelemente erlauben.

Eine bessere Tonkontrolle beim Dreh erhalten Sie, wie gesagt, durch den Einsatz eines **Kopfhörers**. Die meisten DV-Kameras besitzen hierfür eine Buchse (kleine Klinke). Doch Achtung: Die kleinen Klinkenstecker rutschen leicht heraus oder verbiegen sich schnell. Wenn möglich, benutzen Sie einen geschlossenen Kopfhörer (Polster kapseln Ihre Ohren ab), um keine Mischung zwischen aufgenommenen und realen Geräuschen zu erhalten. Aber auch hier können bei Schulterkameras Probleme auftreten, wenn die dicke gepolsterte Hörmuschel kaum noch einen ordentlichen Blick in den Sucher der Kamera erlaubt. Einseitige Kopfhörer (auf der Kameraseite existiert nur ein Bügel) lösen das Problem.

Störungen durch Wind

Die Aufnahme in der freien Natur hat zwar den Vorzug, dass, wenn Sie nicht gerade in einem Steinbruch aufnehmen, keinerlei Reflexionen in Form von Hall oder Echo Ihre Aufnahmen stören. Dafür beeinträchtigt hier ein anderer Faktor relativ häufig die Aufnahmequalität. Schon ein leichter Windzug kann sowohl die atmosphärische Aufnahme als auch ein Interview beeinträchtigen und sogar unbrauchbar machen. Der sich an dem Mikrofonfilter verwirbelnde Wind – und hier ist es egal, ob externe oder interne Mikrofone verwendet werden – erzeugt unangenehme Rumpelgeräusche, die auch in der Nachbearbeitung nur sehr schwer entfernbar sind.

Generell gilt die Faustregel: Je größer der Windschutz, umso effektiver ist er. Und: Je länger die Haare, also je flauschiger der Windschutz, umso effektiver ist sein Einsatz. Andererseits müssen Sie beachten, dass größere Windschutzvorrichtungen den Frequenzgang reduzieren, also Höhen und Tiefen Ihrer Aufnahme abschneiden.

Hall oder Echo

Sollte jedoch ein Hall- bzw. Echoeffekt erwünscht sein, empfehle ich, diesen nicht in der Aufnahmesituation durch eine entsprechende Wahl des Aufnahmeraums zu erzeugen, sondern in der Nachbearbeitung mithilfe eines passenden Effekts zu erzielen. Denn verhallte Tonaufnahmen lassen sich in der Nachbearbeitung nur sehr schlecht wieder enthallen.

Tonbearbeitungsprogramme

Hier folgen nun einige Internet-Adressen, wo Sie als kostenlosen Download oder gegen »kleines Geld« umfangreich ausgestattete Tonbearbeitungsprogramme finden:

▶ www.kellymedia.de (GoldWave)
▶ www.aconas.de (Acoustica)
▶ www.emagic.de (Logic Audio Gold)
▶ www.steinberg.de (Cubasis AV)

Technische Möglichkeiten, die Störungen durch Windgeräusche zu reduzieren:

▶ Schaumstoffhüllen über Mikros
▶ Fellüberzieher über Mikros

6.3 Musik

Aufnahme von Konzerten

Während Sie in Interviewsituationen oder bei der Aufnahme von Atmosphäre Start und Ende der Aufnahme bzw. der Agierenden bestimmen, haben Sie bei der Aufnahme von Musikdarbietungen keinen Einfluss darauf. Die Musiker spielen weiter, ob die Kamera eingeschaltet ist oder nicht. Möchten Sie nun eine schöne Bildgestaltung berücksichtigen, also eine gute Kameraführung realisieren, müssen Sie entsprechend den Aufnahmestandpunkt und Einstellungswinkel verändern, was zur Folge hat, dass bei jedem Abschalten der Kamera die Tonaufnahme unterbrochen wird.

Leider gibt es bei dieser Problematik kein ideales Rezept zur Vorgehensweise, sondern Ihnen bleibt nur ein mehr oder weniger hilfreiches Improvisieren. Bei längeren musikalischen Darbietungen könnte man sich bewusst auf einen Titel konzentrieren und diesen dann komplett aus einer Kameraperspektive mit dem Schwerpunkt der Tonaufnahme aufzeichnen. Davor oder danach haben Sie dann die Möglichkeit, entsprechende Einstellungsveränderungen vorzunehmen, Ihre Kameraposition zu wechseln und passende Inserts zu drehen. Diese Inserts können Nahaufnahmen von Musikern, von mitsingenden oder fußwippenden Zuhörern, Beifallsbekundungen, aber auch Details des Konzertraumes sein.

Im folgenden Schritt der Nachbearbeitung haben Sie dann die Möglichkeit, die Inserts auf die durchlaufende Ton- und Bildaufnahme so zu legen, dass auch Kenner des Musikstücks diesen kleinen Schwindel nicht bemerken. Achten Sie jedoch schon bei der Aufnahme darauf, dass die Naheinstellungen von den Fingern des Klavierspielers oder dem Griff des Bassisten so gewählt sind, dass sie die Melodie und die jeweils angespielten Töne nicht verraten. Nahaufnahmen von Sängerinnen und Sängern scheiden in der Regel aus, da es kaum möglich ist, diese in der späteren Montage als Inserts ohne Asynchronität einzubinden.

Nachträgliche Filmmusik

In Zusammenhang mit dem Filmton spielt die Filmmusik eine sehr große Rolle. Die Filmmusik unterstreicht gewünschte emotionale Wirkungen bestimmter Szenen. Spannende Sequenzen werden durch dramatische Musik erst zum Nervenkitzel, Liebesszenen berühren unsere Herzen erst durch eine Portion romantischer Musik.

GEMA

Die GEMA, Gesellschaft für musikalische Aufführungs- und mechanische Vervielfältigungsrechte, verwaltet als staatlich anerkannte Treuhänderin die Nutzungsrechte der Musikschaffenden. Dabei hat die GEMA zwei Hauptaufgaben:

► Hilfe beim Erwerb aller Rechte zur Musiknutzung
► Weiterleitung der Lizenzbeiträge an die Komponisten, Textdichter und Musikverlegers.

Leider ist die Aufsplitterung in sehr unterschiedliche Bereiche von Abgaben und damit die Frage, ob und zu welcher Gruppe Sie als Videofilmer zählen, so kompliziert, dass manch ein Berater der GEMA selbst kaum Auskunft erteilen kann. →

Manchmal kann die Musik Anfängern auch dabei helfen, Einstellungen, die weniger gut zusammenpassen, ein wenig zu verbinden. Dafür bedient man sich bekannter eingängiger Musikstücke aus der hausinternen CD-Sammlung. Beachten Sie hierbei die Lizenz- und Rechtsfragen, denn Sie bedienen sich in diesem Augenblick der künstlerischen Leistung von Dritten.

Setzen Sie öffentlich Musik ein, die »GEMA-pflichtig« ist, was bedeutet, dass der Musiker Mitglied der GEMA ist – man erkennt das auf CDs schnell an dem GEMA-Logo auf dem Cover – , sind Sie verpflichtet, hierfür GEMA-Gebühren und Lizenzkosten zu bezahlen. Dies gilt bereits, wenn Sie Ihren Film im Kegel- oder Kleingartenverein »öffentlich« aufführen.

Alternativ gibt es Musikverlage, die GEMA-freie Musik anbieten. Einer der bekannten ist »blue valley« in Kassel. Hier erwerben Sie für ca. 150 bis 200 Euro den gesamten Titel für eine Produktion. Kleiner Wermutstropfen: Viele Titel klingen sehr ähnlich und sind durch die Kaufhausbeschallung bekannt.

Achten Sie bei der Auswahl Ihrer Filmmusik darauf, dass die Musik zur Filmthematik passt, die Bildaussage unterstützt.

> → Grundsätzlich besitzt derjenige, der Musik produziert, das Recht an seinen Titeln. Möchten Sie GEMA-pflichtige Filmmusik für eine öffentliche Präsentation einsetzen, fallen je nach Größe der Veranstaltung Vervielfältigungskosten von ca. 40 Euro bis 65 Euro pro Minute benutzter Musik an. Außerdem müssen die Lizenzrechte für den Titel vom Musiker erworben werden. Je nach Musikgruppe und geplantem Einsatz kann das sehr teuer (6.000 Euro pro Titel) werden.
> Infos zu Tarifen können auf der Homepage der GEMA-Bezirke www.gema.de/adressen/index.html abgefragt werden.

Schritt für Schritt: Musikwirkung im Film

Zeichnen Sie einen romantischen Fernsehfilm und einen spannenden Krimi auf.

1. Übungsmaterial aufzeichnen

Grabben Sie von jedem Film die emotional ansprechendste Sequenz in Ihren Rechner.

2. Schnittvorbereitung: Digitalisieren

Montieren Sie anschließend auf die Krimisequenz den romantischen Ton. Montieren Sie auf die Liebesfilmsequenz den Krimiton.

3. Montage von Bild und Ton

Überprüfen Sie die Wirkung der neu entstandenen Sequenzen.

4. Wirkung prüfen Ende

Im Idealfall – dies bedarf allerdings eines erheblichen finanziellen Aufwandes oder die Fertigkeit, selbst zu musizieren – wird für die produzierte und montierte Videosequenz eine spezielle Musik geschrieben. Die Filmkomposition kann dann besondere dramaturgische Phasen des Films aufgreifen und musikalisch umsetzen, unterstützen oder sogar bestimmen. Dabei ist es nicht unbedingt notwendig, dass die gesamte Komposition durch ein großes Repertoire an Instrumenten gespielt wird. Gute Filmmusik zeichnet sich gerade

Musik erschlägt den Film

Laut einer Umfrage unter 1000 Fernsehzuschauern fühlen sich zwei Drittel von der Filmmusik gestört: zu laut, unpassender Einsatz, schlechte Tonqualität, schnell und nachlässig abgemischt.

Auch beim Ton gilt: Weniger ist oft mehr!

Pfeifen Sie ein Lied, klopfen Sie einen Rhythmus, summen Sie eine Melodie. Sie erhalten dann evtl. eine passendere Filmmusik als von der Silberscheibe.

dadurch aus, dass die gewählten Instrumente – und dies können auch elektronische, über Synthesizer oder PC erstellte Tonspektren sein – sehr bewusst gewählt ihre Wirkung entfalten.

6.4 Tonhintergrund: Atmo

Stellen Sie sich einmal vor, Sie machen nach einer langen Wanderung durch eine reizvolle Berglandschaft eine kleine Pause, stehen neben dem Gebirgsbach und schließen die Augen. Das, was Sie dann in einer noch einigermaßen intakten Naturwelt hören, ist die Atmosphäre, auch Atmo genannt. Beim Filmen versteht man unter »Atmo« die Summe aller Geräusche bis auf den Originalton, also den akustischen Hintergrund einer Szene.

Ohne diese atmosphärischen Geräusche wären die meisten Kameraeinstellungen leblos und würden den Betrachter in seiner Distanz belassen. Sie alle kennen derartige Atmo von Filmen, Fernsehfilmen, Shows usw.: Lautsprecherdurchsagen am Bahnhof, bei denen weder Lautsprecher noch die sprechende Person zu sehen ist, der Ton einer laufenden Kreissäge (nicht im Bild) bei Aufnahmen einer Schreinerei, die im Hintergrund erzeugten Druckmaschinengeräusche im Büro einer Druckerei, um nur einige Situationen aufzuführen. Als häufig extern aufgenommene Tonquelle hilft Ihnen diese Atmo, in der Nachbearbeitung, einzelne Einstellungen besser miteinander zu verbinden. Fünf von verschiedenen Kamerapositionen aufgenommene Situationen in einer Schlosserei werden dadurch beim Betrachter fließender wahrgenommen, dass Sie unter alle fünf Bilder eine gleich bleibende Atmosphäre von Maschinengeräuschen unterlegen. Da die Geräuschquellen selbst nicht zu sehen sind, kann es bei atmosphärischer Unterlegung niemals zu Asynchronitäten kommen. Damit wird deutlich, dass das Aufnehmen von atmosphärischen Geräuschen bei Ihrer filmischen Tätigkeit eine sehr wichtige Rolle einnimmt. Berücksigen Sie also an jedem Aufnahmeort, dass Sie sich für einen Moment, vielleicht bei geschlossenen Augen, weniger auf das Bild, sondern verstärkt auf den Ton konzentrieren. Erforschen Sie, wo es reizvolle Tonquellen gibt, die Sie dann mit einem externen Kameramikrofon oder mit der Kamera dicht an der Geräuschquelle für den späteren Einsatz als atmosphärischen Ton aufzeichnen.

Neben dem verbindenden und in den Raum einführenden Effekt kann atmosphärischer Ton auch noch zu anderen Funktionen in Ihren Film eingebunden werden. Atmo kann zu Brüchen führen, indem Sie ganz andere Geräusche einblenden, als der Zuschauer in diesem Moment erwartet. Rainer Werner Fassbinder hat in einem Film der Siebzigerjahre sehr häufig Radiokommentare in die laufenden Bilder eingeblendet, obwohl die Handlungen oft an ganz anderen Orten stattfanden. Zum einen wurde der Zuschauer durch die Atmo mit Hintergrundinformationen versorgt, zum anderen zeigte dieses Vorgehen bewusst den Bruch zwischen Anspruch der linken Szene und gesellschaftlichen Veröffentlichungen darüber. Eine ähnliche Montage fand in dem Film »Breaking Glas« statt.

Atmo kann außerdem Emotionen in den jeweiligen Szenen verstärken oder abschwächen. Sehr lauter Fluglärm als Atmo unter ein Gespräch gelegt, versetzt auch den Zuschauer in eine gewisse Stresssituation. Atmo kann aber auch in die subjektive Hörwahrnehmung der im Film agierenden Personen einführen. Eine Dokumentation über Schwerhörige könnte beispielsweise als Atmo alle vorkommenden Geräusche in ihrem Frequenzumfang begrenzt und nur sehr dumpf wahrnehmbar einsetzen. Ähnlich einer subjektiven Kameraführung wird dann der Zuschauer in die Situation der Agierenden hineingezogen, versteht sie besser, hört in diesem Augenblick genau wie sie.

Die psychologische Wirkung von atmosphärischen Tönen scheint also unbegrenzt und damit existieren sowohl für den Anfänger wie für den langjährigen Profi sehr einfach zu realisierende Möglichkeiten, dies auch gestalterisch im Film zu nutzen.

Unterlegen Sie Einstellungen, die in einem Wald gedreht wurden, nachträglich mit einer Atmo aus Vogelgezwitscher. Sollte die Qualität der selbst produzierten Wald-Atmo nicht ausreichen, greifen Sie auf eine Geräusche-CD zurück.

Unterstreichen Sie Ihre Lust auf ein Getränk durch das bewusste Nachvertonen des »Plop«-Geräusches und des anschließenden Zischens beim Öffnen einer Bierflasche.

Atmosphärische Geräusche können mittels eines Tonbearbeitungsprogramms in existierende Musiksequenzen eingebunden werden, sodass eine Collage aus Atmosphäre und Musik entsteht. Die fertige Tonsequenz kann so gestaltet werden, dass sie den Schnittrhythmus unterstützt, Sie also nach Takt schneiden können.

In dem Bemühen, bei gut geplanten Einstellungen auch den Ton optimal aufzuzeichnen, passieren immer wieder kleine Pannen, die Sie bei der späteren Montage vor große Probleme stellen. Deshalb folgende erste Hinweise:

Tonaufnahme markieren

Sammeln Sie vor Ort ausreichend Tonsequenzen, markieren Sie diese Aufnahmen dadurch als reine Tonaufnahmen, dass Sie den Objektivverschluss auf der Kamera belassen.

Atmo in der Nachbearbeitung

Häufig befinden Sie sich in der Situation, dass der von Ihnen wahrgenommene Ton nicht in optimaler Form durch das Mikrofon eingefangen werden kann. Sie selbst nehmen zwar eine gewisse Atmosphäre wahr (Maschinengeräusche in einer Fabrik, Regenprasseln bei einem Gewitter, Menschengeräusche bei einer Demonstration), für die Aufnahme ist sie allerdings sehr dünn und müsste eigentlich verstärkt werden. Aufnahmetechnisch ist dies dann nicht möglich. Sie sind also gezwungen, in der Nachbearbeitung, also im Schnitt, die passende Atmosphäre dem Bild hinzuzufügen. Im Handel sind unübersehbar viele Geräusche-CDs für wenig Geld erhältlich. Aus dem Internet lassen sich ebenfalls kostenlos Geräusche nach bestimmten Kategorien wie Natur, Stadt, Action, Industrie etc. kostenlos als WAV-Files herunterladen (z.B. www.musikarchiv-online.de).

▶ Bei ungewollten Hintergrundgeräuschen wie Glockenläuten oder Verkehrslärm sollten Sie die Kamera abschalten, denn die Geräuschquellen können sich unter das Gespräch mischen, sodass sie von dem gesprochenen Text ablenken oder ihn sogar unverständlich machen.

▶ Nehmen Sie atmosphärische Geräusche, die eng mit dem Bild zusammenhängen, laut genug auf. Die Atmosphäre – die emotionale Wirkung der Szene – wird damit unterstrichen.

▶ Auch wenn beim Aufnehmen die Tonquelle, die über das Ohr wahrgenommen wird, ausreichend laut zu sein scheint, lassen Sie sich nicht täuschen. Nehmen Sie wichtige dezente Geräusche lieber noch einmal extra (nah mit der Kamera oder mit dem externen Mikro an der Geräuschquelle) auf. So sollten Sie beim Aufnehmen eines Wassertropfens in einer Tropfsteinhöhle im Telebereich das Mikro zusätzlich direkt an den auftreffenden Tropfen positionieren.

Die Ton-Bild-Schere

Zu bestimmten Aussagen eines Films existieren zwar in der Planung noch klare Vorstellungen, nach dem Dreh muss aber dann die Realität des vorhandenen Materials bewältigt werden und die geplanten Bildeinstellungen sind womöglich nicht vorhanden. Um nun dennoch die ursprünglich intendierte Filmaussage beizubehalten, ist man schnell geneigt, diese über einen Kommentar zu transportieren. Das heißt, wir sprechen den Kommentar mit der gewünschten Aussage über Bilder, die möglicherweise das Beschriebene in keiner Weise zeigen. Diese Problematik ist heutzutage auch bei vielen Filmprofis zu beobachten. Lassen Sie sich nicht davon abschrecken, machen Sie es besser.

6.5 Kommentar

Ein weiteres Gestaltungsmittel der Filmvertonung ist der Kommentar. Er ergänzt in sinnvoller Weise die Bildinformationen. Die Gefahr dabei: Selbst geübte Moderatoren wiederholen allzu häufig die bereits durch das Bild mitgeteilte Information. Und das wirkt dann nicht gerade spannend. Noch schwieriger wird es, wenn der Kommentar etwas vollkommen Gegensätzliches zur Bildinformation vermittelt. In solch einem Fall spricht der Profi von einer »Ton-Bild-Schere« oder auch Text-Bild-Schere.

Kommentar: Das moderne Stadthaus zeigt die rasante Entwicklung der letzten Jahre auf. Hinter gläsernen Fassaden arbeiten innovative Unternehmen für den neuen Markt.

▲ **Abbildung 3**
Beispiel einer Ton-Bild-Schere. Leider entwickelt sich auf den Bildern nichts rasant.

Beschreiben Sie also bei Ihren Filmprojekten das, was der Zuschauer nicht genau erkennt, erklären Sie Hintergründe und Zusammenhänge. Damit verdichten Sie durch den Kommentar die Bildinformation.

Wählen Sie also Ihren Kommentar zielgerichtet. Beispielsweise wäre für ein Unternehmen ein Kommentar interessant, der an die Bedürfnisse der zukünftigen Käufer anknüpft.

Selbstverständlich ist es sehr schwierig, bei einer derartigen Themenstellung passende Aufnahmen zu finden. Die nicht vorhandenen Ideen – und damit das nicht vorhandene Bildmaterial – führen schnell dazu, die Aussage wenigstens über einen Kommentar in den Clip zu integrieren.

Entscheidend für all die angesprochenen Bereiche ist, sich darüber bewusst zu werden, an welchen Stellen Probleme auftreten können und zumindest bemüht zu sein, so weit wie möglich diese Fallen zu umgehen oder geschickt zu lösen.

Regeln sind dafür da, dass sie übertreten werden. Das gilt auch beim Ton – wenn bessere Ideen vorliegen. Nutzen Sie also alle denkbaren Möglichkeiten der Tongestaltung aus, lassen Sie sich durch Ihren Einfallsreichtum auch auf neue Ideen ein, experimentieren Sie damit und entwickeln Sie vielleicht eine originale Möglichkeit der auditiven Gestaltung Ihres eigenen Films, denn: **Ton ist der halbe Film**. Diese Aussage kann auch als Aufforderung verstanden werden, den Ton für sich betrachtet als wichtiges Element zu planen, zu produzieren und zu bearbeiten. Die Erfahrung zeigt, dass in sehr vielen Fällen dieses Medium zu wenig berücksichtigt wird – dies gilt übrigens auch für Profis – und damit ein gestalterischer Spielraum des Mediums Video verkümmert.

Kommentar im Industriefilm
Eine in der Autoindustrie produzierte Sequenz über das Heizungssystem eines Mittelklassewagens zeigt unter der Kühlerhaube das viel verzweigte Schlauchventil und Pumpensystem samt Elektronik. All diese technischen Einzelheiten, die in sehr schönen großen Einstellungen gezeigt werden, sind für den normalen Laien sowieso nicht sehr gut verständlich. Hier knüpft der Kommentar an die Bedürfnisse des späteren Kunden an, nämlich auch bei kalter Witterung schnell einen warmen Fahrinnenraum zu erhalten. Davon ableitend werden nun die einzelnen Elemente, die wir im Bild sehen, über den Kommentar erläutert.

Schritt für Schritt: Kommentar für die Vorstellung eines Unternehmens

Sprechen Sie einen Kommentar über eine Werbeagentur: Verfassen Sie einen Text, z.B. als bildhafte Lyrik (ohne Reim). Der könnte beginnen mit: »... Sehen das Ufer auf der anderen Hälfte des Flusses, erkennen das Schöne, spüren die Klarheit. Ihre Träume spinnen das Netz über das spiegelnde Wasser ...«.

1. Sprechen des Kommentars

2. Montieren der Aufnahmen

Montieren Sie nun aus sehr originellen Winkeln aufgenommene Detailaufnahmen der Büroräume. Das können Einstellungen sein, in denen im Vordergrund fast übergroß ein Designer-Kugelschreiber liegt oder Spiegelungen in einer gläsernen Schreibtischplatte zu sehen sind.

3. Kontrolle von Bild und Ton
Ende

Kontrollieren Sie die ergänzende Wirkung von Bild und Ton. Ergänzen Sie Ihre Bilder gegebenenfalls. Der Gesamtcharakter liegt in der Kreativität des Unternehmens.

Kommentar aufnehmen

Der unter diesen Aspekten von Ihnen entwickelte Text sollte, wenn Sie nicht selbst ein Sprechertalent sind, für professionelle Produktionen auch von einem professionellen Sprecher gelesen werden, denn Amateuraufnahmen unterscheiden sich fast immer durch eine weniger starke Akzentuierung von Profisprecheraufnahmen.

Hier einige Tipps zu den Grundregeln beim Sprechen eines Textes:

1. Notieren Sie sich Ihren Sprechertext in schriftlicher Form.
2. Markieren Sie wichtige Passagen und sprachlich hervorzuhebende Bereiche.
3. Formulieren Sie Ihren Text in kurzen verständlichen Sätzen ohne detaillierte technische Informationen und Zahlen.
4. Sprechen Sie den Text mehrfach, ohne ihn aufzunehmen, und achten Sie dabei auf eine saubere Aussprache, besonders bei Endungen.
5. Versuchen Sie das Absenken der Stimme am Ende eines Satzes zu vermeiden.
6. Sprechen Sie die Sätze in Blöcken und achten Sie auf eine ausreichende Betonung.
7. Versuchen Sie unter Beachtung aller vorherigen Regeln den Text sehr schnell zu sprechen (normalerweise verlangsamt sich bei ungeübten Sprechern die Lesegeschwindigkeit, und das vor allen Dingen dann, wenn bestimmte Regeln beachtet werden müssen).
8. Versuchen Sie beim Sprechen des Textes möglichst einem Gegenüber den Kommentar zu erzählen, und dies so natürlich wie möglich.
9. Machen Sie nach jedem Satz kurze Pausen, um bei der Montage die Möglichkeit zu haben, ganze Sätze sauber herausschneiden zu können.

Profisprecher

Profisprecher bieten sich im Internet mit verschiedenen Sprachversionen sehr preisgünstig an, ohne dass Studiokosten oder Transportwege anfallen. Der Text wird per E-Mail-Attachment dem Sprecher zugeschickt (z.B. Stefan Müller-Ruppert, E-Mail: mueller-ruppert@t-online.de). Meist noch am gleichen Tag erhält man die gesprochene Audiodatei per E-Mail-Attachment zurück. Sollte das Budget hierfür nicht ausreichen, können auch unter Beachtung grundsätzlicher Regeln selbst aufgezeichnete Kommentare zu brauchbaren Ergebnissen führen.

Trainingsmöglichkeiten

Zum Training bietet es sich an, den Kommentarton einer kurzen filmischen Dokumentation, die aufgezeichnet worden ist, mitzusprechen. Bei mehrfacher Wiederholung werden die angesprochenen Regeln bewusster und automatisieren sich.

6.6 Nachvertonung

In diesem kurzen Kapitel möchte ich Sie noch einmal mit den wichtigsten Regeln der Nachvertonung vertraut machen. Generell lässt sich (fast) jede filmische Sequenz nachvertonen, ganz gleich, ob es das Plätschern eines Wasserfalles, das Klicken eines Kugelschreibers oder ein gesprochener Dialog ist. Doch Vorsicht: Die schnell getroffene Entscheidung: »Das können wir ja später nachvertonen« kann zur Falle werden. Denn beispielsweise ist das lippensynchrone Nachvertonen eines Dialogs auch für den geübten Laien kaum zu bewerkstelligen. Hierfür arbeiten die Profis in speziell ausgestatteten Studios, sichten eine Szene mehrmals hintereinander und sind als Synchronsprecher darin geübt, auf die zu sehende Lippenbewegung passend zu sprechen.

Eine sehr häufige Art der Nachvertonung findet bei der Dokumentation von familiären Ereignissen statt. Der Urlaub ist vorüber, die schönen Aufnahmen liegen zum Schnitt bereit und natürlich möchten Sie, untermalt mit ein wenig Musik, einen Kommentar auf das Reisevideo sprechen.

Hier stellt sich nun grundsätzlich die Frage: Die Bilder nach dem Kommentar schneiden, was schon einen fertig gesprochenen Text voraussetzt, oder erst einmal die Bilder schneiden und später auf den fertigen Bildschnitt einen passenden Ton zu legen?

Beides ist möglich und erlaubt. Die Entscheidung hängt stark davon ab, was Sie gedreht haben, wie geübt Sie im Verfassen von Kommentaren sind. Bei ausreichendem Filmmaterial haben Sie schneller die Möglichkeit, passende Sequenzen zu dem fertigen Text zu finden.

Synchronisation

Nachsynchronisation funktioniert nur bei extrem kurzen Texten, Worten, Lauten. Für Aufnahmen von Monologen, Dialogen und Gruppengesprächen sollte man immer einen guten Originalton aufzeichnen.

Nachvertonung – Dreh nach Kommentar

Haben Sie die Videoaufnahmen nach Plan gedreht oder kennen Sie Ihr gesamtes Bildmaterial extrem gut (durch mehrfaches Sichten), dann können Sie auf einen vorher gesprochenen Kommentar den Film schneiden. Haben Sie sehr viel aufgenommen und kennen das Material nur unzureichend, sollten Sie zumindest einen Grobschnitt anlegen, um dann einen passenden Text zu entwickeln und zu sprechen.

Unbeabsichtigte Tonquellen entfernen

Einen großen Vorzug hat gerade bei dieser Frage die digitale nonlineare Schnitttechnik. Denn hier können Sie relativ mühelos auch nachträglich Bildsequenzen so verschieben, dass Ihr Kommentar zum Text passt. Leider können wir hier weder näher auf die Schnittprogramme noch auf die Soundbearbeitungsprogramme eingehen, wollen Ihnen aber kurz die Möglichkeiten aufzeigen.

Ganz gleich, ob Sie Amateurfilmer sind und der wenig geübte Umgang mit Ihrer Kamera und dem Ton-Equipment noch nicht immer zu optimalen Resultaten führt, oder ob Sie als Profi durch nicht beeinflussbare Pannen Störungen in Ihrer Tonqualität feststellen müssen: Häufig sind Sie gezwungen, diese in der Nachbearbeitung zu beseitigen. Dabei kann es sich um beim Scharfstellen des Objektivrings entstandene Knirschgeräusche, um ein Husten im Hintergrund, um Versprecher bei Interviews etc. handeln. Bei älteren Aufnahmen oder bei in weiter Distanz aufgenommenen Geräuschen kämpfen Sie in der Nachbearbeitung oft mit einem gewissen Grundrauschen in der gesamten Tonsequenz, sodass zum Teil gesprochene Texte nicht mehr ganz deutlich verständlich sind. In den Nachbearbeitungsprogrammen existiert mittlerweile eine Vielzahl von Plug-Ins, mit denen Sie auf Ihrem Computer derartige Probleme beseitigen oder zumindest reduzieren können.

Husten entfernen

Stellen Sie sich vor, bei Ihrem Schwenk über eine Berglandschaft oder bei den gelungenen Einstellungen des spielenden Kindes direkt am Strand hustet zufällig jemand neben Ihrer Kamera. In dem Schnittprogramm ließe sich nun diese Sequenz im Nachhinein so bearbeiten, dass Sie den entsprechenden Huster markieren und entfernen. Durch diese Vorgehensweise hätten Sie allerdings in Ihrer Atmosphäre ein so genanntes Tonloch. Damit dies nun nicht geschieht, besteht die Möglichkeit, die Tonquelle kurz vorher oder nachher zu duplizieren und in dieses Tonloch einzufügen. In den meisten Fällen führt diese Vorgehensweise zu einem guten Resultat und für den Betrachter ist der kleine Trick nicht wahrnehmbar. Sollten an den Schnittstellen noch Knistergeräusche entstehen, hilft hier eine Blende von ein bis zwei Bildern.

Versprecher in Kommentaren

Auf die gleiche Art lassen sich leider Versprecher in einem aufgenommenen Kommentar oder Interview nicht entfernen. Denn dies würde auch bei einer halben Sekunde für eine kurze Asynchronität sorgen. Sie können dies sicherlich dadurch kaschieren, dass Sie über etwa zwei Sekunden an dieser Stelle einen so genannten Insert-Schnitt legen, der unseren Interviewpartner gerade an den Stellen, an denen er sich räuspert oder hustet oder verspricht, nicht zeigt. Die eher zu favorisierende Variante besteht darin, schon bei der Aufnahme den Gegenüber die holprige Sequenz noch einmal wiederholen zu lassen. Zwar haben Sie in der Folge bei der Montage das Problem, dass die dann ordentlich aneinander gefügten Einstellungen mit sauber gesprochenen Sätzen an den Schnittstellen zu so genannten Rucklern führen und diese ebenfalls wieder durch Inserts abgedeckt werden müssten (manchmal auch durch Weiß- oder

Schwarzblenden). Wenn jedoch der Gesprächspartner sich nicht zu häufig verspricht, kann bei den jeweiligen Neuaufnahmen die Einstellungsgröße verändert werden, sodass durch dieses Vorgehen in der anschließenden Montage Ruckler vermieden werden und Inserts nicht mehr notwenig sind.

Grundrauschen entfernen

Oft wundert man sich über ein auf der Tonaufnahme vorhandenes Grundrauschen, das vielfältige Ursachen haben kann. Stehen Sie beispielsweise neben einem starken Trafo, an dem das Mikrofonkabel entlangläuft, könnte es der Trafo einer HMI-Leuchte sein; oder haben Sie einen Wackler in Ihrem XLR-Kabel, werden Sie möglicherweise sogar von einem externen Mischpult aus unfreiwillig mit Brumm- oder Rauschton beliefert. Häufig erinnern man sich nachträglich nicht mehr an die betreffende Aufnahmesituation im Detail; das Störgeräusch muss nun jedenfalls in der Nachbearbeitung entfernt werden. Auch dafür existiert mittlerweile eine Vielzahl von Audio-Tools, die nach einem einmaligen Durchlauf und der Analyse des Bandes den Frequenzumfang des Brummens oder Rauschens erfassen und entsprechende Löschungen innerhalb dieses Frequenzspektrums vornehmen. In den meisten Fällen ist damit leider eine Veränderung des gesamten Tons, also auch des aufgenommenen Interviews etc. verbunden. Aber sicherlich wird Ihnen ein gut verständlicher Ton eines Gesprächs wichtiger sein als dessen leichte klangliche Veränderung.

Weitere Möglichkeiten der Tonkorrektur

Sie können Ton verlängern oder verkürzen, Effekte unterlegen, Stimmen verzerren, Musikstücke verzerren. Hier ist das Spektrum an Möglichkeiten, das Sie durch die vorhandenen Programme besitzen und durch Zusatz-Tools noch erweitern können, mittlerweile fast unbegrenzt. Schnell kann man beim Probieren der oft spaßigen Varianten sein eigenes filmisches Thema vergessen und Gefahr laufen, Effekte einzusetzen, die zur eigentlichen filmischen Sprache nicht passen. Also achten Sie darauf, dass trotz reichhaltigen Angebotes nur jene Tonbearbeitungswerkzeuge eingesetzt werden, die wirklich zur Thematik Ihres Filmes passen.

7 Schnitt und Nachbearbeitung

*Schnittarten, Effekte und
Text im Film*

- ▶ Was ist ein Kameraschnitt?

- ▶ Wie kommt der Film in meinen Computer?

- ▶ Wie funktioniert eigentlich ein Schnitt?

- ▶ Welche guten Anschlüsse kann ich schneiden?

- ▶ Welche Effekte kann ich in der Nachbearbeitung ergänzen?

- ▶ Wie füge ich Vorspann, Untertitel und Abspann ein?

*Nachdem in den vorherigen Kapiteln von Planung und gezieltem Auf-
nehmen aussagekräftiger Bilder die Rede war, möchten wir Sie in dem
folgenden Teil mit einigen gestalterischen Möglichkeiten in der Nachbearbeitung, der so genannten Postproduktion, dem Schnitt, vertraut
machen.*

**Gute Bilder,
schlechte Bilder**

Selbst schlechte oder fast
misslungene Einstellungen
müssen dabei nicht direkt
unberücksichtigt bleiben
oder vernichtet werden, sondern können an geschickt
ausgewählten Stellen des
Films ihre Wirkung erzeugen.
In der Rolle des Cutters sollten Sie einem Profi-Grund-
satz folgen: Gute Bilder
schlecht geschnitten ergeben
einen schlechten Film; und
aus gut geschnittenen
schlechten Bildern kann auch
ein guter Film entstehen.
Dies deutet auf die besondere Wichtigkeit dieser Arbeitsphase hin.

Wenn wir im Folgenden von Schnitt reden, verstehen wir zuerst
einmal darunter den klassischen harten Schnitt. Demgegenüber stehen Schnitte unter Einsatz von Blenden oder Überlagerungen oder
sonstige Effekten.

Die Ausgangsituation ist, ganz gleich ob Sie Amateur oder Profi
sind, immer die gleiche. Mehr oder weniger geplant, haben Sie
eine Vielzahl von Einstellungen aufgenommen und zu den jeweiligen Themen sind so einige Filme entstanden. In dem nun folgenden
Schritt gilt es, das Material so zusammenzustellen, dass ein Film in
anschaubarer Länge entsteht, der das, was Sie filmsprachlich ausdrücken wollten, für die Betrachter verständlich transportiert.

Beim Schnitt eröffnet sich wie auch bei der Aufnahme eine Vielzahl von **gestalterischen Möglichkeiten**. So können Sie durch eine
schnelle Schnittfolge das Geschehen spannender machen, durch
aufeinander folgende langsame ruhigere Einstellungen beim Betrachter Ruhe und Entspannung erzeugen. Wenn Sie Brüche in
dem Erzählungsverlauf erzeugen möchten, können Sie dies ebenfalls durch Einschneiden von unerwarteten Kameraeinstellungen
tun. Erst im Schnitt entsteht der eigentliche Film. Und erst durch
die bewusste Auswahl der wichtigen Filmsequenzen aus einem oft
unüberschaubaren Materialpool und durch die richtige Aneinanderreihung dieser Sequenzen schaffen Sie ein Produkt, das die späteren
Zuschauer überzeugt, emotional ergreift bzw. mit neuen Informationen vertraut macht.

Lassen Sie sich also beim Sichten Ihres Materials Zeit, planen Sie
den Schnitt, lösen Sie sich bei der Gestaltung von herkömmlichen
Konventionen und experimentieren Sie mit dem vorhandenen Material, denn dies ist heute bei non-linearen Schnittverfahren problemlos möglich.

Da sich dieses Buch schwerpunktmäßig mit dem digitalen Filmen
beschäftigt, möchte ich auch auf eine Variante der Schnittmöglich-
keiten eingehen, die schon im Aufnahmeprozess umgesetzt werden
kann: den »filmischen Schnitt« mit der Kamera. Eleganter ist heute
allerdings der Schnitt in der Nachbearbeitung am Computer mithilfe

einer entsprechenden Schnitt-Software. Der Kameraschnitt soll hier dennoch als eine Vorübung für die spätere Montage genauer erläutert werden.

7.1 Der Kameraschnitt

Der Kameraschnitt setzt voraus, dass gezielt aufgenommen wird, wir uns also vorab Gedanken darüber gemacht, welche Motive aufgenommen und welche Geschichten welchen Bildern erzählt werden sollen. Dabei bietet dieses Verfahren eine ideale Trainingsmöglichkeit, sich mit dem Übergang von einer Einstellung zur nächsten bewusst auseinander zu setzen, also den so genannten **Anschluss** bewusst zu planen.

Mit Kameraschnitt ist gemeint, Bilder in der Reihenfolge und Länge so hintereinander aufzunehmen, dass zum Schluss das aufgenommene Band bereits den fertigen Film darstellt. Misslungene Aufnahmen oder zu lange Einstellungen sind bei diesem Verfahren zu vermeiden.

Bei dem in diesem Kapitel beschriebenen Kameraschnitt funktioniert das eigentliche Montieren, also der Schnitt, allein durch Planung und das rechtzeitige Ein- und Ausschalten der Kamera. Dabei können bei DV- oder Mini-DV-Kameras misslungene Einstellungen durch gezieltes Rückspulen problemlos überspielt werden. Eine Kontrolle des bereits aufgenommenen und montierten Materials ist ebenfalls möglich.

Der Kameraschnitt kann als Training angesehen werden, reduziertes, aber komplett brauchbares Material aufzunehmen, um sich ein langwieriges Sichten vor der Montage zu ersparen. Außerdem sind die Plattenkapazitäten bei digitalen Schnittsystemen immer begrenzt, sodass es sich schon aus diesem Grunde anbietet, möglichst bewusst gute Qualität zu produzieren, um dann das gesamte Material zu digitalisieren und damit in der Montage eine vielfältigere Auswahl zu haben.

Der Kameraschnitt birgt jedoch auch einige **Nachteile** in sich, die ihn als alleiniges Montagemittel nur eingeschränkt nutzbar machen. Ein häufiger szenischer Wechsel, also der Sprung von einem Drehort zum anderen, ist beim Kameraschnitt nur durch chronologisches Wechseln der Drehorte möglich. Parallelhandlungen lassen sich dementsprechend kaum oder nur sehr aufwändig realisieren. Ebenso sind Tonsequenzen, die über mehrere Bildschnitte reichen,

Schnitt vor Ort

Nicht zu verwechseln ist der Kameraschnitt mit dem heute bereits technisch möglichen Verfahren, nach dem Aufnehmen mit dem Kamera-Equipment vor Ort einen Schnitt vorzunehmen. Dies ist mit digitalen Kameras, die auf Festplatten aufzeichnen, möglich. (Avid bietet hier ein Schnittsystem für Reporter, die Editcam auf einer Ikegami-Kamera, an.)

▲ **Abbildung 1**
Die Ikegami-Kamera

Das Ziel

Gute Kameraleute drehen bei bestimmten Themenstellungen nur wenige Einstellungen, die aber meist alle zu verwenden sind. Sie denken unterschiedliche Anschlüsse mit und zeichnen diese bewusst auf, schaffen also für die Nachbearbeitung mehrere Montagemöglichkeiten.

nicht möglich. Außerdem ist die Verwendung von Effekten nur sehr eingeschränkt möglich, da diese normalerweise erst in der Endmontage eingefügt werden. Diese letzte Einschränkung können wir jedoch ebenso als Vorteil werten, da auch heute bei einer unendlichen Auswahl von Effektmöglichkeiten immer noch die Gesetze der klassischen Filmsprache gelten. Wer diese Sprache so beherrscht, dass er eine Geschichte ohne Effekte verständlich und spannend erzählen kann, wird Superimposed, Key-Optionen etc. nur noch selten, dann aber sehr bewusst einsetzen.

Im Folgenden werden einige Übungen vorgestellt, die als Beispiele für einen Kameraschnitt genutzt werden können. Mit den Übungsbeispielen möchten wir einige Tipps geben, auftauchende Probleme zu umgehen oder zumindest zu reduzieren.

 ### Schritt für Schritt: Kameraschnitt bei einfacher Handlung: »Platz nehmen«

Die Story: Sie möchten sich von den hinter Ihnen liegenden Anstrengungen ausruhen und auf einen Stuhl setzen.

1. Szene an einem Ort Zur Vereinfachung bleiben Sie in einer Szene, drehen also nur an dem Ort, wo der Stuhl steht. Legen Sie in der Vorüberlegung fest, dass sich die Story tagsüber abspielt, Sie also mit dem von außen einfallenden Licht auskommen bzw. notfalls ein oder zwei Aufheller-Scheinwerfer setzen.

2. Raumtotale Teilen Sie dem Zuschauer in einer Totalen den Raum und die Situation mit.

3. Einstellung vom Stehen bis zum endgültigen Sitzen Lösen Sie den einfachen Bewegungsablauf vom Stehen bis zum endgültigen Sitzen der Person in entsprechend aussagekräftige Einstellungen auf. Die gewählte Filmsprache sollte das Lebendige unseres Darstellers unterstreichen. Kurze Einstellungen mit wechselnden Perspektiven wären ein mögliches Mittel.

4. Schriftliches Konzept Notieren Sie sich Ihre Überlegungen, verfassen Sie ein schriftliches Konzept.

Fertigen Sie zu jeder Einstellung eine kleine Skizze an. Dabei wird der filmische Ablauf entweder durch eine Timeline (Zeitschiene des filmischen Verlaufs) oder durch eine Bildfolge mit beschreibendem Text, das so genannte Storyboard, notiert.

5. Anfertigung einer Skizze (Storyboard)

Im Storyboard könnte die erste Einstellung eine Totale des Raums mit Stuhl und Person sein. Um jedoch Spannung zu erzeugen, wäre ebenfalls ein Schwenk vorstellbar, der entweder die hereinkommende Person bis zum Stuhl begleitet oder der von einem neutralen Objekt zur Handlungsebene geht. Hierbei würde eine gewisse Spannung erzeugt, da der Zuschauer, obwohl ihm der Raum vorgestellt wird, zu Beginn noch nicht weiß, was passieren wird.

6. Verschiedene Einstellungen zur Spannungserzeugung

Die nächsten Einstellungen (kurz und aussagekräftig) könnten sein: Der Blick unserer Hauptperson auf den Stuhl ganz nah; ein schneller begleitender Schwenk, der die Hand verfolgt, die die Stuhlkante oder Lehne ertastet, um den Stuhl heranzuziehen.

Veränderung der Bandposition beim Ausschalten der Kamera

Beim Ausschalten Ihrer Kamera kann sich durch den Fädelvorgang die Bandposition minimal verändern. DV-Kameras mit Timecode orientieren sich zwar beim erneuten Einschalten an dieser Bildnummerierung, wodurch bei diesen Modellen kaum ein Versatz zu befürchten ist. Bei älteren Kameras kann es aber passieren, dass sie bei erneutem Einschalten die letzten aufgezeichneten Bilder überspielen. Lassen Sie also nach jeder Einstellung für ein bis zwei Sekunden die Kamera weiterlaufen. Profis arbeiten genauso.

Die nächste Einstellung: kurzer Kontrollblick der Hauptperson auf die Sitzfläche. Naheinstellung der sich beugenden Knie, Naheinstellung der Annäherung des Gesäßes auf die Sitzfläche, Naheinstellung des abtauchenden Kopfes nach unten aus dem Bildfenster, Detaileinstellung vom ersten Kontakt zur Sitzfläche, Naheinstellung des Zurücklehnens, Naheinstellung übereinander geschlagener Beine, Detaileinstellung des zufriedenen Gesichts mit Kameraaufzug in die Totale. Mit diesem Bild könnte die kurze Filmgeschichte enden.

7. Filmen des Storyboards

Filmen Sie anschließend exakt in der Reihenfolge Ihres Storyboards und den von Ihnen vorher festgelegten Einstellungslängen, Aufnahmewinkeln und Einstellungsgrößen jede Einstellung.

Fügen Sie 10 bis 20 sehr kurze Einstellungen von jeweils zwei Sekunden bei statischer Kamera von jeweils anderen Sitzpositionen nach dem Kameraaufzug ein.

8. Einfügen statischer Einstellungen der Totalen

Ende

Die kameratechnische Umsetzung ist hierbei relativ einfach und wenig zeitaufwändig. Da es sich um eine Aneinanderreihung von vielen kurzen Einstellungen handelt, besteht die Herausforderung darin, das Equipment exakt zu kennen und den Umgang (Ein- bzw. Ausschalten) exakt steuern zu können.

Gerade zu Anfang sollte jede Darstellung vor der Kamera einige Male geprobt werden. Und erst wenn Kameraführung, Kamerawinkel und die Darstellung der handelnden Person stimmen, sollte aufgenommen werden.

Das parallele Abspielen eines Techno-Musiktitels oder das akustische Einblenden einer relativ monotonen Tonquelle wie Wasserplätschern könnte ebenfalls zu verwertbaren Ergebnissen führen.

Auch wenn diese Übung relativ einfach wirkt, liegen jedoch einige Planungsschritte in der Aufgabenstellung verborgen, die die Komplexität der Filmsprache deutlich machen. Die Auswahl der Kamerastandpunkte sollte so sein, dass jeder Aufnahmewinkel ganz bewusst mit der damit verbundenen Aussage des Bildes verbunden ist.

Beim mehrmaligen Betrachten dieser Kameraschnittsequenz werden dann häufig die Schwächen bestimmter Einstellungen deutlich. In uns als Betrachter konkretisiert sich ein Bild vom Charakter unseres Darstellers bzw. wie bestimmte Charakterzüge noch besser durch andere Einstellungen dargestellt werden könnten. Nervöse Darsteller könnten durch sehr kurze Einstellungen eines zuckenden Auges bzw. der an der Kleidung zupfenden Finger charakterisiert werden. Ruhige gesetzte Persönlichkeiten würden durch die Verfolgung einer Körperbewegung, die künstlich langsam ausgeführt wird (wie z.B. das Greifen zur Stuhllehne), dargestellt.

Parallelmontage

In der folgenden Übung beschäftigen wir uns mit der Parallelmontage beim Kameraschnitt. Damit wachsen die Herausforderungen. Sie müssen nun noch konkreter planen, da ein szenischer Wechsel stattfindet. Das bedeutet für Sie, das Equipment muss umgebaut, die Anschlüsse müssen exakter geplant werden.

Varianten

Nicht berücksichtigt wurden in diesem Beispiel der Ton und dramaturgische Aspekte. Sie können diese einfließen lassen, indem Sie die Story ergänzen.

Die Bildeinstellungen der ersten Übung könnten bleiben, werden aber nun durch eine abschließende Bildsequenz ergänzt. Nun wäre der Einsatz eines Stativs erforderlich. Beim späteren Sichten dieses Kameraschnitts würde die Hauptperson alle zwei Sekunden in eine andere Sitzposition kommen. Das Bild würde an dieser Stelle springen. Diese durch den Bildschnitt und die Bildfrequenz erstellte dramaturgische Steigerung könnte zum Ende hin durch einen Plot aufgelöst werden. Die letzte Einstellung könnte den Stuhl leer zeigen.

Schritt für Schritt: Kameraschnitt bei einer Parallelhandlung: »Platz nehmen an zwei Orten«

Die Parallelhandlung setzt voraus, dass eine logische Verbindung zwischen zwei Spielhandlungen existiert. In unserem Beispiel sollte die zweite Spielebene ebenfalls einfach gestaltet sein, sodass bei der Auflösung in einzelne Einstellungen nicht zusätzliche Probleme hinzukommen.

Die Handlung der zweiten Ebene besteht in einem Telefongespräch. Die Geschichte: Eine Person sucht im Telefonbuch nach einer Nummer und wählt dann. Drehort ist ein anderer Raum als in Handlungsebene 1 zur gleichen Zeit.

***1. Filmen der Person 1 –
Handlungsebene 1***

Filmen Sie Person 1 aus Handlung 1, wie sie den Raum betritt (wie in Übung 1 beschrieben) und sich auf den Stuhl zubewegt.

***2. Filmen der Person 2 –
Handlungsebene 2***

Die nächste Einstellung wäre die Handlungsebene 2. Hier sitzt die Person am Schreibtisch und blättert im Telefonbuch.

Nehmen Sie zur Charakterisierung dieser Person, die im Gegensatz zu unserem anderen Darsteller ein ruhiger Typ ist, längere Einstellungen auf. Detailaufnahmen würden Bilder von Charaktereigenschaften der Person visualisieren. Das könnte eine dampfende Tasse Kaffee auf dem Schreibtisch sein, aber auch der ruhige Griff zum Telefonbuch, der mit der Kamera verfolgt wird. Ruhige Schwenks und gleitende Bewegungen ständen hier gegenüber kurzen Festeinstellungen der Handlungsebene 1 im Vordergrund.

Wechseln Sie jeweils nach wenigen Einstellungen in dieser Parallel-montage den Drehort.

3. Drehortwechsel

Verknüpfen Sie die beiden Handlungsebenen durch verbindende Elemente: Z.B. ist der gleiche Radiosender im Hintergrund zu hören.

4. Verknüpfen der beiden Handlungsebenen Ende

An dem Beispiel wird deutlich, dass ein Kameraschnitt, gerade wenn mehrere Handlungsebenen parallel ablaufen, von der Organisation und Handhabung aufwändiger ist als eine spätere Nachbearbeitung. Andererseits darf man auch nicht die Vorteile dieses methodischen Vorgehens übersehen:

▶ Die Dreharbeiten lassen sich in sehr kurzer Zeit realisieren.
▶ Das aufgenommene Material kann direkt nach Abschluss der Dreharbeiten angeschaut werden, die oft langwierige Nachbearbeitung entfällt.

Da beim Kameraschnitt eine gute Vertonung und ein bildgenaues Schneiden nicht möglich sind, werden Sie früher oder später an einer ordentlichen Nachbearbeitung (auch der per Kameraschnitt aufgezeichneten Videosequenzen) nicht vorbeikommen.

7.2 Wie kommt der Film in den Computer?

Der harte Schnitt kann heute leicht auf allen gängigen Schnittsystemen sowohl auf Mac- als auch auf PC-Basis realisiert werden. Wir sprechen dabei von non-linearer Videobearbeitung. Was bedeutet,

Kameraschnitt und Ton

Da, wie schon erwähnt, beim Kameraschnitt eine durchlaufende Tonspur nur sehr schwer realisierbar ist, bietet sich bei den Aufnahmen der einzelnen Einstellungen das parallele Aufnehmen von Tonfragmenten an. Dies könnten kurz gesprochene Worte oder Geräusche sein. In unserem Beispiel könnte es das Wort »Stuhl« oder »Platz« sein, das erst langsam wiederholt und bei den letzten Einstellungen dann immer schneller gesprochen wird. Selbst wenn durch den Filmschnitt das Wort Stuhl an vereinzelten Stellen zerstückelt würde, wäre beim späteren Betrachten die Aufzählung des Begriffs durchgängig und die Steigerung der Geschwindigkeit bis zum Plot würde den dramaturgischen Ansatz unterstreichen.

Zuspielgerät

DV-Kameras besitzen in vielen Fällen heutzutage die schon beschriebene FireWire-Schnittstelle. Die Hersteller haben dabei diesen Anschluss integriert, um Ihnen die Möglichkeit einzuräumen, das aufgenommene Material direkt auf den Computer zu überspielen. In diesem Fall fungiert die Kamera als Abspielinstrument und ist durch das Sichten, Aussuchen von Bildsequenzen und Überspielen einer hohen mechanischen Beanspruchung ausgesetzt. All denjenigen, die häufiger Videosequenzen auf Ihrem Computer nachbearbeiten möchten, sei angeraten, sich irgendwann ein eigenes Zuspielgerät anzuschaffen.

Ton capturen

Bei den Toneingängen, die häufig über Cinchbuchsen oder kleine Klinkenbuchsen ausgestattet sind, kann es notwendig sein, die Verbindung über einen Adapter herzustellen. Sollte die verwendete Karte keinen eigenen Toneingang aufweisen, besteht die Möglichkeit, von der Kamera aus das Tonsignal direkt in die im Rechner bereits befindliche Audiokarte zu überführen. Diese Vorgehensweise hat allerdings den geringfügigen Nachteil, dass es dabei zu leichten Asynchronitäten kommen kann. Hier hilft es nur, auszuprobieren oder gegebenenfalls die Videokarte gegen eine Platine mit Toneingang auszutauschen.

dass das Video zum Bearbeiten auf die Festplatte eines Computers übertragen wird. Dieser Vorgang heißt neudeutsch auch **Capturen**. Das Video wird auf der Festplatte in einer oder mehreren Dateien gespeichert und kann dann mithilfe von Videoeditoren weiterverarbeitet werden.

Analoges Material digitalisieren

Auch wenn dieses Buch von seinem Titel her vorwiegend Digitalfilmer anspricht, möchte ich auch demjenigen zu einem erfolgreichen Überspielen seiner Filmsequenzen verhelfen, der auf einem analogen Camcorder, also zum Beispiel im Format Hi8 oder S-VHS, aufgenommen hat.

Ältere Videorecorder und Kameras arbeiten mit Analogsignalen. Um Videos mittels eines Computers zu bearbeiten, muss das Signal vor der digitalen Nachbearbeitung digitalisiert werden. Dies ist mit einer entsprechenden Software und einer Videokarte möglich. Letztere können Grafikkarten mit Video-In/-Out, TV-Karten oder reine Videokarten (Videograbber) sein.

Das dabei entstehende Standardformat Ihres Filmes heißt auf Windows-PCs danach AVI. Diese AVI-Dateien können auch Audiosignale beinhalten. Bei Mac-Rechnern heißt das Format MOV.

Die Analogkameras besitzen im Normalfall eine Video-Out-Buchse. Von dort aus geht das Signal über das entsprechende Kabel in den Computer, und zwar in eine geeignete Karte, die die analogen Signale in digitale verwandelt. Im Fachhandel existiert hierzu mittlerweile eine Vielzahl von nachträglich einbaubaren Videokarten, die in Ergänzung mit einer Software eingehende analoge Video- und Audiosignale digitalisieren. Sehr oft ist die Montage und Installation dieser Karten recht einfach, da sie nach dem Montieren in dem freien Slot per Plug and Play vom Rechner erkannt und mit der beiliegenden Software dann aktiviert werden können. Diese Karten weisen je nach Ausstattung und Preis einen Videoeingang (SPAS/Composite) oder einen S-VHS-Eingang auf. Seltener findet man Videokarten mit Komponenten-Eingängen, da dieser Bereich mehr dem Profi-Equipment zuzuordnen ist.

Da mittlerweile immer mehr Hersteller ihre Rechner mit bereits installierten Video- oder sogar FireWire-Karten auf dem Markt anbieten und diese Rechner häufig auch noch mit Software-Paketen für die Schnittbearbeitung ausstatten, sind all diejenigen gut versorgt, die einen neuen Rechner besitzen.

Häufiger tauchen Probleme auf, wenn Karten schon vorhanden sind oder eine neue Karte installiert werden soll, diese sich aber mit dem bisher benutzten Schnittprogramm nicht kompatibel ist. In diesen Fällen ist es manchmal möglich, die benötigten Tools des Schnittprogramms beim Hersteller aus dem Internet herunterzuladen. Einfacher ist allerdings das umgekehrte Vorgehen: Schauen Sie in Ihrem favorisierten Schnittprogramm nach, welche Videokarten dieses unterstützt und wählen Sie sich dann die für Sie geeignete Karte aus.

▲ **Abbildung 2**
Das IEEE-Kabel

Digitales Material überspielen

Das Digitalisieren entfällt natürlich bei dem digital aufgezeichneten Video (DV). Deshalb können Sie in diesem Fall das digitale Signal direkt kopieren, ohne den Umweg über einen Decoder und die analogen Ausgänge zu nehmen. Hierfür ist am Camcorder (bei häufigerem Schnitt am Zuspieler) und am Rechner ein **FireWire**-Anschluss vorgesehen.

Damit FireWire-Schnittstellen und die entsprechend benötigten FireWire-Karten von Ihrer genutzten Schnitt-Software erkannt werden, hat die Industrie einen einheitlichen Standard geschaffen. Dieser UHCI-Standard definiert zentrale Charakteristika von Schnittstelle und Karte und sollte zu einer problemlosen Integration der Peripherie während der Schnittarbeit führen. Doch ab und an existieren auch bei FireWire-Karten Kompatibilitätsprobleme, die im Einzelfall über den Informationsaustausch mit dem Kartenhersteller oder dem Schnittprogrammhersteller ausgeräumt werden müssen.

In den meisten Fällen existieren schon in die Schnittprogramme integrierte Funktionen, die das Digitalisieren oder Capturen für Sie zu einem einfach handhabbaren Vorgang machen. Sollten Sie noch nicht im Besitz einer Schnitt-Software sein, existieren auf dem Markt auch so genannte Capture-Programme, die ausschließlich dafür vorgesehen sind, die Videodaten zu überspielen. Dafür ist es notwendig, dass in diesen Programmen die entsprechenden filmischen Sequenzen angefahren und markiert werden können, um dann auf dem Rechner abgelegt zu werden.

Manchmal besitzen derartige Programme auch eine Batch-Capture-Funktion. Diese hilft Ihnen, Festplattenplatz zu sparen, denn in einem ersten Arbeitsschritt können Sie dort alle infrage kommenden filmischen Sequenzen markieren (diese werden dann noch nicht digitalisiert) und erst anschließend wird die entstandene Einstellungsliste automatisch digitalisiert und auf Ihrem Rechner abgelegt.

FireWire

FireWire bezeichnet die Schnittstelle für eine serielle Übertragung von Daten und hat sich als Standard bei der Übertragung von digitalem Videomaterial durchgesetzt. Ehemals ein Markenname von Apple kann dieser nun auch von anderen Herstellern verwendet werden. FireWire ist auch unter der Bezeichnung IEEE 1394 geläufig. Bei Sony hat diese Schnittstelle den Namen iLink. Die Übertragungsraten von FireWire liegen bei 400 MBit/s. Das auf der Macworld 2003 von Apple vorgestellte FireWire 800 schafft eine Datenrate von 800 MBit/s.
Für die Videoübertragung vom Abspieler zum Computer reicht die normale FireWire-Schnittstelle. Die Schnittstelle ist häufig bei DV-Camcordern vierpolig, an Rechnern dagegen sechspolig. Das bedeutet, dass das zu verwendende Kabel an dem einen Ende einen kleineren Stecker als an der Rechnerseite aufweisen sollte. Der Unterschied der Schnittstellen bzw. Stecker ändert allerdings nichts an der verwendeten Datenübertragung. →

→ Vielmehr sind bei sechspoligen Schnittstellen zwei Adern für die Stromversorgung der Endgeräte vorgesehen. Da Ihre Kamera während des Überspielens in den meisten Fällen über ein Netzteil oder über Akku betrieben wird, sind diese beiden Adern also nicht notwendig. Pro Überspielrichtung werden jeweils zwei Leitungen benötigt. Über diese Adern werden die Bild- und Audioinformationen sowie alle Signale für die Fernsteuerung übertragen.

▲ **Abbildung 3**
Der FireWire-Eingang

Datenmengen beim Capturen

Beim Capturen vom DV-Video über die FireWire-Schnittstelle wird das Videosignal ohne weitere Kompression im Verhältnis 1:1 von der Kamera in den PC übertragen. Dort wird der Datenstrom als AVI oder MOV (je nach Rechnerwelt) gespeichert. Bei diesem Prozess fällt pro aufgezeichneter Videominute eine recht große Datenmenge (220 MB pro Minute) an. Bei der Überspielung von 100 Minuten Video, was als Schnittgrundlage nicht selten ist, benötigen Sie also mindestens eine 25 GB große Festplatte.

Ein etwas anderes Verfahren ist das so genannte **Proxy-, Smart- oder Preview-Capture**. Bei diesem Verfahren wird das DV-Video zunächst nur in einer Vorschauqualität auf der Festplatte gespeichert. Damit ist es möglich, eine Stunde Video in einer 300 MB großen Datei zu speichern. Dieses Vorschauvideo (Preview) wird dann als Stellvertreter für das DV-Video bearbeitet. Ist das Video fertig, werden vor dem endgültigen Erstellen des Videos alle in dem fertigen Video benötigten Szenen noch einmal, diesmal aber in voller DV-Qualität, vom Band gecaptured. Dieser Vorgang erfolgt automatisch, ähnlich dem Batch-Capture. Erst danach wird das Video endgültig gerendert und auf das Band überspielt.

Warum dieser Umstand? Mit Preview-Capture ist es möglich, mehrere Stunden Video auf einmal im PC zu halten und zu bearbeiten. Wer aus mehreren Stunden Video einen Zusammenschnitt erstellen will, kann dies hiermit sehr einfach tun, ohne jedes Mal den Camcorder bemühen zu müssen, wenn man eine Szene sucht, die noch nicht gecaptured ist. Das Verfahren ist damit sehr schonend für den Camcorder. Des Weiteren geht das Bearbeiten des Videos wesentlich schneller, da praktisch keine oder wesentlich geringere Berechnungszeiten bei Übergängen und Effekten anfallen. Der Nachteil ist, dass das zweite Capturen natürlich Zeit kostet – und dass es schwieriger bzw. fast unmöglich ist, komplexe Effekte in der Vorschau richtig zu beurteilen.

Organisation des Überspielens

Beim Überspielen Ihrer Videosequenzen haben Sie nun nach erfolgreicher Verbindung von Zuspieler (Kamera oder Player) mit dem Schnittcomputer mehrere Möglichkeiten, Ihr Videomaterial zu organisieren, um in einem Zuspielstück später die gewünschten Sequenzen zu finden.

▶ Bei der **automatischen Szenenerkennung** geschieht Folgendes: Nachdem Sie das DV-Band in den Zuspieler gelegt haben, wird dieses komplett abgespielt. Von dem Programm werden nun alle Anfangs- und Endpunkte jeder aufgenommenen Szene erkannt und per Timecode registriert. Das Programm kann Szenenwechsel erkennen, weil bei den entsprechenden Schnitten jeweils der Gesamtbildinhalt wechselt, sich also vom letzten zum neuen Bild die Informationen aller Pixel verändern. Außerdem ist bei DV-Aufnahmen ein Szenenwechsel durch das Wechseln der Uhrzeit bzw. Datumsangaben möglich. Nach dem Registrieren aller Ein- und Ausstiegswerte und dem automatischen Anfertigen einer entsprechenden Liste erfolgt in einem anschließenden Verfahren das Capturen. Da in diesem Verfahren zwar die Schnittstellen erkannt und in der Weiterbearbeitung berücksichtigt werden, jedoch nicht die filmischen Inhalte, entbindet es nicht von der Notwendigkeit, die dann auf der Festplatte nummeriert abgelegten einzelnen Clips im Nachhinein zu sichten und entsprechend zu benennen. Dieser Hinweis gilt selbstverständlich nur für organisiert arbeitende Videonutzer, wozu ich Sie einmal zählen möchte.

Das Verfahren der automatischen Szenenerkennung hat den Nachteil, dass Ihre Kamera relativ stark beansprucht wird, da sie sehr häufig zwischen Play-, Stopp- und Pausen-Modus wechselt.

▶ Kameraschonender ist das **vollständige Capturen**. Dies setzt allerdings ausreichend Plattenplatz und, wie beschrieben, ein Betriebssystem voraus, das größere Datenblöcke erlaubt. Auch wenn in diesem Fall das Zuspiel-Equipment geschont wird, ist das Verfahren trotzdem nicht ratsam, denn Sie verlieren die Materialübersicht und belasten den Arbeitsprozessor Ihres Rechners. (Siehe auch den Infokasten »Nachträglich in Sequenzen capturen auf Seite 196.)

▶ Die beiden bisher dargestellten Möglichkeiten des Capturens werden nun durch eine dritte Variante, die von Profis bevorzugt wird, erweitert. Dabei handelt es sich um die **manuelle Markierung** der ausgewählten Einstellungen und deren anschließende Digitalisierung auf dem Rechner. Achten Sie bei dieser Vorgehensweise darauf, dass Sie Ihrer ausgesuchten Sequenz vorne und hinten ein wenig »Fleisch« geben, Sie also später noch Chancen für Überblendungen und den Einsatz von Effekten haben. Der Nachteil dieser sehr zielgerichteten Form des Capturens liegt sicherlich in der hohen Beanspruchung des Zuspielers und ist nur dann kompensierbar, wenn Sie nicht mit Ihrer Kamera als Zuspielgerät arbeiten.

Kompression

Digitalisierte Sequenzen, vor allem aber der fertig geschnittene Film, können anschließend in ihrer Datenmenge noch weiter reduziert werden. Dazu einige Hintergründe zu Formaten, Kompressionen und Codecs.

Codecs funktionieren so, dass sie Video- und Audioaufzeichnungen nach einem definierten Algorithmus komprimieren, aber auch wieder entschlüsseln. Dieser Vorgang kann über eine **Hardware-**

Speicherplatz

Beim Digitalisieren von längeren Videosequenzen kann es vorkommen, dass Besitzer von älteren Rechnern mit einer unschönen Fehlermeldung konfrontiert werden. Das Gerät signalisiert dann, dass die auf der Festplatte zu speichernde Datei die Maximalgröße von 1, 2 oder 4 GB überschreiten wird. In manchen Fällen wird der Digitalisierungsvorgang bei Erreichen dieser Maximalgrenzen abgebrochen, manchmal aber auch gar nicht erst begonnen. Gehen wir einmal davon aus, dass Ihre Festplatte ausreichend Kapazität für die Digitalisierung bereitstellt, kann dieses Problem durch das verwendete Betriebssystem hervorgerufen werden. Neuere Betriebssysteme weisen diese Grenzen bzgl. Dateigrößen nicht mehr auf.

Kurze Videosequenzen digitalisieren

Um das Problem der Speicherbegrenzung zu umgehen, aber auch der Übersichtlichkeit wegen ist es ratsam, nur kurze Filmsequenzen mit maximalen Längen von drei Minuten zu digitalisieren. Denn mit der Länge der überspielten Filmstücke wächst nicht automatisch Ihre Timeline. Das bedeutet, dass es dadurch zunehmend schwierig wird, in dem Material die richtige Stelle zu finden. Außerdem belasten beim Schnitt aktivierte lange Sequenzen den Arbeitsspeicher.

Nachträglich in Sequenzen capturen

Vollständig gecapturete Aufnahmen können im Nachhinein über entsprechende Software-Tools, die im Internet frei downloadbar sind, in einzelne Sequenzen aufgeteilt werden. Diese Tools erledigen dann nach dem gleichen Muster die Szenenerkennung und legen anschließend eine Liste der jeweiligen Sequenzen an. Trotzdem unterscheidet sich dieses Verfahren, auch wenn das Ergebnis mit dem vorherigen vergleichbar ist, darin, dass beim vollständigen Capturen rein physikalisch eine Datei gebildet wird und die spätere Aufteilung darin besteht, dass Verweise auf diesen Datenblock erzeugt werden. Bei der Bearbeitung der einzelnen Sequenzen befindet sich also immer die gesamte Datei im Arbeitsspeicher.

Codec

Der Codec (Compressor/Decompressor) ist ein mathematischer Algorithmus für das Komprimieren und Dekomprimieren von Video- und Audiodaten.

Komponente realisiert werden, also über eine Karte in einem freien Steckplatz, sodass auch langsamere Rechner einsetzbar sind (Hardcodec). Findet die Kompression dagegen im Hauptrechner statt – und dies ist heute bei den sehr leistungsfähigen Computern ohne Problem in Echtzeit möglich –, realisieren **Software-Pakete** (Softcodecs) den Prozess. Immer wieder verbesserte Software-Lösungen für die optimierte Ausnutzung der Softcodecs helfen Ihnen als Verbraucher im DV-Bereich, problemlos zu komprimieren und dabei bereits Effekte zu integrieren. Der Trend geht dahin, externe Hardware-Lösungen überflüssig zu machen, da sie für den Verbraucher zur Folge haben, dass Installationen und ein zusätzlicher Kostenfaktor nötig werden.

DV-Codec

Beim digitalen Filmen, also beim Aufzeichnen von Szenen und Einstellungen mit Ihrer DV-Kamera, verwenden Sie den so genannten **DV-Codec.** Dieser komprimiert jedes einzelne Bild. Das hat den Vorteil, dass Sie in der späteren Nachbearbeitung bildgenau schneiden können. Das Verfahren hat allerdings den Nachteil, dass die Datenmenge größer als bei anderen Codecs (wie MPEG) ist. Für Internetpräsentationen oder Überspielung auf DVD eignet sich deshalb dieser Codec nicht.

Sollten Sie beabsichtigen, den von Ihnen fertig produzierten Film möglichst Platz sparend, also in geringer Datenmenge, auf irgendeinem Datenträger abzulegen, empfiehlt sich die Nutzung eines anderen Codec, der allerdings eine exakte Nachbearbeitung nicht mehr erlaubt, da er mehrere Bilder als Bildblöcke zur Kompression nutzt, nämlich der MPEG-Codec.

MPEG-Codec

Bei dieser Form der Komprimierung werden die wirklichen Unterschiede von Bild zu Bild berücksichtigt: Das, was sich nicht bewegt bzw. über mehrere Bilder gleich bleibt, muss weniger aufwändig in seiner Datenmenge reduziert werden. Dadurch erreicht man eine sehr hohe Datenreduzierung. Bereits in dem Kapitel Aufnahme wurde darauf hingewiesen, dass gerade dieses Verfahren der Kompression den Einsatz von Stativen erforderlich macht, da schon minimale Kamerabewegungen das sonst vielleicht statische Motiv zu einer permanenten Bildveränderung bringen. Und dies bedeutet für die Kompression, dass jeweils das ganze Bild gegenüber dem folgenden und vorhergehenden datenreduziert werden muss.

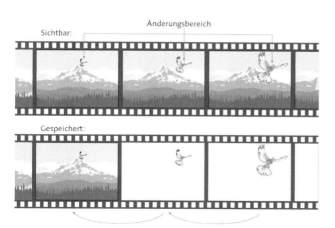

▲ Abbildung 4
Nur der Änderungsbereich wird abgespeichert.

▶ **MPEG 1:** Vielleicht bedingt durch das Alter dieses Codec, ist die Bildqualität noch relativ schlecht und mit unseren alten VHS-Aufnahmen zu vergleichen. In MPEG 1 komprimierte Aufnahmen haben jedoch den Vorteil, dass sie sehr kompatibel sind, sodass 70 Minuten Videofilm, auf einen CD-Rohling überspielt, auf verschiedenen Rechnerplattformen laufen.

▶ **MPEG 2:** Dieser Codec ist Ihnen sicherlich dadurch bekannt, dass er heute Anwendung auf allen gängigen DVDs findet. Die Komprimierung erzeugt eine sehr gute Bildqualität und ist bei guter Vorarbeit kaum von Originalvideoaufnahmen zu unterscheiden. Die gute Qualität hat allerdings eine höhere Datenmenge zur Folge, sodass auf normalen CDs maximal 20 Minuten Video unterzubringen sind. Dies hängt dann von individuellen Einstellungen der Kompression ab, denn bei der Komprimierung kann zwischen variabler und fester Kompression gewählt werden. Da mittlerweile viele Rechner bereits mit DVD-Laufwerken und einige auch mit DVD-Brennern ausgestattet sind, besteht die Möglichkeit selbst produzierte Filme in diesem Standard zu komprimieren und auch mit einer Länge von rund einer Stunde auf einer Silberscheibe abzuspeichern – also derzeitig die optimale Möglichkeit, bei guter Qualität seine Filme zu archivieren.

▶ **MPEG 4:** Diese Form der Komprimierung steht in ihrer Qualität zwischen dem MPEG 1- und MPEG 2-Kodierungsverfahren. Es eignet sich besonders dann, wenn eine sehr hohe Qualität nicht

Dateiformate vs. Codec

Vielleicht fragen Sie sich, was die Diskussion der Codecs und Kompressionsverfahren eigentlich soll; es ist ja ohnehin im Finder bzw. Explorer immer das gleiche Symbol für Videodateien zu sehen. Videos werden stets als Videodatei eines bestimmten Typs auf der Festplatte abgelegt und innerhalb dieser Dateiformate kommen die Codecs zur Anwendung. Die häufigsten Dateiformate für digitale Videos sind **Apple QuickTime** und **Microsoft AVI**. AVI steht für »Audio Video Interleave« und Dateien dieses Typs werden standardmäßig mit dem Windows Media Player abgespielt. Für QuickTime-Dateien, die übrigens im Explorer die Dateinamenserweiterung MOV tragen, wird der Apple QuickTime-Player verwendet. Beide Formate bieten mehr Funktionalität als nur die Speicherung von Videos. Insbesonders das Apple QuickTime-Format etabliert sich immer stärker als ein universelles Multimediaformat.

CONTAINER

▲ Abbildung 5
Die Filmdateien auf der Festplatte entsprechen Containern, in denen sich das Video befindet. Innerhalb des Dateiformats können unterschiedliche Codecs zur Anwendung kommen.

Festplattenkapazität

Ganz gleich, wie später Ihr aufgenommener und nachbearbeiteter Film komprimiert wird, welchen Codec Sie wählen und wie das dann erzeugte Medium gespeichert wird: Zuerst einmal müssen die Daten beim Digitalisieren auf Ihre Festplatte gelangen; diese liegen in der Regel als DV-Codec vor. Der Datenstrom dieses im Verhältnis 1:5 komprimierten Datenmaterials beträgt dabei ca. 3,6 MB pro Sekunde. Dies hat zur Folge, dass die interne Verbindung zwischen FireWire-Schnittstelle und Festplatte zumindest kontinuierlich diese Transferleistung erbringen muss. Besser ist ein Datentransfer von mehr als 4 MB pro Sekunde. Um dies zu realisieren, ist eine schnelle Festplatte erforderlich.

Bei intensiver Beschäftigung mit dem Medium Video werden Sie sich vermutlich irgendwann dafür entscheiden, zusätzlich eine weitere schnelle Festplatte anzuschaffen, damit auch größere Videoprojekte mit noch mehr Ausgangsmaterial problemlos digitalisierbar sind und eine optimale Auswahl bei der Schnittgestaltung gestatten.

unbedingt notwendig ist, aber ein längerer Film unbedingt auf eine DVD gebrannt werden muss.

7.3 Schnitt

Nach erfolgreichem Überspielen der Videosequenzen auf Ihren Rechner kann mit der eigentlichen Nachbearbeitung begonnen werden, bei der unterschieden wird zwischen

1. dem Schnitt, also der Montage Ihrer produzierten Videoaufnahme auf einem entsprechend ausgestatteten Rechner, und
2. der »Anreicherung« dieser Montage durch zusätzliche gestalterische Elemente. Dies können Schriften, Grafiken, 2D- bzw. 3D-Animationen, das gesamte Spektrum der Tonbearbeitung oder aber auch technische Veränderungen (für spezielle Projektionen) sein.

Legen Sie durch einen harten Schnitt die im Storyboard geplanten Einstellungen hintereinander. Achten Sie in dieser Phase noch nicht direkt auf einen bildgenauen Übergang. Schneiden Sie möglicherweise die eine Sekunde vor Futter und die eine Sekunde nach Futter mit in diesen **Grobschnitt**. Betrachten Sie sich anschließend diesen Grobschnitt mehrfach. Sie werden feststellen, dass es Passagen gibt, die Sie problemlos akzeptieren, sogar favorisieren, aber auch Phasen des filmischen Verlaufes, die Ihnen holprig oder unverständlich erscheinen.

Erst wenn der gesamte filmische Verlauf einigermaßen flüssig funktioniert und die beabsichtigte Story übermittelt wird, sollten Sie sich freieren Formen der Nachbearbeitung, also dem Feinschnitt, zuwenden.

Beispiel: Um die Personen- und Landschaftsaufnahmen einer Urlaubsreise optisch voneinander zu trennen, könnten alle Personenaufnahmen schwarz-weiß gehalten werden, die Landschaftsaufnahmen dagegen farbig. Da diese Schritte bei Nichtgefallen problemlos rückgängig gemacht werden können, sollten Sie es einfach ausprobieren, also den Mut dazu haben, auch tiefer greifende Veränderungen vorzunehmen.

Industrieaufnahmen von einem Unternehmen, das in seiner Präsentation mit der Farbe Blau wirbt, können problemlos in Nachbearbeitungsprogrammen wie Adobe After Effects oder bereits im Schnittprogramm farblich verändert werden. Diese Nachbearbeitungsprogramme ermöglichen, ähnlich wie Photoshop und andere Grafikprogramme, den Einsatz von Filtern und damit eine sehr individuelle Veränderung von Filmsequenzen. Nachteil hierbei ist jedoch häufig eine noch längere Render-Zeit und ein entsprechender Speicherbedarf Ihres Rechners.

Schnitt in der Bewegung

Eine Grundregel des Schnittpunktes lautet, ihn genau dort zu lokalisieren, wo sich entweder ein Gegenstand oder eine Person in Bewegung befindet.

Beispiel: Ein Hochofenarbeiter wischt sich mit dem Handrücken den Schweiß aus dem Gesicht. In der ersten Einstellung sehen wir den Hochofenarbeiter in der Totalen, bei der zweiten Einstellung in Nahaufnahme, d.h. das Gesicht bis zum Ellenbogen. Der Schnittpunkt läge genau in der Bewegung des Handrückens aus dem Hüftbereich zur Stirn.

> **Welche Schnittprogramme gibt es?**
>
> Es gibt diverse Schnittprogramme auf dem Markt, über die Sie sich z.B. auf den Webseiten von www.slashcam.de genauer informieren können. Auf dem Mac bietet Apple zwei Systeme an: Final Cut Express für den Hobbyanwender und Final Cut Pro für den professionellen Einsatz. Auf dem PC gibt es von Adobe das Programm Premiere, zurzeit in der Version Pro erhältlich. Außerdem sind Avid Free DV, Avid Xpress Pro, Pinnacle Edition, Ulead Studio und viele andere auf dem Markt erhältlich.

▲ **Abbildung 6**
Schnittwechsel der Hochofenszene durch Wechsel zwischen Nah- und Totaleinstellung

> **Gute Materialsicht**
>
> Esist es von ganz besonderer Wichtigkeit, dass Sie Ihr aufgenommenes und nun überspieltes Material bestens kennen. Denn nur dann gehen keine schönen Einstellungen verloren. Eine gute Materialsicht ist unabdingbar, um eine optimale Montage zu erreichen.

Um die Bewegung über die Schnittmarke hinaus linear zu halten, sollte die Bewegung des Handrückens exakt lokalisiert werden, sodass der Schnittpunkt gesetzt wird, wenn sich dieser exakt in Kinnhöhe befindet. Die Naheinstellung beginnt dann auf jeden Fall mit einem Bild, in dem der Handrücken sich mindestens schon in Kinn-

> **Konstanz**
>
> Benutzen Sie in der Montage wenige Gestaltungselemente und behalten Sie dies über den gesamten filmischen Verlauf bei.

höhe befindet. Manchmal ist es notwendig, einige Bilder später in die neue Einstellung einzusteigen, in diesem Beispiel also dann, wenn sich der Handrücken bereits im Wangenbereich befindet. Hintergrund für diesen eigentlichen Sprung in der Ablaufkontinuität ist die Tatsache, dass das Auge nach dem Bildschnitt einige Millisekunden zur Orientierung benötigt. Diese würden bei einem kontinuierlichen Handlungsablauf als kurzer Stopper empfunden.

Schnitt in der Bewegung heißt also, dass die Dynamik des Betrachtungsobjekts in unserem Bildfenster genutzt wird, um von einer Einstellung in die nächste zu gelangen. In diesem Falle ist das Betrachtungsobjekt der bewegte Teil. Eine Alternative dazu ist die bewegte Kamera: Ein Schwenk durch eine Fabrikhalle oder einen Büroraum kann an der Stelle geschnitten werden, wo die Kamera einen in Kameranähe stehenden Balken, Pfeiler oder Gegenstand passiert.

Beispiel: Bei dem auf Video dokumentierten Fahrradausflug wird die Familie von der gegenüberliegenden Straßenseite aufgenommen. Ein vorbeifahrendes Auto verdeckt für einen kurzen Moment die Radfahrer im Bild. Der Anschlusspunkt zum nächsten Bild wäre nun nicht die Stelle, in der das vorbeifahrende Auto noch nicht oder bereits nicht mehr die Fahrradfahrer verdeckt, sondern exakt der Moment, in dem das Auto an den Radfahrern vorbeiwischt.

Will man in eine Bewegung hineinschneiden, setzt dies ausreichende Übung voraus. Ein noch relativ einfaches und nachvollziehbares Vorgehen besteht im Zoom auf einen Gegenstand, in dem dann eine Montage stattfindet und durch eine Überblendung in die neue Einstellung übergeleitet wird. Schwieriger wird es bei einem Schwenk von links nach rechts oder von oben nach unten und einem darauf folgenden Schwenk in entgegengesetzter bzw. gleicher Richtung. Vermeiden Sie deshalb anfangs derartige Anschlussmöglichkeiten.

Beispiel: Sie betreten mit einer Kamera einen Aufzug, richten die Kamera auf die sich schließende Tür: Exakt beim Verschließen erfolgt der Anschluss in die nächste Einstellung.

Beispiel: Sie fahren mit einem PKW auf einer landschaftlich sehr schönen Strecke, die Kamera ist durch das Frontfenster nach vorne gerichtet, Sie befahren einen Tunnel: Exakt mit der Einfahrt in den Tunnel und dem Dunkelwerden erfolgt der Anschluss in die nächste Einstellung.

Beispiel: In einem Betrieb schließt sich eine tonnenschwere Presse und deckt durch die hydraulischen Gestänge oder die Präge-

---

Tipp

Vermeiden Sie bei der Montage eine Aneinanderreihung von Schwenks in verschiedene Richtungen.

Filmfutter drehen

Schalten Sie bei jeder Einstellung die Kamera jeweils einige Sekunden früher ein und später aus, um für die Nachbearbeitung entsprechendes Futter zu haben.

form das Kamerabild ab: Exakt an dieser Stelle böte sich die Möglichkeit einer Montage in die nächste Einstellung.

Schnitt nach Ton (Musikclip)

Bei der Produktion eines Musikvideoclips orientieren sich die Schnittstellen eindeutig an dem Takt der vorgegebenen Musik. Eine gleichmäßig auf jeden Takt wechselnde Sequenz sollte vermieden werden, da dieses Schnittschema Langeweile beim Betrachter erzeugen würde. Die dramaturgisch stärkeren Stellen der Musik würden durch entsprechende Takt- bzw. Zwischentaktschnitte zu einer schnelleren Schnittfolge führen. Balladenähnliche bzw. ruhigere Passagen erfahren entsprechend nur bei jedem zweiten bzw. dritten Takt einen Wechsel der Sequenz. Die handwerklichen Grundregeln des Schnitts treten bei Musikvideoclips oft in den Hintergrund oder werden sogar bewusst übertreten, um neue gestalterische Möglichkeiten zu finden. Beispiel hierfür sind bei gleicher Einstellungsgröße und gleichem Motiv pro Schnitt entsprechende Bildsprünge, die bei einer schnellen Schnittfolge einen **Stroboskop-Effekt** ergeben.

Da ein Musikvideoclip in der Regel dem künstlerischen Bereich zugerechnet wird, ist zunächst einmal alles erlaubt, was die künstlerische Aussage des Gesamtwerks unterstreichen könnte. Trotzdem werden Musikvideoclips nach einem klar strukturierten Aufbau montiert und bewegen sich auf einer möglichst einmal angelegten stilistischen Ebene. Umso mehr ist hierbei eine exakte Planung der Aufnahmen notwendig, auch wenn der Hauptteil der Arbeit in der Montage und Nachbearbeitung liegt. Zwar bieten die verfügbaren Schnittprogramme eine Vielzahl von Effekten, die verwendet werden können; hierbei jedoch sollte sich der Benutzer bewusst sein, dass gerade besonders ausgefallene Effekte eine sehr kurze Halbwertzeit haben und entsprechend schnell auch wieder »out« sind.

Musikgruppen, die auf dem Markt noch nicht bekannt sind, sollten in der Montage darauf achten, dass sie als Porträt oder Gruppe häufiger innerhalb des Clips auftauchen. Erst bei ausreichendem Bekanntheitsgrad kann der Anteil der persönlichen Bilder reduziert bzw. ganz gestrichen werden. Dann steht eine ideenreiche Umsetzung des Textes in entsprechendes Bildmaterial im Vordergrund.

Ermitteln des Takts und Schnittpunkts

Um den Schnittpunkt zu ermitteln, sollten die ersten Takte mit der Hand bzw. dem Finger mitgeklopft werden. Erst wenn der Finger sich im Schnittrhythmus bewegt, sollte die entsprechende Mark-In-Taste (im Rhythmus) gedrückt werden.

Ein Probeschnitt an dieser Stelle zeigt, dass auch gegebenenfalls durch **Trimmen** nach vorne oder hinten der Schnittpunkt korrigiert werden muss. Liegt dieser einmal fest, wird für den zweiten Schnittpunkt ähnlich verfahren. Der ermittelte Abstand zwischen den beiden Schnittpunkten wiederholt sich zumindest für die gesamte Musikpassage, sodass die folgenden Schnittmarken jeweils durch Sprung mit diesem Taktwert nach rechts versetzt werden können.

Trimmen

Trimmen bezeichnet das Beschneiden von Videomaterial in seiner Lauflänge.

Stroboskop-Effekt

Die dargestellten Objekte blitzen auf dem Bildschirm auf, das Auge erkennt keine zusammenhängende Bewegung mehr.

7.4 Montage von Anschlüssen

Gehen wir einmal davon aus, dass Sie als kameraführende Person scharfsinnig viele Anschlüsse vorher bedacht und auch umgesetzt haben, folgt in der Endmontage ein noch differenzierterer Umgang mit Ihrem qualitativ guten Material. Im Schnitt muss nun detailliert jene Bilder festgelegt werden, mit denen eine Einstellung endet und eine neue beginnt. Dieser Schnittpunkt kann trotz der bereits im Dreh berücksichtigten Anschlüsse unterschiedlich ausfallen.

Bei der Montage von Filmsequenzen unterscheiden wir zwischen

- zeitlichen Anschlüssen,
- räumlichen Anschlüssen und
- logischen Anschlüssen.

Beispiel für einen zeitlichen Anschluss

Ein Zug fährt in einen Bahnhof ein, zwei Reisende bereiten sich auf das Aussteigen vor, der Zug hält, die Türen öffnen sich, die Reisenden steigen aus.

▲ **Abbildung 7**
Zeitliche Anschlüsse bei einem einfahrenden Zug

Beispiel für einen räumlichen Anschluss

In dem Beispiel »Kunstausstellung Langenberg« sehen wir in der Totalen einen Friedhof mit ca. 40 maroden Flügeln und anderen Musikinstrumenten. In einer engeren Einstellung sehen wir dann anschließend Details von den Seiten der Flügel, von den herausgebrochenen Tasten etc.

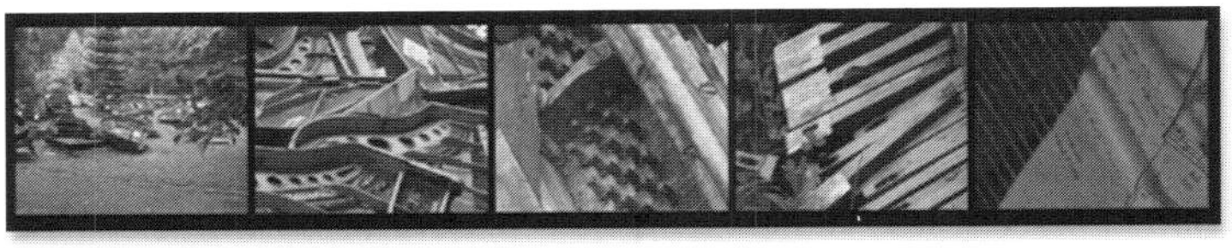

Abbildung 8 ▶
Räumlicher Anschluss –
Flügel in einem Park

Beispiel für einen logischen Anschluss

Wir sehen einen Metallbetrieb in einer Totalen von außen, verdichten per Zoom auf das Logo über dem Eingang und sehen im nächsten Bild einen Mann im Interview (den Chef). Wir stellen automatisch eine logische Verknüpfung zwischen der Person und dem Logo her, obwohl es keine Information darüber gibt, dass wir uns tatsächlich im zuvor gezeigten Gebäude befinden. Dann sehen wir einen Produktionsraum in der Totalen. Wieder verbinden wir logisch die Räume: Der Chef redet über diese Produktion. Die nächste Einstellung zeigt die unwirtschaftliche Maschine. Auch hier verbinden wir das gerade gefräste Zahnrad mit der Halle und der Aussage des Chefs.

▲ **Abbildung 9**
Logischer Anschluss – das Werk, der Chef, die Produktion, das Problem

7.5 Effekte

Sowohl die Schnittprogramme auf PC- oder Macintosh-Basis, die zu erschwinglichen Preisen erhältlich sind, als auch die mittlerweile als Free-Versionen downloadbaren Schnittprogramme (mit eingeschränkten Möglichkeiten) werben weniger mit einfach zu bedienenden und leicht zu handhabenden Grundschnittmodulen als mit der Anzahl von möglichen Effekten und Bildmanipulationen. Und der Reiz ist groß, diese Möglichkeiten auszuprobieren, also z.B. zu sehen, wie der Glas- oder Aquarellfilter aus der normal aufgenommenen Einstellung einen spannenden Gemäldeeindruck werden lässt.

Bei allen Angeboten und Möglichkeiten ist es jedoch wichtig, sich den Einsatz eines jeden Effekts in der Nachbearbeitung genau zu überlegen: Für welchen Zweck soll dieser eingesetzt werden, kann er die eigentliche Aussage des Films tatsächlich unterstreichen oder verunklart er diese für den Betrachter? Bei der Konzeption des gesamten Schnitts sollten zwar alle Möglichkeiten, die im Programm zur Verfügung stehen, bekannt sein, jedoch eine Auswahl bestimm-

---

Kontrastierender Schnitt

Eine zweite Klassifizierungsart von Anschlussmöglichkeiten soll auch noch kurz erwähnt werden. Während im Hollywood-Kino der »unsichtbare Schnitt« etabliert wurde (d.h. zeitlich, räumlich, logisch, wie gerade besprochen), der heute noch weltweit große Bedeutung hat und in fast allen Spielfilmen eingesetzt wird, wurde durch Eisenstein der »kontrastierende Schnitt« eingeführt. Eisenstein wählte dafür bewusst Anschlüsse, die weder inhaltlich, noch logisch oder zeitlich direkt mit dem vorherigen Bild in Zusammenhang stehen. Der Zuschauer sollte dies als Bruch empfinden, für einen Moment aus dem filmischen Ablauf herausgerissen werden. Demgegenüber wollte Hollywood mittels des unsichtbaren Schnitts möglichst Anschlüsse erzeugen, die den Betrachter nicht aus dem Bild- und Inhaltsgeschehen herausreißen, sondern ihm eine Kontinuität suggerieren, in der er den Schnitt nicht mehr bewusst wahrnimmt.

Einführung von Effekten

Führen Sie zu Beginn Ihres Films die geplanten Effekte ein. Setzen Sie anschließend nur diese Effekte (sparsam und bewusst) ein.

Einsatz von Blenden bei Drehfehlern

Vermeiden Sie den zu häufigen Einsatz von Blenden. Erinnern Sie sich an die Grundregel: Jedes gestalterische Mittel hat seinen Zweck, so auch die Blende.

Weniger ist mehr

Im ersten Teil dieses Kapitels stand der harte Schnitt im Vordergrund der Betrachtung. Bei dieser Art der Montage kann relativ exakt kontrolliert werden, wie weit Anschlüsse wirklich funktionieren und eine Story erzählt werden kann. Es kann Ihnen aber auch als routiniertem Filmer unterlaufen, dass Achssprünge vorhanden sind oder Zappler nicht durch Inserts überdeckt werden können. Schnell bietet es sich in solchen Fällen an, das Problem durch einen weichen Schnitt mit einer Blende zu kaschieren. Und weil mit dem Einsatz von Blenden nun das Gros des Materials recht schnell und ohne Störung angesehen werden kann, werden dann aber auch an Passagen, die eigentlich vom Schnitt her funktionieren, diese Dissolves eingesetzt, und wir nähern uns dem so genannten »Blendenkettenmassaker«: Der Film wird strukturlos weich und schwammig, ähnlich einer Kaufhausmusik, die im Hintergrund unsere Kaufstimmung anregen soll.

ter Effekte schon im Vorfeld stattfinden, die eine einheitliche Handschrift für das Layout des Films erzeugen und dadurch auch dem »roten Faden« dienlich sind.

Beispiel: Eine Dokumentation über darstellende Künstler lässt sicherlich einen Paint-Effekt zu, durch den die Bildfläche der vorherigen durch die neue Sequenz »übermalt« wird.

Beispiel: Ein Techno-Song mit einer harten eindeutigen Taktfolge sollte entsprechend harte Schnitte nutzen. Jeglicher Einsatz von Effekten würde nur die Bildübergangszeit (von einer Sequenz in die nächste) unangemessen verlängern.

Möchte man einen Film produzieren, der von seiner Stilistik her quasi zeitlos sein soll, ist grundsätzlich zu beachten:

▶ Effekte sparsam einsetzen
▶ die Effekte sehr bewusst wählen
▶ Effekte möglichst wenig, aber konsequent einsetzen

Blende

Die Blende schafft einen weichen nahtlosen Übergang von einer Sequenz in die nächste. Durch diesen Effekt fließen wir von einem Handlungsbereich in den nächsten. Die ein- bis zweisekündigen Überlagerungen von Bildern ergeben für den Betrachter eine Verbindung der Inhalte, deuten also auf einen direkten Zusammenhang hin.

▶ Dieser kann darin bestehen, dass sich Handlungen parallel abspielen (wobei hier jedoch häufiger ein harter Schnitt gewählt wird) oder aber
▶ dass Handlungsstränge zeitliche Sprünge (Rückblick/Vorgriff) überbrücken müssen und diese zeitlichen Sprünge durch die Blende angedeutet werden.

Das bedeutet: Die Überblendung ist hier kein Notmittel bei misslungenen Anschlüssen, sondern ein bewusst geplantes und eingesetztes gestalterisches Element. Vom Grundprinzip her sollte ein Effekt den beabsichtigten Aussagegehalt des Films verstärken. Erinnert sich beispielsweise ein älterer Mensch an seine Vergangenheit, während er in einem Fotoalbum blättert, könnte eine Blende in die reale Vergangenheit diesen Rückblick einleiten und die Schnitte zwischen den einzelnen Stationen der Vergangenheit könnten durch Blätter-Effekte einen Bezug zum Blättern im Fotoalbum darstellen.

Beispiel: Eine Familie fährt zum Badeurlaub. Die erste Einstellung zeigt das Packen des Autos. Diese Einstellung blendet in die zweite Einstellung, eine Zwischenrast in den Alpen oder die aus dem Auto aufgenommen Familie während der Fahrt. Es folgt eine weitere Blende: Erreichen des Urlaubsortes, Beginn des Urlaubs.

Nächstes Beispiel: In einer Schiffswerft wird der Bau einer Segelyacht dokumentiert. Zwischen den einzelnen Bauphasen (Boot als Skelett, Rumpf fertig, Beschläge montiert) setzen Blenden den Bezug zwischen den einzelnen Bauabschnitten.

Zu Beginn und Ende eines Films stehen häufig Auf- und Abblenden, d.h. hier soll der Betrachter aus dem Schwarzbild (vor Filmanfang) in den eigentlichen Film nicht durch ein plötzliches Aufblitzen, sondern durch einen weichen Übergang eingeführt werden. Das Gleiche gilt für den Abschluss eines Films: Auch hier endet der Abspann häufig mithilfe einer Blende in einem schwarzen Bild. Der Einsatz von Farb- und Schwarzblenden ist auch immer innerhalb eines Filmprojektes möglich, sollte dann allerdings als stilistisches Element nicht nur einmal, sondern häufiger (begründbar) eingesetzt werden.

Wenn in dem Schnittsystem die Möglichkeit besteht, die **Blendenfarbe** zu bestimmen, empfiehlt es sich, die im ersten bzw. im Folgebild dominante Farbe zu wählen, in die dann aus- bzw. aufgeblendet wird. Bei manchen Filmprojekten unterstützt die bewusst gewählte Farbe eine Blende die Aussage des Films. Ein Lehrfilm, der sich mit der Verarbeitung von Holz beschäftigt, könnte z.B. als Blendfarbe einen beige-braunen Ton wählen, um dort gegebenenfalls auch noch Zwischentitel unterzubringen.

Die **Blendendauer** liegt hier bei ca. drei bis fünf Bildern.

Spiel mit der Farbe

Wurden Aufnahmen bei schwierigen Lichtverhältnissen produziert, ist es manchmal unumgänglich, eine farbliche Korrektur vorzunehmen. Die meisten Montageprogramme erlauben heute eine relativ differenzierte Farbveränderung von Sequenzen, sodass die Farben, nachdem der Film geschnitten worden ist, den Folgeeinstellungen angepasst werden können. Dieses Colour-Matching wurde schon vor der Videozeit in klassische Spielfilmproduktionen eingesetzt und garantierte einen optimalen Übergang von einer Einstellung zur nächsten (auch wenn an verschiedenen Tagen gedreht worden war). Ein falsch gesetzter Weißabgleich kann durch entsprechende Farbkorrekturen ebenfalls in der Montage korrigiert werden.

Das Spiel mit der Farbe kann jedoch auch ein Gestaltungsmittel sein. Gerade in den letzten Jahren erfährt der Schwarz-Weiß-

▲ **Abbildung 10**
Eine Überblendung (Eine farbige Abbildung finden Sie im Farbteil ab Seite 266.).

Weitere Beispiele

Ein Windrad auf einem Kindergeburtstag könnte als Abschluss einer Einstellung in die von oben aufgenommene Tasse Kakao überblenden, in der ein Kind mit einem Löffel in gleicher Richtung rührt. Der Qualm einer Zigarette könnte in den Rauch überblenden, der aus einem Fabrikschornstein aufsteigt. Die Wolke auf einem Schwimmreifen oder Schlauchboot könnte das Bild einer Wolke am Himmel des Strandes beenden.

Abblenden

Bei Interviews wird dieses Stilmittel oft eingesetzt, wenn innerhalb einer gleichen Bildeinstellung geschnitten wird. Ein kurzes Abblenden in Schwarz und anschließendes Aufblenden in die nächste Einstellung oder ein kurzes Blenden in Weiß, um von dort wieder in die nächste Einstellung zu kommen, vermitteln dem Zuschauer »ehrlicher«, dass ein Schnitt stattgefunden hat.

Film wieder eine Renaissance. In Sepia eingefärbte Szenen vermitteln dem Betrachter, obwohl frisch aufgenommen, den Eindruck von historischen Aufnahmen.

 ### Schritt für Schritt: Historische Aufnahmen erzeugen

1. Digitalisieren zeitloser Sequenzen

Digitalisieren Sie eine kurze Urlaubssequenz, in der keine modernen Gegenstände zu sehen sind, (z.B. Landschaftsaufnahmen ohne Hochspannungsleitungen oder Autos) in Ihren Rechner.

2. Färben der Einstellungen

Färben Sie diese durch entsprechende Einstellung im Farbmenü in den so genannten **Sepia**-Farbton ein. Die Abbildung finden Sie farbig auch im Farbteil wieder.

Herkunft des Begriffs Sepia

Sepia bezeichnet die Umwandlung eines Schwarz-Weiß-Bildes in einen silbrigen, grau-braunen bis dunkelgrünen Farbton. In Stummfilmzeiten wurde der Film chemisch mit Metallverbindungen behandelt. Sepia war der gebräuchlichste Ton und wurde für spezielle Sequenzen bzw. zur Unterstreichung von dramatischen Effekten eingesetzt.

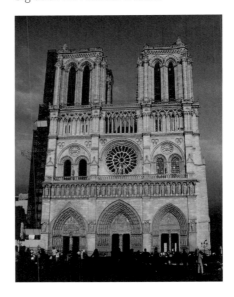

3. Der Regeneffekt

Legen Sie, falls vorhanden, den so genannten Regeneffekt auf diese Aufnahmen (siehe Infokasten auf Seite 207).

4. Vertonung der Sequenz
Ende

Vertonen Sie die Sequenz mit Musik aus den Dreißigerjahren (mit Knistern und Rauschen).

Derartige Stilelemente können manchmal sehr hilfreich eingesetzt werden. Wenn z.B. eine Unternehmenspräsentation mit einem kurzen historischen Rückblick beginnen soll – das Firmengebäude aus der Gründerzeit ist noch weit gehend im Originalzustand erhalten und historische Filmaufnahmen existieren leider nicht mehr –, dann ließe sich die Einleitung eines derartigen Films über diesen Weg sehr einfach produzieren.

Dem Spiel mit der Farbe sind grundsätzlich keine Grenzen gesetzt. Jedoch auch hier gilt wie bei allen anderen Effekten: Setzen Sie eine Farbveränderung bewusst ein. Soll die kühle Atmosphäre eines herben nordischen Bieres mit der Landschaft in Einklang gebracht werden, bieten sich kühle Blau-Türkis-Farben für die Landschaftseinfärbung an. Soll dagegen eine warme wohnliche oder feierliche Atmosphäre bei Kerzenschein unterstrichen werden, bieten sich gelbrote Farbtöne zur Korrektur und Veränderung der Farbwerte an.

Auch wenn viele Farbeffekte-Tools mit Solarisation und negativer Funktion ausgerüstet sind, werden Sie feststellen, dass diese Effekte nur sehr selten eingesetzt werden können, da sie zwar in der Einzeleinstellung betrachtet eine interessante Bildveränderung ergeben, in der Filmkonzeption häufig jedoch wenig Sinn machen.

Nachträgliche Farbkorrektur

Später vorgenommene Farbkorrekturen entsprechen niemals Aufnahmen mit korrektem Weißabgleich. Um sich der Originalqualität wenigstens anzunähern, bedarf es langer Erfahrungen im Umgang mit den unterschiedlichen Parametern Ihres Schnittprogramms.

▲ **Abbildung 11**
Die Einsatzmöglichkeiten eines Solarisationseffekts sind eher eingeschränkt.
(Eine farbige Abbildung finden Sie im Farbteil ab Seite 266.)

Filmregen selbst gemacht

Der Regeneffekt in den Schnittrechnern, vorausgesetzt dieser ist im Effekte-Tool angeboten, weist in den meisten Fällen den Nachteil auf, relativ monoton die künstlichen Kratzspuren auf dem Film zu wiederholen. Oberflächlich betrachtet, vermittelt er den Eindruck von altem verschlissenem Film. Wollen Sie diesen Effekt optimieren, bietet es sich an, an einem Projektor verschlissenen Klarfilm abzuspielen und diesen mit der Videokamera aufzunehmen. Legt man bei der Nachbearbeitung nun diese Videoaufzeichnung »gekeyt« über die antik aussehende Aufnahme (Key-Farbe Weiß), wirkt der Filmregen echter und damit die historische Aufnahme authentischer.

Zeitlupe

Zeitlupenaufnahmen sollen uns Dinge wahrnehmen lassen, die in normaler Geschwindigkeit zu schnell für unsere Augen ablaufen. Das funktioniert bei sehr aufwändig produzierten Sequenzen mit Spezialkameras (im Verleih erhältlich) auch sehr gut. Etwas anders verhält es sich, wenn Sie Zeitlupe als Effekt in Ihrem »normal« produzierten Video einsetzen. Bei kritischer Betrachtung ist dort die Zeitlupe, wenn nicht schon bei der Aufnahme mit Spezialkameras produziert wurde, nur ein eingeschränkt nutzbarer Effekt. Denn die Zeitlupe verlängert einen aufgenommenen Prozess um sein Vielfaches. Bei sehr langsam aufgenommenen Bewegungsabläufen wäre ein zeitliches Strecken kein besonderes Problem, bei schnellen Bewegungen dagegen in wesentlich größerem Maße.

▲ **Abbildung 12**
Der Wassertropfen in Zeitlupe

Nehmen Sie beispielsweise das zufällig aufgenommene Missgeschick in der Familie: Das Kleinkind stößt versehentlich ein volles Glas um. Der Zeitraum des Glasumfallens beträgt weniger als eine Viertelsekunde, das bedeutet ca. 3–4 aufgenommene Bilder. Im ersten Bild steht das Glas, im zweiten liegt es diagonal und im dritten dann flach. Ein nachträglich eingesetzter Zeitlupeneffekt wird hieraus keinen ordentlichen fließenden Ablauf herstellen können.

Dieser Effekt beherrscht grundsätzlich nur zwei Dinge:

▶ Er vervielfacht die einzelnen Bilder, was bei schnellen Bewegungen zu Rucklern führt,

▶ oder er interpoliert, d.h. er versucht »Zwischenbilder« zu rechnen, was nur dann einigermaßen schön aussieht, wenn die Bewegungen linear sind und in eine Richtung verlaufen.

Bei einem 100 Meter-Läufer in Nahaufnahme wir Ihnen das Interpolieren sicherlich nicht das fantastische Muskelspiel der Beine zeigen. Und auch der Torschuss beim Fußball wird durch Interpolieren nicht zum Zeitlupenerlebnis. Aber bei allen Einschränkungen kann ein solcher Effekt, sinnvoll eingesetzt, auch ohne die Verwendung von professionellen Hochgeschwindigkeitskameras zu einem hilfreichen Tool werden. Analysen von weniger komplexen Bewegungsabläufen beispielsweise können recht gut durch diesen Effekt unterstrichen werden. Und auch in Musikclips sind Zeitlupen gerne verwendete Effekte.

Zeitraffer

Zeitrafferaufnahmen sollen uns dagegen solche Dinge sehen lassen, die sich im realen Zeitablauf zu langsam für unsere Wahrnehmung zeigen und erst durch diesen Effekt optisch nachvollziehbar werden. Dies können sich auftürmende Gewitterwolken, aufblühende Blumen, sich entwickelnde Bauvorhaben etc. sein. Diese Zeitrafferaufnahmen sind heute mit einer DV-Kamera leicht realisierbar.

Sie sollten sich dabei jedoch bewusst sein, dass gerade bei Zeitrafferaufnahmen die Kamera fest auf einem Stativ installiert sein sollte, denn andernfalls raffen Sie auch die Verwacklungen. Außerdem ist zu bedenken, dass Sie bei Verwendung dieses Verfahrens Ihre Kamera über eine längere Phase nicht anderweitig einsetzen können, da sie möglicherweise über mehrere Stunden oder Tage auf einem Stativ stehend aufzeichnet. Manchmal ist es also anzuraten, auf Zeitrafferfunktionen zu verzichten und derlei Effekte eher in der Nachbearbeitung vorzunehmen.

Der Nachteil dieses Verfahrens liegt in einem sehr hohen Bandverbrauch und in der sehr großen zu digitalisierenden Bildmenge, gerade wenn es sich um sehr lange Prozesse handelt. Bei einigen Schnittprogrammen existiert allerdings die Möglichkeit, aus dem angebotenen DV-Datenstrom nur jedes x-te Bild zu capturen – und dies in Echtzeit, sodass bei dieser Vorgehensweise kein unnötiger Verschleiß des Abspielgerätes und keine großen Datenmengen anfallen.

Letztendlich sind die Aufnahmesituation und die Auswahl des Motivs für das technische Vorgehen bei der Erstellung von Zeitrafferaufnahmen bestimmend. Das Dokumentieren von Bauarbeiten auf einer Großbaustelle erfordert sicherlich die Nutzung einer eigens dafür bestimmen Kamera mit Zeitrafferautomatik. Demgegenüber lassen sich, wie insbesondere auch bei Videoclips häufig eingesetzt, Menschen schneller durch den Raum bewegen, Verkehrsströme auf Straßenkreuzungen in ihren unterschiedlichen Phasen kompakt darstellen, indem z. B. fünf Minuten aufgenommenes Material z. B. zu 20 Sekunden in der Nachbearbeitung gerafft werden. Dafür können Sie in Ihrem Schnittprogramm den Beschleunigungsfaktor verändern.

Mehr Frames beim Zeitraffer

Nehmen Sie lieber zu viele als zu wenige Frames auf, denn im Nachhinein kann man das Ganze immer noch langsam abspielen: Hauptsache, die Aufnahmen waren nicht umsonst, weil etwa die Aufnahmeabstände zu groß waren und die Bewegung deswegen ruckelig erscheint.

Zeitreise

Man kann diesen Effekt auch dazu einsetzen, um eine Zeitreise zu visualisieren. Eine der berühmtesten Zeitreisesequenzen findet sich in dem Film »The Time Machine« (1960). Im kleineren Maßstab können Sie Ähnliches sehr wirkungsvoll einsetzen: Als typisches Symbol für die Zeitreise kann eine immer schneller rückwärts laufende Uhr gezeigt werden oder es können auch (wie in besagtem Film) natürliche Zeitabläufe rückwärts beschleunigt werden (was ganz einfach durch umgekehrt ablaufende Zeitrafferaufnahmen zu realisieren ist): z. B. Tag- und Nachtwechsel, ein Baum, dessen Blätter vom Boden zu den Ästen schweben und in den Zweigen verschwinden, oder Kerzen, die brennend wachsen.

Effekte im klassischen Film

Spezialeffekte wurden nicht erst mit dem Aufkommen von High-End-Rechnern produziert, sondern existierten schon in den Dreißigerjahren.

In dem Propagandafilm »Hindenburg«, (Deutschland 1936/37) wurde unter einem künstlichen Zeppelin-Modell eine kleine Personengruppe aufgenommen. Diese wurde anschließend aus dem Filmmaterial kopiert, gespiegelt und vervielfacht, sodass in der kinofertigen Produktion unter dem Luftschiff eine große Menschenmenge zu sehen war. 2001 strahlte das ZDF eine neue Dokumentation unter Nutzung der damaligen Archivaufnahmen aus; eine kurze Filmsequenz daraus finden Sie unter: http://www.vidicom-tv.com/vihiburg1.htm.

In anderen Kinoproduktionen wurde z.B. Bild für Bild handkoloriert, um spezielle Effekte zu erzielen. Für all diese Produktionsschritte war früher und ist auch heute noch ein großer Stab von Spezialisten erforderlich.

▲ **Abbildung 13**
Filmausschnitt: die »Hindenburg« beim Flug über New York 1936

Der Normallauf bedeutet dann häufig 100 Prozent, eine Zeitraffung 300, 500 oder gar 1.000 Prozent.

Special Effects

Ein Großteil der professionell produzierten Filme ist heute mit Spezialeffekten gespickt. Schon in der Planung werden einzelne Einstellungen detailliert gezeichnet und von Animationsabteilungen parallel zur Standardproduktion mit zum Teil mehreren hundert Personen weiterverarbeitet, sodass die dann entstandenen 2D- oder 3D-Effekte in die real produzierten Einstellungen eingeschnitten werden können.

Dogma 95: Der Schwur der Reinheit

Dogma-Filme beweisen, dass auch mit geringerem technischen und personellen Einsatz qualitativ hochwertige Produktionen geschaffen werden können, die – mit Filmpreisen ausgezeichnet – auch noch Zuschauermassen ins Kino locken. Je besser die Film- oder Videosprache beherrscht wird, umso eher ist man in der Lage – eine gute Story ist dabei natürlich Voraussetzung –, ein interessantes, ansehbares und vor allen Dingen verständliches Produkt zu erstellen.

1. Es darf nur am Originalschauplatz gedreht werden. Kulissen und Requisiten sind verboten. Wenn eine besondere Requisite für die Geschichte notwendig ist, muss ein Drehort gefunden werden, an dem die Requisite vorhanden ist.

2. Der Ton darf niemals unabhängig von den Bildern produziert werden oder umgekehrt. Musik darf nur dann verwendet werden, wenn sie dort live gespielt wird, wo die jeweilige Szene gedreht wird.

3. Es wird ausschließlich mit Handkamera gedreht. Jede Bewegung oder Bewegungslosigkeit, die mit der Hand erreicht werden kann, ist erlaubt.

4. Der Film muss in Farbe gedreht werden. Spezielle Beleuchtung wird nicht akzeptiert. Wenn zu wenig natürliches Licht zur Verfügung steht, muss die Szene herausgeschnitten oder eine einzelne Lampe an der Kamera angebracht werden.

5. Optische Spielereien und Filter sind verboten.

6. Der Film darf keine oberflächliche Action beinhalten. Morde, Waffen etc. dürfen nicht vorkommen.

7. Zeitliche und geografische Verfremdungen sind verboten, der Film muss hier und jetzt spielen.

8. Genrefilme sind nicht akzeptiert.
9. Das Filmformat muss Academy 35 mm sein.
10. Der Regisseur darf weder in den Anfangstiteln noch im Abspann genannt werden.

Häufig nutzt man bei der Produktion virtueller Welten die Trägheit der menschlichen Aufnahmefähigkeit. Steht eine Einstellung mit komplexeren virtuellen Bildinhalten für nur ca. drei Sekunden zur Betrachtung zur Verfügung und wird diese Einstellung von zwei darauf abgestimmten realen Einstellungen umrahmt, »versendet« sich das Entdecken der angewendeten Effekte. Die gesamte Sequenz wird als Einheit aufgenommen – und damit die Scheinwelt zur Istwelt.

Zur Überprüfung dieses Sachverhaltes möchten wir Sie zu einer kurzen Übung anregen, in der Sie mit einfachen Mitteln kurze »Scheinwelt-Sequenzen« erstellen.

Analyse von Special Effects

Zeichnen Sie sich auf Ihrem Videorekorder einen Actionfilm oder einige VIVA-Clips mit vielen Animationssequenzen auf. Betrachten Sie sich mehrfach in Zeitlupe die besonders beeindruckenden Szenen. Versuchen Sie dabei herauszufinden, wie die Effekte technisch entstanden sind. Sie werden viel daraus lernen!

Schritt für Schritt: Aufheben der Schwerkraft

Stellen Sie drei Flaschen auf eine neutrale weiße Fläche. Befestigen Sie einen Nylonfaden unsichtbar an den Flaschenhälsen.

1. Das Motiv

Nehmen Sie die Flaschen in einer Totalen für zehn Sekunden auf. Achten Sie dabei darauf, dass außer der weißen Standfläche und den Flaschen keine weiteren störenden Elemente aufgenommen werden.

2. Details bei der Aufnahme

Nehmen Sie in einer zweiten Naheinstellung ein kurzes Fingerschnipsen auf (ca. 2 Sek.). Während der nachfolgenden Einstellung von drei Sekunden ziehen Sie die Flaschen schnell an dem Nylonfaden auf dem Bildfenster nach oben.

3. Stopp-Trick

Legen Sie für die letzte Einstellung die Kamera auf einem dunkleren Boden auf den Kopf. Lassen Sie in dem Bildfenster nun schnell hintereinander die Flaschen bei der letzten Einstellung zerplatzen.

4. Finale Einstellung

Ende

Schritt für Schritt: Scheinbare Kamerasteuerung

Hierfür benötigen Sie eine zweite Person, die vor der Kamera agiert. Ein wenig Training bei ausgeschalteter Kamera ist in diesem Fall sicherlich sicherlich ratsam.

1. Scheinbaren Aufnahmewinkel manipulieren

Nehmen Sie die Person in der Amerikanischen Einstellung (bis zur Hüfte) auf. Nach Absprache bewegt sich die Person mit einer Hand in den Bereich, der in unserem Bildfenster die Kante ausmacht, und schiebt nun scheinbar angestrengt die virtuelle Bildkante zur Seite. Dabei schwenken Sie die Kamera in diese Richtung.

2. Manipulation in der Nähe

Lassen Sie nun die Person in Naheinstellung mit einem Körperteil (Nase, Zunge etc.) den Kamerawinkel scheinbar manipulieren. Wiederholen Sie das Vorgehen mit anderen Schwenkrichtungen. Auf diese Art entsteht für den späteren Betrachter der Eindruck einer von außen getätigten, aber eigentlich unmöglichen Manipulation der Kamerabewegung.

Ende

Bearbeitung mehrerer Videoebenen

Zur besseren Vorstellung versetzen Sie sich in die Lage eines Betrachters, der von oben (dreidimensional gedacht) auf die »Schichten« der Videospuren schaut. Verkleinern Sie oben das Bildfenster oder machen Sie es halb transparent. Sehen Sie dann von Ihrem Standpunkt aus auf alle Bildteile der darunter liegenden Spur.

Überlagerungen durch Effekte auf mehreren Ebenen

In der Postproduktion stehen Ihnen je nach eingesetzter Schnitt-Software ein bis 24 Videospuren zur Verfügung. Konkret bedeutet dies, dass Sie diese Bildspuren gemeinsam aktivieren und im Maximalfall somit 24 Videos gleichzeitig sehen könnten. Da aber jedes Videobild erst einmal bildfüllend ist, überdeckt jedes Bild der oben liegenden Spur alles Sichtbare der darunter befindlichen Spuren.

Durch den Einsatz von bestimmten Effekten können Sie jedoch alle zur Verfügung stehenden aktiven Videospuren in einem Bild montieren, also gleichzeitig sichtbar machen. Die **Pict in Pict-Funktion** oder der **Superimpose** erlauben derartige Montagen.

Schritt für Schritt: Pict in Pict-Überlagerung

1. Auswahl von neutralem Material

Wir arbeiten hier mit Avid Xpress Pro, der Workshop lässt sich aber auch mit allen anderen Schnittprogrammen durchführen.
Wählen Sie sich von dem bereits digitalisierten Bildmaterial relativ neutrale Einstellungen aus, die die Bildinformation möglichst über das gesamte Bildfenster verteilen. Dies können Totalen von Landschaften, aber auch Details von Oberflächenstrukturen (Haut, Kopfsteinpflaster, Zahnräder etc.) sein. Falls derartiges Material nicht zur Verfügung steht, produzieren Sie für die Übung etwa 20-sekündige Einstellung. Wir erstellen hier ein Anfangsbild für einen Reisefilm über Afrika.

2. Erster Schnitt

Legen Sie eine dieser Einstellungen, die Sie favorisieren, auf die Videospur V1. Sie sehen in der Abbildung die Aufnahme einer Wiese mit Atmo auf Spur A1, A2, V1.

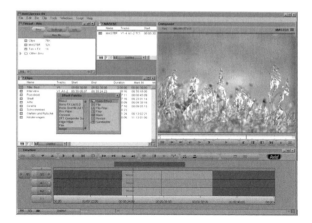

Positionieren Sie exakt darüber auf der Videospur V2 die gleiche Einstellung.

3. Zweiter Schnitt

Ziehen Sie nun auf die Spur V2 einen Colour-Effekt und reduzieren Sie die Sättigung der Farbe auf null.

4. Effekte einbinden

Legen Sie auf die Videospur V2 bei gedrückter ALT-Taste (Nesting) einen Pict in Pict-Effekt. Vergrößern Sie im Effekte-Menü die Bildgröße auf 100 % und beschneiden Sie durch den Befehl CROP alle vier Bildkanten. Der in der Spur V2 liegende schwarz-weiße Bildausschnitt wird dadurch zum kleineren Bildfenster. Die sichtbaren Randbereiche der darunter liegenden Videospur bleiben farbig.

5. Nesting

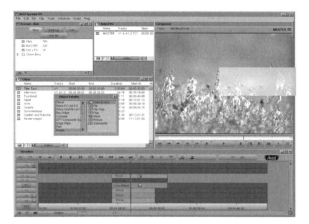

Nesting – Ineinanderbetten von Effekten

Bei den nur wenigen verfügbaren Videospuren lassen sich bei einigen Schnittprogrammen über das so genannte Nesting fast unbegrenzt Effekte ineinander verschachteln.

6. Montage der aussa-gekräftigen Videospur

Wählen Sie sich nun eine inhaltlich zentrierte, aussagekräftige Einstellung (etwa ein Porträt oder einen Gegenstand) aus und montieren diese Einstellung in der Spur V3 über den bereits editierten Bildern. Ziehen Sie auf die Videospur V3 ebenfalls einen Pict in Pict-Effekt. Positionieren Sie das Bildfenster gestalterisch so, dass wichtige Bildinformationen der darunter liegenden Ebenen nicht verdeckt werden.

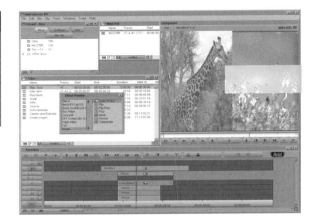

7. Montage des Titels

Setzen Sie auf die oberste Videospur V4 einen Titel. Positionieren Sie ihn auf dem schwarz-weißen Fenster. Wählen Sie die Farbe so, dass sie sich abhebt.

Ende

Die in den Übungen entwickelte Gesamtkomposition lässt sich – je nach Anzahl vorhandener Videospuren Ihres Editiersystems – weiter fortentwickeln. Hilfreich ist es für die konzeptionelle Planung immer, wenn Sie sich das später zu erscheinende Gesamtbild auf einem Blatt vorher skizzieren.

7.6 Titel im Film

Jedes Kind sollte einen Namen haben. So empfiehlt es sich auch bei Filmen, bereits vor der Produktion einen Namen zu vergeben oder zumindest einen Arbeitstitel zu verpassen. Die Titelvergabe ist sicherlich auch ein erstes Zeichen für Ihr zielgerichtetes Produzieren; das themenbezogenere Filmen lässt das filmische Werk dann auch als Geschichte erscheinen, die ein Anfang und ein Ende besitzt.

Vorspann

Der Filmtitel (bzw. der Arbeitstitel) lässt sich mit dem Text-Tool einfach in die bereits montierten Filmsequenzen einbringen. Selbst No-Budget-Schnittsysteme verfügen über derartige Titel-Tools. Die Möglichkeiten der Typografienauswahl sowie der Schriftgröße und -bewegung sind allerdings sehr unterschiedlich. Bei höherwertigen Schnittprogrammen wie Avid Xpress Pro lassen sich Farbe, Gestaltung der einzelnen Typografien bis hin zur 3D-Animation einsetzen.

Bei deren Einsatz gelten, einmal abgesehen vom Informationsgehalt des Titels, die gleichen Regeln wie bei den Effekten: möglichst sparsam mit Titeloptionen umzugehen, sie bewusst einzusetzen und, wenn einmal eingeführt, konsequent während des gesamten Films beizubehalten. Wenn Sie also in dem Haupttitel zu Beginn des Films eine **Serifenschrift** gewählt haben, sollten Sie in den möglicherweise später eingesetzten Unter- und Zwischentiteln sowie im Abspann ebenfalls eine mit Serifen versehene oder frei gestaltete Kunstschrift zu wählen.

Der Betrachter wird zwar durch eine fälschlich eingesetzte Schriftenvielfalt von den Möglichkeiten Ihres Schnittprogramms verblüfft sein; der Erfolg des Films beim Zuschauer ist durch diese »Effektewüste« jedoch keineswegs garantiert.

Beispiel 1: Ein Film zum Thema »Graffiti« kann sicherlich als Haupttitel und als Abspann eine Sprühschrift verwenden, die möglicherweise sogar bei dem Haupttitel gekeyt auf irgendeine Wand aufgebracht wird.

Kanten an Bildfenstern

Da die meisten Schnittprogramme in den USA, also unter NTSC-Norm entwickelt wurden und eine Umschreibung auf PAL für den europäischen Markt häufig nicht erfolgte, erscheinen nach dem Digitalisieren an den linken und rechten Bildkanten Streifen. Diese liegen allerdings außerhalb des normal sichtbaren Bereiches. Sie können sie aber in den Fenstern Ihres Schnittprogramms wahrnehmen. Diese zeigen in der Regel den so genannten Underscan-Bereich. Problematisch wird dieser Sachverhalt beim Einsatz von Effekten, wenn dadurch die Bildgröße verringert wird (Resize, Pict in Pict, 3D-Effekte etc.).
Durch Cropen, also das Beschneiden dieser störenden Streifen, lässt sich der Fehler zwar etwas umständlich, aber problemlos beheben.

Serifenschrift

Die Buchstaben der Serifenschrift besitzen an den freien Enden kurze Querstäbchen. Eine klassische Serifenschrift ist Times. Generell gilt, dass beim Lesen auf fester Unterlage, also Papier, Karton etc. eine Serifenschrift schneller und einfacher gelesen werden kann. Bei Film und Video verhält sich dies genau umgekehrt: Eine serifenfreie Schrift wie Arial oder Genua ist hier schneller und einfacher wahrzunehmen.

Beispiel 2: Ein innovatives modernes Unternehmen, das sich präsentiert, sollte dies nicht unbedingt mit Gothic- oder Times-Schrift tun. Hier bieten sich futuristische Typos an, in ihrem Charakter grafisch geradlinig und schlicht.

Noch ein anderer Punkt: Wenn Sie die Absicht haben, Ihren Master in einem Kopierwerk vervielfältigen zu lassen – zum Beispiel als Geschenk an Freunde oder Verwandte –, ist aus technischen Gründen statt des normalen schwarzen Vorspanns ein normgerechter Vorspann empfehlenswert:

▸ Am Bandanfang: 1 Min. Farbbalken + Testton 1KHz (–9db)
▸ dann 1 Min. Schwarzfilm
▸ dann Filmbeginn
▸ nach dem Filmende: 1 Min. Schwarzfilm

Sollte das Schnittprogramm keinen Farbbalken zur Verfügung stellen, besteht die Möglichkeit, diesen aus dem Internet herunterzuladen.

Untertitel

Untertitel bei Interviewszenen sind hilfreich und stellen dem Zuschauer die Interviewperson namentlich vor. Auch diese sollten gestalterisch einheitlich sein. Beim Layout dürfen Sie – auch wieder passend zum gesamten Bild des Films – grafisch experimentieren.

Zwischentitel

Zwischentitel wie in den Stummfilmen bieten ebenso Raum zum Experimentieren, können Erklärungen unterstreichen. Hier sollte der sichtbare Prozess durch den Bildtext ergänzt (und nicht wiederholt) werden. Eine ideale Ergänzung durch Betitelung geschieht beispielsweise, wenn ein technischer Prozess zu sehen ist, der Ton die entsprechenden Hintergrundinformationen vermittelt und der Zwischentitel möglicherweise die wichtigsten Fakten noch einmal zusammenstellt.

Abspann

Auch wenn aus kommerziellen Gründen bei TV-Filmen der Abspann immer häufiger gekürzt oder gar gestrichen wird, hat er bei Ihrem Video einen bedeutenden Stellenwert. Zum einen zeigt er für den Zuschauer deutlich sichtbar das Ende des Films an. Je nach Filmtyp hat der Zuschauer außerdem während des Abspanns die Gelegenheit, langsam aus dem Film auszusteigen. Der wichtigste Grund aber

Positionieren von Untertiteln

Beim Einsatz von Titeln in dem späteren Videofilm sollte berücksichtigt werden, dass es in dem digitalisierten Bild einen sichtbaren und einen später nicht sichtbaren Bereich (Scan- und Underscan-Modus) gibt. Positionieren Sie Ihre Schrift in einem Abstand von ca. zwei bis drei Finger breit von der Bildschirmkante entfernt, damit Ihr Untertitel später nicht verschwindet. Vermeiden Sie, dass sich die Schrift durch Gesicht oder kopfnahe Körperteile bewegt.

ist: Im Abspann teilen Sie die wichtigsten Informationen über Ihre Produktion mit: wer die Kamera geführt hat, von wem die Musik stammt, wer geschnitten und wer gesprochen hat, in welchem Auftrag die Produktion durchgeführt wurde und bei wem die Rechte liegen. Außerdem erhält durch den Abspann jeder Amateurfilm einen professionelleren Anstrich.

Namen im Abspann

Führen Sie im Abspann den Namen eines Akteurs möglichst nur einmal auf. Mehrfachnennungen wirken – auch wenn Sie z. B. alleine alle Produktionsschritte ausgeführt haben – albern.

Roll- und Kriechtitel

Roll- und Kriechtitel werden häufig im Abspann eines Filmes benutzt. Dabei bezeichnet man Titel, die von unten nach oben durch das Bild laufen, als Rolltitel, und solche, die von rechts nach links oder links nach rechts laufen, als Kriechtitel.

8 Ausgabe

KAMERATECHNIK	■ MENÜ	PLAY
KAMERABEDIENUNG	MENÜ	PLAY
KAMERAFÜHRUNG	MENÜ	PLAY
LICHT	MENÜ	PLAY
AUDIO	MENÜ	PLAY
BILDGESTALTUNG	MENÜ	PLAY
BEISPIELCLIP		PLAY

Egal ob Band, CD, DVD
oder Web ...

▶ Wie sichere ich den Film auf Band?

▶ Wie brenne ich den Film auf CD oder DVD?

▶ Wie plane ich die DVD korrekt?

▶ Wie bringe ich den Film ins Internet?

Timecode

Der Timecode, oder genauer der SMPTE (Society of Motion Picture and Television Engineers) Timecode, ist eine Einheit, die jedes Bild mit einer eindeutigen Auszeichnung in der Form Stunden:Minuten:Sekunden:Bilder beschreibt.

Der Film ist fertig geschnitten. Neben dem »klassischen« Zurückspielen auf ein Videoband haben sich mittlerweile die Varianten des Abspeicherns, Veröffentlichens bzw. der Einsatzoptionen erheblich erweitert. Welche Möglichkeiten Ihnen offen stehen und wie Sie diese nutzen, soll in dem folgenden Kapitel erläutert werden.

8.1 Rückspielen auf Band

Die sicherlich beste und empfehlenswerteste Lösung besteht in der Erstellung eines digitalen Master-Bandes. Auch wenn Sie den Film eigentlich »nur« für sich oder für das Internet produziert haben, ist diese Datensicherung auf Band anzuraten, denn Sie sichern sich durch diese Vorgehensweise die gute technische DV-Qualität. Bei vielen anderen Verfahren werden die Daten aus Kapazitätsgründen reduziert, was zwar kaum sichtbar ist, aber objektiv einen Verlust an Qualität bedeutet. Also überspielen Sie bitte Ihren fertigen Film, nachdem alle Effekte, also auch die Echtzeit-Effekte gerendert worden sind, auf eine DV- oder Mini-DV-Kassette. Dies geschieht über die gleiche Verbindung, die schon beim Capturen hergestellt wurde (s. Seite 192).

Hierfür sollte das spätere Master-Band vorher durchgängig bespurt werden, z.B. durch das Aufnehmen eines Farbbalkens, wenn Ihre Kamera diese Option besitzt, oder durch die Aufnahme mit verschlossenem Objektiv als Schwarzbild. Dieses Bespuren bewirkt, dass das Master einen Timecode erhält, der in der Schnitt-Software das exakte Platzieren Ihres Filmes auf dem Master erlaubt. Denn Sie möchten sicherlich, dass Ihr Filmanfang bei der Präsentation schnell und zielsicher gefunden wird.

Video-In

Mittlerweile lassen es viele DV-Kameras zu, ein am Rechner bearbeitetes Videoband zurückzuspielen. Dafür benötigt die Kamera einen »Video-In-Eingang«. Seit September 2002 lassen sich Kameratypen ohne Video-In nicht mehr freischalten. Aus Zollgründen haben sich die Hersteller hierauf international geeinigt. In dem Zollabkommen sind diese für den europäischen Markt bestimmten Kameras als reines Aufnahme-Equipment per Objektiv definiert. Die Zolleinfuhrkosten liegen damit ca. 200 Euro niedriger und haben den Hersteller veranlasst, Kameras für den europäischen Markt entsprechend für externe Aufnahmen elektronisch zu blockieren. Wenn die Freischaltung dieser Blockade dennoch in Einzelfällen im Nachhinein möglich sein sollte, beinhaltet dies allerdings zusätzliche Kosten und den Wegfall der Garantie.

8.2 Speichern auf CD

All denjenigen, die ihren geschnittenen Film gerne von einer preiswerten Silberscheibe, sprich CD, abspielen möchten und diesen Datenträger als haltbares Archivierungsmedium bevorzugen, andererseits aber keine DVDs herstellen wollen oder können, sei das Brennen einer VCD oder SVCD empfohlen.

Bei den Video-CDs liegt beim MPEG 1-Codec die maximale Datenrate bei 1.3 Mbit/s. Die leider dabei erzeugte schlechte Bildqualität eignet sich nicht besonders zum Archivieren und enttäuscht bei

Präsentationen unser verwöhntes Auge, denn die Originalaufnahmen sind doch meistens technisch erheblich besser.

Der MPEG-2-Codec wurde bei der SuperVideo-CD auf eine maximale Datenrate von 2,4 Mbit/s verändert. Dadurch sind Sie nun in der Lage, problemlos ca. 40 Minuten Video auf einem Rohling unterzubringen, und das bei einer Qualität, die sich oft kaum noch von der einer DVD unterscheidet.

Wer also seine Filme auf CD brennen will, ist mit dem mittlerweile weit verbreiteten Standart der SVCD sehr gut beraten. Sicherlich ist dieser Tipp auch nur eine Zeitfrage, denn schon in den nächsten Jahren werden neue Speichermedien bzw. neue Codecs entwickelt werden.

Wie kommt nun Ihr Video auf die CD?

Der fertig geschnittene und vertonte Film, der sich noch auf Ihrem Rechner befindet, wird über eine Konvertiersoftware (z.B. TMP-GEnc, bbmpeg, davideo oder Mediacleaner) in die erforderliche MPEG-2-Datei gewandelt. Die genannten und aus dem Internet herunterladbaren Konvertierungsprogramme bieten sehr individuelle Einstellungsmöglichkeiten für die Wandlung in den erforderlichen MPEG-2-Datenstrom an.

Nach der erfolgreichen Kompression, die leider auch bei schnelleren Rechnern einige Zeit in Anspruch nimmt, brennen Sie die erzeugte Datei (z.B. mit den Brennprogrammen Nero oder Toast) auf den CD-Rohling. Von der Brennsoftware werden bei Anwahl des Formates SVCD automatisch die SVCD-Images erstellt. Achten Sie darauf, dass Sie die Maximallänge von 40 Minuten Film nicht überschreiten, denn sonst sind Speicherplatzprobleme unausweichlich.

VCD oder Video-CD

Eine Video-CD benutzt zur Speicherung von Videodaten eine reguläre CD. Dabei wird die Kodierung des Videomaterials im MPEG-1-Format und des Audioformats in MPEG-1 Layer II vorgenommen.

SVCD oder Super-Video-CD

Eine SVCD bietet bessere Bildqualität als die VCD. Bei der SVCD kommt meist die MPEG-2-Kompression mit einer Datenrate von ca. 2.400 Kbit/Sek. zur Anwendung. SVCDs sind auf vielen DVD-Playern problemlos abspielbar und enthalten bis zu 35 Minuten Video in sehr guter Qualität.

Tipps im Netz

Wer nähere Infos benötigt, findet auch unter http://www.blafusel.de/svcd.html gute Tipps.

8.3 Brennen auf DVD

Auch wenn sie im Moment vornehmlich als Vertriebsmedium betrachtet wird, ist die DVD (Digital Versatile Disc) ein wichtiger und in ihrer Verbreitung rasant wachsender Baustein als Medienträger. Nicht nur für Spielfilme, sondern auch für Corporate-, Verkaufs-, Schulungs- oder Musikvideos wird die DVD immer bedeutender. Welche Arbeitsschritte sind also erforderlich, wenn eine Film- oder Videoproduktion auf DVD umgesetzt werden soll?

Bevor wir auf detaillierte Schritte eingehen, hier vorab die einfachsten Lösungen: Bei einigen Computern mit DVD-Brenner befindet sich bereits im Auslieferumfang ein kleines, aber komplexes Programm zum Gestalten, Konvertieren und Brennen Ihrer DVD, so beispielsweise bei Mac-Rechnern die Software iDVD. Diese Programme sind bewusst anwenderfreundlich gehalten und erklären sich dem Nutzer mit etwas Probieren fast von selbst. Die Ergebnisse sind dabei recht sehenswert. Der Vorteil: Sie laden Ihren DV-Film einfach in ein solches Programm, platzieren das Eröffnungsfenster auf dem Bildschirm, benennen es und starten den Brennvorgang. Je nach Filmlänge ist nach ca. 140 Minuten die DVD fertig. Was im Hintergrund geschieht, bleibt Ihnen dabei verborgen, d.h. Sie können in diesen Fällen keine Parameter zur Verminderung der Datenmenge, wie z.B. eine flexible Datenkompression, einstellen. Dafür aber funktioniert es einfach. Einen ersten Überblick erhalten Sie in den folgenden Abschnitten.

Abbildung 1 ▶
Die iDVD-Oberfläche

Planung der DVD

1. In einem ersten Schritt schaffen Sie sich sinnigerweise einen Überblick, wie die spätere DVD **strukturiert** sein soll. Der spätere Nutzer navigiert in die jeweiligen Filme über Menüs und Untertitel, die vorab von Ihnen in einem Flussdiagramm festgelegt werden sollten. In diesem Diagramm können Sie auf verschiedenen Ebenen festlegen, welche Filme und Töne, aber auch welche Bilder und Texte dem späteren Nutzer in welcher Ebene zur Verfügung gestellt werden.

DVD: Mit der Zunge sehen
Wein und Geschmack

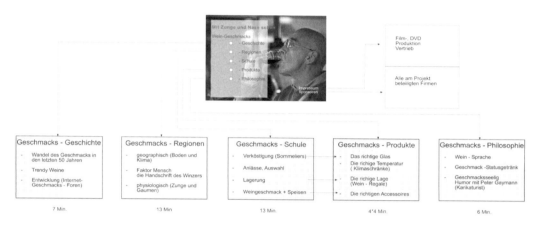

2. In einem zweiten Schritt gestalten Sie nun die entsprechenden **Bildschirmseiten** mit den dazugehörigen Buttons zur Anwahl der später gewünschten Medien. Die Gestaltung erfolgt auf einfache Weise in einem Bildbearbeitungsprogramm wie Photoshop (Photoshop stellt in seinen Tools bereits vorgefertigte Anwahlbuttons zur Verfügung). Achten Sie bei der Gestaltung der Bildschirmseite darauf, dass diese im richtigen Format, in der richtigen Auflösung (PAL) und im RGB-Farbmodus erstellt wird. Andernfalls erhalten Sie später Verzerrungen oder schwarze Kanten am seitlichen oder oberen bzw. unteren Bildrand. Jede später aufrufbare Bildschirmseite sollte von Ihnen eindeutig benannt und für die spätere Verwendung auf dem Rechner abgespeichert werden.

3. In dem dann folgenden Schritt der **Videokonvertierung** widmen Sie sich den bereits fertig geschnittenen Filmen und wandeln diese über eine entsprechende Software in ein MPEG 2-Format. Dieses so genannte **Encoden** kann (bei aufwändigeren Produktionen) über eine recht teure Hardware-Lösung (Encoder-Karte) geschehen. In diesem Fall wird das Video in Echtzeit in ein MPEG 2-Format komprimiert. Durch Unterstützung einer guten Software (Sonic) besteht die Möglichkeit der variablen Kompressionsraten, sodass auch bei längeren Filmen nicht allzu große Datenmengen anfallen. Die Alternative liegt in einer

▲ **Abbildung 2**
Beispiel für die Planung
einer DVD

Auf das Material kommt es an

Ganz gleich, welcher Methode des Encodings Sie sich bedienen: Qualitativ hochwertige Aufnahmen sind dafür eine unabdingbare Voraussetzung. Verrauschte Aufnahmen haben aufgrund des Codec automatisch eine höhere Datenmenge zur Folge und das Gleiche gilt für Wackler oder sehr schnelle Schwenks. Versuchen Sie also schon während der Produktion mit hochwertigem Equipment zu produzieren, wenn das Zielmedium eine DVD sein soll. Optimal sind Betacam Digital oder Betacam SP, zumindest aber sollte es DV sein.

softwareunterstützten Komprimierung. Dies bedeutet allerdings zurzeit für Sie noch beträchtliche Rechenzeit: Das Encoden von längeren Filmen kann dann schon mal mehrere Stunden Zeit in Anspruch nehmen.

4. In dem dann folgenden Schritt des **Authoring** programmieren Sie sozusagen nach Ihrem Flussdiagramm, also nach der logischen Struktur, die Sie geplant haben: wo welche Videoseite für die Anwahl erscheinen soll, welche Filme (dann als MPEG 2-Datei) durch welche Taste aufgerufen werden und welche Untermenüs auf welche Weise angewählt werden sollen. Versuchen Sie bei dieser Programmierung zu berücksichtigen, dass der spätere Nutzer sich leicht auf Ihrer Oberfläche zurechtfindet und zielgerichtet zu den von Ihnen angebotenen Optionen gelangt. Achten Sie darauf, dass an jeder Stelle die Möglichkeit gegeben ist, in das Hauptmenü zurückzugelangen.

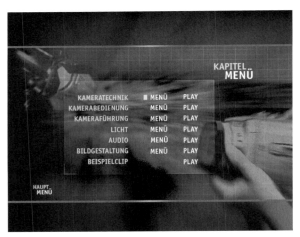

◄ Abbildung 3
Beispiel für eine
DVD-Oberfläche

Vervielfältigung von DVDs

Selbst gebrannte DVDs haben den Nachteil, dass sie manchmal auf bestimmten DVD-Playern nicht laufen. Dies liegt zurzeit noch an den unterschiedlichen Standards, aber eine Einigung auf einen gemeinsamen Standard ist in Sicht. Das bedeutet generell, dass Sie beim Erstellen von DVDs in geringer Auflagenhöhe Gefahr laufen, den einen oder anderen Anwender mit einem Medium zu konfrontieren, das bei ihm nicht läuft.

Abhilfe schafft hier nur das Vervielfältigen in größerer Auflagenmenge. In diesem Fall stellen Sie einem DVD-Kopierwerk die gesamten Daten, also konvertiertes Videomaterial, die Bildschirmseiten und Ihr Authoring, zur Verfügung. Das DVD-Kopierwerk erstellt aus diesen Daten dann ein Glas-Master, von dem anschließend die Silberscheiben gepresst werden. Ab einer Auflagenhöhe von ca. 1.000 DVDs wird bei vielen Kopierwerken die Erstellung des Glas-Masters nicht mehr gesondert berechnet. Die auf diese Weise vervielfältigten DVDs haben heute inklusive Cover und Booklet sowie Vierfarb-Siebdruck der Scheibe einen Preis von ca. 1 bis 2 Euro.

Je nach Länge des Films ist es notwendig, sich für ein bestimmtes DVD-Format zu entscheiden. Die Formate unterscheiden sich ausschließlich hinsichtlich der Produktionsweise der DVD, also nicht vom Codec her, und sind dadurch untereinander kompatibel. Folgende Datenmengen können bei heute gängigen DVDs untergebracht werden:

▶ DVD5: einseitig bespielt, eine Schicht (4,7 GByte)
▶ DVD9: einseitig bespielt, zwei Schichten (8,5 GByte)
▶ DVD10: zweiseitig bespielt, je eine Schicht (9,4 GByte)
▶ DVD18: zweiseitig bespielt, je zwei Schichten (17 GByte)

> **Simulieren**
>
> Nach erfolgtem Authoring besteht bei einigen Software-Paketen die Möglichkeit, die Lauffähigkeit der DVD in einem Simulationsmodus zu überprüfen. Der Vorteil dieses Verfahrens liegt darin, nicht zuerst eine DVD brennen zu müssen, die dann möglicherweise Fehler aufweist, sondern Probleme bereits in dieser Phase beheben zu können, um dann abschließend eine lauffähige DVD herzustellen.

8.4 Export für das Web

Der immer weiter fallende Preis der technisch zunehmend besser werdenden Kameras sowie deren leichtes Handling führen dazu, dass Videos heute auch fester Bestandteil bei der Gestaltung von Internetseiten geworden sind. Webdesigner verfolgen dabei folgende Ziele:

▶ die eigene Seite exklusiver zu gestalten,
▶ die Dreidimensionalität (Kamerafahrt um ein Objekt) von Produktion in ihrer Darstellung nutzen zu können,
▶ Storys mit den emotionalen Möglichkeiten eines Films auch im Internet erzählen zu können.

Ablegen auf der Homepage

Während in der noch jungen Vergangenheit selbst produzierte, gut gemachte Videos oft nur einer bescheidenen Minderheit von Zuschauern vorbehalten blieben, bestehen mittlerweile durch die Zunahme der Netzgeschwindigkeit immer realistischere Chancen, ein weltweites Publikum mit dem eigenen Film bekannt zu machen. Dies mag vor allem für Agenturen und Firmen von Interesse sein.

Download-Arten

Drei verschiedene Arten von Videos können in Webseiten eingebunden werden: die Videos zum **Herunterladen** vom Netz, **Progressive-Download**-Filme (die nach und nach auf der Festplatte gespeichert, aber währenddessen bereits in Teilen angesehen werden können) und echte **Streaming**-Videos (wobei die Daten nicht auf der Festplatte des Benutzers gespeichert, der Film aber schon während des Ladevorgangs angesehen werden kann). Bei Ihrer Videoproduktion für das Web ist dies die erste Entscheidung, die getroffen werden muss. Um »normale« Videos per Klick herunterzuladen, genügt ein Link auf der HTML-Seite, der auf eine »normale« Videodatei verweist.

Bevor Sie Ihren Film im Internet präsentieren, ist es notwendig, diesen durch einen geeigneten Codec zu konvertieren und dadurch eine Datenmenge zu erzielen, die auch Besitzern von weniger schnellen Rechnern bzw. Netzzugängen ein ruckelfreies Anschauen gestattet. Empfehlenswert ist hier beispielsweise der MPEG 1-Codec. Die damit entstandene Datei können Sie dann auf Ihrem eigenen Server ablegen und mit einem Link dem Kunden bzw. den Nutzern Ihrer Internetseite zugänglich machen. Da hierfür eine Flatrate, also eine dauerhafte Datenleitung, notwendig ist, kommt diese Variante nicht für alle Internetfilmanbieter infrage.

Alternativ besteht die Möglichkeit, die Filmdaten in komprimierter Form beim Provider abzulegen und bei der Anwahlseite einen Link auf diese Adresse zu legen. Viele Provider bieten heute Speicherplatz in nutzbarem Umfang an, sodass einige Videos in Längen von drei bis vier Minuten dort untergebracht werden können. Sollte eine höhere Kapazität benötigt werden, verursacht dies meist zusätzliche Kosten beim Provider.

Exkurs: die Webcam

Speziell beim Einsatz von Liveübertragungen per Webcam kommt die psychologische Komponente des unmittelbaren Erlebens verstärkend zur Geltung. Der Betrachter sieht hier nicht mehr aus der Konserve, sondern erlebt direkt mit.

Damit dies geschieht, sind mehrere Aspekte in der Planung zu berücksichtigen. Livekamerabewegungen sollten langsam ausgeführt werden, damit durch die live stattfindende Kompression keine Ruckler oder Bildzusammenbrüche erfolgen. Bildausschnitte sollten so gewählt sein, dass in der Totalen noch einigermaßen Ihr Motiv zu erkennen ist, denn Webcam-Übertragungen erzeugen kein bildschirmfüllendes Bildformat, sondern existieren immer noch als kleine Bildfenster beim späteren Betrachter. Wollen Sie also über Ihre Webcam Schriften deutlich lesbar machen, sollte die Kamera eine entsprechende Einstellung wählen. Das Gleiche gilt für Gesichter und technische Prozesse, die – möglichst in Naheinstellung aufgenommen – für den späteren Betrachter im kleinen Bildformat noch erkennbar sein sollten.

Bei der technischen Umsetzung ist Folgendes zu beachten: Auch beim Einsatz einer Webcam steht zu Beginn der Produktionskette die Kamera. Einige Mini-DV-Kameras besitzen eine USB-Schnittstelle und sind damit für den Amateureinsatz webtauglich. Fraglich ist dabei immer, ob die relativ kostspielige Kamera für den (recht reduzierten) Einsatz im Netz nötig ist. Für längerfristige Aktionen sollten deshalb spezielle Webcams genutzt werden, die die spezifischen Anforderungen Ihrer jeweiligen Einsatzorte erfüllen. Hinweise darauf, welche Webcam sich für welches Anwendungsgebiet, also für welche Nutzergruppen eignet, finden Sie im Internet unter der Adresse www.webcam-center.de.

Möchten Sie eine Webcam installieren, ist dies heute aufgrund der einfachen Technik schnell geschehen. In den meisten Fällen verbinden Sie Ihre DV-Kamera über die USB-Schnittstelle mit dem Rechner. Dieser erkennt dann die neue Hardware-Komponente. Falls nicht, werden Sie in den meisten Fällen durch die dann notwendige Installation geführt. Im dritten Schritt wird die Software für die Webcam installiert und die Cam innerhalb der Software eingerichtet.

Folgende Software ist gegenwärtig einsetzbar:

- ▶ PicMeUp Light – die deutsche Webcam-Software
- ▶ PicMeUp 3.0 – mit Bewegungsmelder
- ▶ Webcam32
- ▶ Ispy
- ▶ SpyCam
- ▶ ChillCam
- ▶ Webcam
- ▶ Weather-Display – Ihre Wetterdaten online
- ▶ Wind CamControl – Webcam-Steuerungs-Software

Möchte man nur chatten, dann muss eine entsprechende Software (MSN, NetMeeting, Yahoo Messenger) installiert werden. Im Folgeschritt installieren Sie eine Software zur Steuerung der Webcam und sind dann bereits in der Lage, Bilder aufzuzeichnen. Diese Bilder senden Sie dann per FTP-Verbindung (File Transfer Protocol) live auf die Homepage, wo Filmsequenzen ablaufen sollen. Bei längeren Übertragungen ist sicherlich eine Flatrate ratsam. Ähnlich wie beim Einbinden fertiger Videos in Ihre Internetseite besteht selbstverständlich die Möglichkeit, die Bilder auch über einen Webcam-Anbieter zu verschicken.

Die Entwicklung dieser Einsatzmöglichkeiten ohne großen technischen Aufwand wird in den nächsten Jahren weiter zum Nutzen der Verbraucher voranschreiten. Ein Beleg dafür ist ein gerade auf dem Markt erschienenes Angebot der Firma Macintosh: der iChat. Hierbei braucht der Nutzer nur noch seine laufende Videokamera an der FireWire-Stelle seines Macintosh-Rechners anzuschließen und empfängt während des Chattens von dem Partner, der ebenfalls per Videokamera über FireWire angeschlossen ist, ein qualitativ recht gutes Bild. Einstellungen müssen hier nicht mehr vorgenommen werden.

Abschließend sei bei diesem Kapitel erwähnt, dass sich das Aufnehmen per Webcam in der Frage der Gestaltung elementar von der vorher beschriebenen Videoproduktion absetzt. Denn hier sind die anfänglich festzulegende Kameraposition und der Bildausschnitt oft die einzigen gestalterischen Elemente.

9 Praxisbeispiele

Opener, Imagevideo, Dokumentation,
Schulungsmedium

- ▸ Welche anderen Filmtypen gibt es noch?

- ▸ Was muss ich beim Dreh bestimmter Filmgenres beachten?

- ▸ Was ist ein Opener, welche Merkmale hat er?

- ▸ Wie kann ich ein Imagevideo, eine Dokumentation und ein
  Schulungsmedium drehen?

Nachdem viele Grundlagen der Filmsprache in den vorangegangenen Kapiteln behandelt worden sind, möchten wir Sie in den nächsten Abschnitten mit spezifischen Filmsprachelementen verschiedener Filmgenres vertraut machen. Wir beginnen mit dem Opener für Veranstaltungen.

9.1 Produktion eines Openers

Die Durchführung einer Veranstaltung hat sich in den letzten 100 Jahren durch die rasante Entwicklung multimedialer Möglichkeiten entscheidend verändert. So werden heutzutage etwa bei Jubiläen, Geburtstagen, Firmengründungen, Messen, Konferenzen etc. auch Videos über Großbildprojektoren eingesetzt. Oft korrespondieren die produzierten Bilder mit Musikeffekten, tänzerischen Einlagen und anderen medialen Kreationen wie Lasershow, Pyrotechnik etc. Der finanzielle Aufwand für die Produktion derartiger Medien, in unserem Fall der Videopräsentation, hat sich bei einer enormen Steigerung der Qualität stark reduziert. Damit wird die Produktion eines Openers auch für Klein- und Mittelbetriebe sowie für Kleinstorganisationen finanzierbar.

Auch wenn Opener von ihrem Begriff her Veranstaltungen eröffnen, stehen sie nicht unbedingt im Programmablauf an oberster Stelle. In ihrer Funktion haben sie bestimmte Bedingungen zu erfüllen: Sie müssen das Publikum emotional einfangen, informieren, kurzweilig sein und eine Atmosphäre schaffen, die auch nüchtern-trockene Redebeiträge überwinden hilft.

Auf die Veranstaltung einstimmen

Wie jede kleine Party lebt auch die große Veranstaltung von ihrer Stimmung. In der Regel steht im Vorfeld bereits fest, wie diese definiert ist: ob es sich eher um eine melancholische Stimmung bei einem Abschiedsfest, eine heitere Stimmung bei erfreulichen Anlässen oder eine feierliche Stimmung bei wirtschaftlich wichtigen Anlässen handelt.

Von der Theorie her sollte zwar der Opener in das Gesamtkonzept zur Unterstützung der jeweils gewünschten Stimmung integriert sein. Dies ist aber häufig aus Sachzwängen heraus nicht möglich, wenn z.B. Gäste eingeladen, unbedingt Reden gehalten (politische Notwendigkeit) oder bei einem Jubiläum bestimmte Jubilare notwendigerweise ausgezeichnet werden müssen.

Die Bemühung sollte trotzdem dahin gehen, eine optimale Verzahnung mit den übrigen Programmpunkten zu erreichen. In dem auf der CD befindlichen Beispiel handelt es sich um die 150-Jahrfeier der Industrie- und Handelskammer Siegen, also ein erfreulicher Anlass, der gemeinsam mit den Wirtschaftsvertretern entsprechend prunkvoll und kulturell angereichert begangen werden sollte.

In Ihrer Vorstellung existieren, trainiert durch Ihre Sehgewohnheit, Bilder, die bestimmte Stimmungen in Ihnen erzeugen. So stimmen Sie z.B. Szenen eines Feuerwerks, eine glutrote aufgehende Sonne, im Zeitraffer festgehaltene aufgehende Knospen eines Baumes oder lachende Gesichter wahrscheinlich positiv.

Spielen wir nun die einzelnen Stimmungssituationen während des Verlaufs der Opener-Präsentation einmal durch: Zu Beginn sammelt man sich bei entsprechend guter Saalatmosphäre (leise Musik und Lichteffekte) und das Publikum nimmt Platz. Erfahrungsgemäß unterhält man sich, ist nicht unbedingt auf die vorbereitete Leinwand fixiert. Beim Start des Openers möchte man nun noch seinen angefangenen Satz zu Ende bringen, um sich dann auf das Geschehen vorne konzentrieren zu können. Dabei verstreichen noch einige Sekunden.

Nur besonders aussagekräftige Bilder oder ein guter Ton verkürzen diese Phase des »Einstiegs« in den Opener. Ein akustischer wie visueller Startschuss (**Eyecatcher**) holt die Zuschauer ab. Dieser Eyecatcher kann aus einem besonders ausgefallenen Motiv, einer in der Nachbearbeitung besonders raffiniert veränderten Einstellung oder aus einer peripheren Einbeziehung des Präsentationsraumes bestehen.

Video-Library

Auch in Deutschland existieren Video-Librarys, bei denen Videomaterial zu allen Themenbereichen in professioneller Qualität angekauft werden kann, z.B. Film Bank Deutschland GmbH (www.film-bank.de) oder Central Order (www.CentralOrder.de)

Akustischer Startschuss

Lassen Sie Ihren Opener nicht unbedingt mit gleichzeitigem Ton und Bild beginnen, sondern ziehen Sie die Tonspur ein wenig vor, sodass ein akustischer Einstieg gesetzt wird. Da in den meisten Fällen in den Präsentationssälen nun auch das Licht abgedunkelt wird, erzeugt dieses akustische Signal eine Konzentration auf die Bühne und dann beginnt der Bildlauf.

Bei unserem Beispiel-Opener handelt es sich um die 150-Jahrfeier der IHK Siegen. (Einen Ausschnitt des fertigen Films sehen Sie auf www.galileodesign.de.) In unserem Beispiel haben wir als ausgefallenes Bildmotiv einen in Ultrazeitlupe aufgenommenen Wassertropfen gewählt. Da man Ultrazeitlupenaufnahmen relativ selten

▲ **Abbildung 1**
Der Opener des Opener

Aufnahmen aus entfernten Ländern

Benötigen Sie Videoaufnahmen, die (bei Unternehmen von ausländischen Tochterfirmen) weit außerhalb produziert werden müssen, bietet es sich aus Kostengründen an, diese von Bekannten, Freunden oder Fremdfirmen vor Ort produzieren zu lassen. Generell kann man davon ausgehen, dass es keinen Fleck der Erde mehr gibt, der nicht in irgendeiner Form bereits filmisch oder fotografisch mehrfach abgelichtet worden ist. Bei der Suche nach derartigem Material können die Auslandsstudios der Fernsehanstalten hilfreiche Tipps geben.

sieht und diese Bilder außerdem eine besondere Ästhetik besitzen, erreichte man die gewünschte Konzentration in der Zuschauerschaft. Eine entsprechende akustische Untermalung ergänzte den Start.

In dem folgenden filmischen Verlauf wurde die feierlich-kulturelle Stimmung dadurch angelegt, dass parallel zur Filmpräsentation auf der Bühne vor der Projektionsfläche eine Theatergruppe auftrat, die größtenteils pantomimisch in ästhetisch schönen Bewegungen mit den Bildern korrespondierte. Die Aufgabe der Theatergruppe bestand darin, durch Berühren der Leinwand an bestimmten Stellen die Bildfolge zu steuern. Die projizierten Internetseiten der Industrie- und Handelskammer präsentierten durch das Betätigen der Buttons durch die Schauspieler das gesamte Spektrum der Institution.

Dadurch, dass es keine rein technische Präsentation war, stand das sehr anonyme Medium Internet dem personenbezogenen Medium Theater gegenüber, das gewünschte Stimmungsbild (positive Wirkung zwischen Mensch und Maschine) wurde von den Zuschauern entsprechend verstanden. Die Theatergruppe wählte im folgenden Verlauf ebenfalls durch Berührung von Buttons und Scroll-Titeln auf der Leinwand weltweit bestimmte Länder mit Vertretungen der Industrie- und Handelskammer an. Von dort blendeten sich Gratulanten ein, die in entsprechender Landessprache Glückwünsche überbrachten. Die nicht übersetzten Glückwünsche wurden trotzdem von allen verstanden und präsentierten das globale Handeln der Auslandshandelskammern. Die Seele der Gratulanten wurde gestreichelt und dieser emotionale Hochpunkt schloss mit Bildern eines Feuerwerks ab.

Die externen Bilder der Gratulationen wurden ca. zwei Monate vor der Präsentation des Openers per E-Mail oder Fax in den entsprechenden Ländern angefordert. In dem damaligen Schreiben an die jeweiligen Auslandshandelskammern befand sich eine kurze technische Gebrauchsanleitung für die Aufnahme der jeweiligen Gratulationsszenen.

Planung des Openers

Wie bei allen Präsentationen gilt es auch hier, vorab eine Sammlung aller relevanten Kriterien vorzunehmen. Es empfiehlt sich, die wichtigsten Punkte festzuhalten oder sich sogar dafür einen Fragenkatalog zu erstellen. Dieser könnte folgendermaßen aussehen:

▶ Wie lang ist der Opener?
▶ Wie viele Personen sollen angesprochen werden?
▶ Wie sind die Lichtverhältnisse im Präsentationsraum?

- ▶ Welche Stimmungslage soll erzeugt werden?
    - ▷ Getragen feierlich
    - ▷ Fröhlich heiter
    - ▷ Melancholisch traurig
    - ▷ Fachlich wissenschaftlich
- ▶ Welche Informationen sollten zwingend vermittelt werden?
- ▶ Welche Personen sollten auf jeden Fall berücksichtigt werden?
- ▶ Genügt das Gesamtkonzept all diesen Anforderungen?

Die letzte Frage behandelt den roten Faden, das Gesamtbild des Openers. In unserem Beispiel handelte es sich – um dem modernen Aspekt des Unternehmens gerecht zu werden – um mehrere Internetseiten mit entsprechenden Fenstern. In jedem Fenster sind spezifische Informationen enthalten, die sich nach Mausklick öffnen bzw. schließen lassen.

In unserem Fall – der 150-Jahrfeier der IHK Siegen – sollte von einem Experten der AHK Informationen über das moderne zukunftsweisende Netzwerk der Auslandshandelskammern vermittelt werden. Das hierfür aufgenommene Interview mit dem Experten bildet die zweite Bildebene.

Das Einbinden der Oberfläche von Internetseiten ist relativ einfach handhabbar, da die gewünschten Internetseiten bereits existieren oder sich vorhandene Seiten über ein Bildbearbeitungsprogramm leicht modifizieren lassen.

◀ **Abbildung 2**
Internetseite der IHK Siegen
mit dem Videobild eines
Interviewpartners

Dazu öffnen Sie im Internet die gewählte Seite und exportieren diese in Ihren Zwischenspeicher. Dies kann auf einfache Weise durch das Drücken der Drucktaste oder durch entsprechende freie oder preiswerte Software geschehen, die auch Detailausschnitte oder

Arbeitsschritte als kleine Filmsequenz kopieren kann. Von der Zwischenablage kann der Screenshot in ein Bildbearbeitungsprogramm importiert werden. Hier können nun in der Bearbeitung möglicherweise störende Werbeeinblendungen beseitigt, wichtige Textpassagen hervorgehoben, Farben korrigiert bzw. verändert oder Buttons betont werden.

Die nach der Bearbeitung abgespeicherten Bilder können dann problemlos in die meisten Schnittprogramme importiert werden und bilden damit die Grundlage für den darauf folgenden Montageschritt.

In der Montage werden nun Bildebene 1 (die Internetseite) und Bildebene 2 (die ausgewählten Teile des Interviews) auf zwei Videospuren übereinander gelegt. Durch die Pict in Pict-Funktion wird das Interview so positioniert, dass es sich in einem der vorab schon auf der Internetseite vorhandenen Fenster befindet.

Bei der Pict in Pict-Funktion lassen sich die eingebundenen Bilder (bei 2D-Montage) über die gesamte Ebene bewegen, an den Seitenkanten beschneiden, vergrößern und verkleinern.

Im nächsten Abschnitt können diese Schritte an einem einfachen Übungsbeispiel nachvollzogen werden.

Da der Audiobereich häufig vernachlässigt wird, sei an dieser Stelle noch einmal darauf hingewiesen, dass die akustische Untermalung etwa durch Klickgeräusche in dem Augenblick, wenn die Buttons gedrückt werden, oder entsprechende Klangfolgen, wenn sich ein Fenster bildschirmfüllend öffnet, auf jeden Fall nicht vergessen werden sollte. Noch ist Internet ein Medium, das visuell dominiert; stille Seitenwechsel können also ebenfalls durch musikalische oder Kommentaruntermalung belebt werden.

Wenn Sie sich dieser beschriebenen Technik fertiger Internetseiten und deren Einbindung in ein Filmkonzept bedienen, werden Sie schnell an Grenzen stoßen. Dann bietet sich an, ein eigenes Layout, das nur noch den Charakter einer Internetseite vermittelt, zu entwerfen. Dieses Layout kann so gewählt werden, dass genau die Bedürfnisse des Openers getroffen werden, also z.B. Bildschirmseiten zum Teil herunterrollen, wenn andersformatige (nicht 4:3) Informationen übermittelt werden sollen.

Schritt für Schritt: Montage Internetseite mit fremder Videosequenz

Öffnen Sie die Homepage von Galileo Press. Erstellen Sie einen Screenshot von der Seite. Sollten Sie keinen eigenen Internetanschluss haben, besuchen Sie einen guten Freund (mit Internetanschluss) und bitten diesen, die Galileo-Homepage auf einer Diskette abzuspeichern.

1. Erstellung eines Screenshots

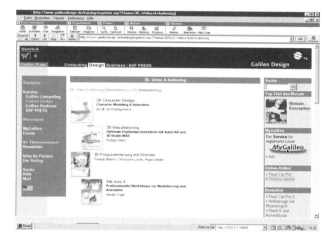

Öffnen Sie in Photoshop diese Datei und entfernen alle unwichtigen oder störenden Texte mit dem Radiergummi. Wählen Sie dabei die jeweilige Hintergrundfarbe durch die Pipette, sodass keine Löcher entstehen.

2. Bearbeitung in Photoshop

Positionieren Sie nun einen Rahmen im Format 4:3 in einem Bereich der Bildfläche. Speichern Sie die Seite in Photoshop unter dem Namen »Opener 1« ab und importieren Sie diese in Ihr Nachbearbeitungsprogramm.

3. Bildformat

Bei einigen Nachbearbeitungsprogrammen besteht die Möglichkeit, beim Import von Picts die Länge der Sequenz, in der dieses Bild eingefroren wird, festzulegen. In diesem Fall wählen Sie ca. 20 Sekunden aus.

4. Länge der Sequenz

Positionieren Sie diese Sequenz auf der Videospur 1.

5. Positionieren der Sequenz

6. Kopieren der Videosequenz

In der Vorbereitung haben wir bewusst darauf verzichtet, auf der Internet-Homepage bereits einen Titel unterzubringen, da durch den Import und die Datenkompression diese Texte oft unleserlich werden.

Außerdem können Sie aus dem Titelgenerator des Schnittprogramms erheblich flexibler Textgröße, Position und Typografie festlegen und variieren. Hierbei lässt sich dann relativ schnell überprüfen, wie weit eine bestimmte Schriftgröße noch lesbar ist, die möglicherweise auf dem Rechnermonitor problemlos dargestellt wurde, nun aber auf dem Fernsehbildschirm zu sehr aufpixelt. Auch hier gilt: Weniger ist mehr. Verwenden Sie also nicht zu viele unterschiedliche Typografien oder Schriftgrößen, belassen Sie es bei maximal zwei oder drei Varianten.

Kopieren Sie von der beiliegenden CD-ROM die Videosequenz »Interview 150-Jahrfeier« oder ein selbst aufgenommenes Interview auf Ihre Festplatte.

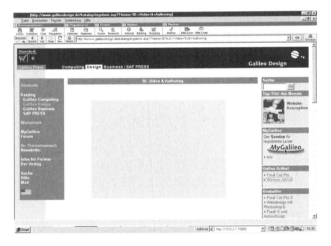

7. Laden des Interviews in das Schnittprogramm

Dieses Interview laden Sie nun in Ihr Schnittprogramm, eröffnen eine zweite Videospur, wählen einen beliebigen Ausschnitt des Statements und kopieren diesen in die zweite Videospur.

Legen Sie den Effekt Pict-in-Pict darauf und bearbeiten diesen in der Weise, dass sich das verkleinerte Bild des Interviewpartners in dem auf der Internetseite angelegten Bildfenster befindet.

8. Der Pict in Pict-Effekt

Sie haben nun die Möglichkeit, das Statement innerhalb des kleinen Bildfensters komplett zu betrachten oder aber für eine bestimmte Zeit dieses Fenster bildfüllend aufzuziehen. Hierfür müssen entsprechend Keyframes gesetzt werden, die den Start der gesamten Videospur 2 definieren, den Punkt festlegen, an dem sich das Fenster weiter öffnen soll (mit Bewegungsrichtung), den Punkt, an dem es bildfüllend erscheinen soll, und entsprechend auch wieder die beiden Punkte, an dem sich das Fenster von bildfüllend in Kleinformat verändern soll.

9. Setzen von Keyframes

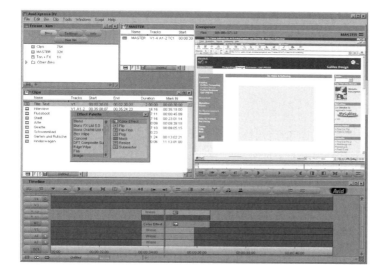

Mit diesen Arbeitsschritten haben Sie eine kleine Sequenz des Openers erstellt. In einem nächsten Schritt gilt es nun, diesen roten Faden weiter zu verfolgen, also mit dem gleichen Layout den filmischen Fortgang zu beschreiben. Nachdem die Redesequenz des eingebundenen Interviewpartners zu Ende ist, soll in dem Bildfenster das Logo der IHK erscheinen. Dieses befindet sich ebenfalls als Pict auf der CD-ROM und kann in ähnlicher Weise, wie bereits beschrieben, in der immer noch geöffneten Internetseite eingebunden werden. Sollte man sich für den Weg entschieden haben, die Bildgröße während des gesamten Statements nicht zu verändern, bietet es sich an, in einem zweiten oder dritten Fenster entsprechende Kernaussagen als Text einzublenden. Eine andere Möglichkeit dieser visuellen Textbetonung besteht in einem Roll- oder Fließtext an geeigneter Stelle des Bildes.

10. Bearbeiten der Folgeseiten

Widmen Sie sich nun den Folgeseiten. Mehrere Picts (ebenfalls in einem Bildbearbeitungsprogramm erstellt und in das Schnittprogramm importiert) zeigen in Folge das Niederdrücken eines Buttons. Mit dem Ende dieser Sequenz beginnt jeweils eine neue Information.

Durch die kontinuierliche Wahl dieses Layoutrahmens der Internetseite kann ein kurzweiliges, informatives und sehr lebendiges Video entstehen, in dem sogar Regeln der normalen Internetdarstellung gebrochen werden, denn eine bildfüllende Filmdarstellung ist in diesem Medium noch nicht möglich. Die Internetseite ist also nur Gerüst und Hilfsmittel für das Einbinden unserer Filmsequenzen. In unserem Beispiel stellen die Grußworte aus verschiedensten Kontinenten in der jeweiligen Landessprache in immer wechselnden Fenstern und schneller Folge den dramaturgischen Höhepunkt dar, der mit einem Feuerwerk, das über die Bildfläche hinausgeht,

Ende abschließt.

9.2 Produktion eines Imagevideos

Mehr als bei allen anderen Filmgenres kommt es beim Imagevideo auf Ihre originelle Idee an. Wie Sie diese schneller finden können und welche Regeln Sie bei der anschließenden Produktion beachten sollten, werden wir im folgenden Kapitel vorstellen.

Generell gilt natürlich, dass nicht nur für Imagevideos eine originelle Idee die ultimative Voraussetzung für das Gelingen eines Videos ist. Wie kreativ Sie in diese Kapitel einsteigen, können Sie an einem kleinen Test überprüfen.

Ideenentwicklung

Beantworten Sie sehr schnell und spontan folgende Aufgaben:
1. Nennen Sie eine Farbe, ein Werkzeug und eine einstellige Zahl.
2. Versuchen Sie, aus diesen drei Elementen eine kurze Geschichte zu konstruieren.

Aufgabe 1 war noch relativ einfach, auch wenn viele hier bereits in alte Schemata verfallen und als Farbe Rot, als Werkzeug den Hammer und als Zahl die Ziffer 7 wählen.

Aufgabe 2 stellt Sie möglicherweise bereits vor ein Problem, denn hier müssen sehr unterschiedliche Bereiche miteinander in Kombination gesetzt werden.

Wenn wir einmal von der einfachen Lösung »Kaufe sieben rote Hämmer« absehen, hilft ein einfaches Schema, die uns eigenen Gedankenbarrieren abzubauen. Was hat ein Hammer mit der Farbe Rot zu tun? Könnte ich mir versehentlich auf den Daumen geschlagen haben und Blut fließt? Oder könnte ein Hammer ins All geworfen worden sein und nun auf seinem schwerelosen Flug den glutroten Mars passieren? Oder verfestigt ein Künstler mit einem Hammer Bilder der Ausstellung »rot«? Wenige Beispiele dafür, Beziehungen zu entwickeln, die – wenn auch ausgefallen bis verrückt – aber häufig als Ansatz für neue filmische Ideen gut sind.

Thema des Imagevideos

Nicht ohne Grund haben wir das Beispiel mit dem Hammer und der Farbe Rot gewählt. Diese vom Publikum genannten Begriffe sind Gegenstand vieler Sketche des Interaktionstheaters »Springmaus« aus Bonn. Aufzeichnungen des laufenden Programms der »Springmaus« sollen als Beispiel für Konzeptentwicklung, Realisation und Nachbearbeitung des kurzen Imagevideos genutzt werden.

Abbildung 3 ▶
Plakat der Springmaus

Betrachten Sie dazu unter www.galileodesign.de einen Ausschnitt des Kabarettprogramms und versuchen Sie ein Konzept zu entwickeln, wie der Dreiminüter aufgebaut werden könnte.

Die Grundregeln hierfür:

▶ Dem Charakter des Produktes bzw. Unternehmens – in unserem Fall ein humorvolles lebendiges Theater – muss der Entwurf gerecht werden.

▶ Informationen über das Produkt (hier das Theater) sind in komprimierter Form zu übermitteln, ohne dabei den Zuschauer zu erschlagen.

Die Standards wären sicherlich: Zu Beginn eine Texttafel einblenden, dann schnell geschnitten einige Sequenzen der Sketche und im Abspann die Veranstaltungsorte. Gerade davon sollten Sie sich nun aber lösen, denn dieser Standard würde dem lebendigen quirligen Theater nicht gerecht.

Suchen Sie nach assoziativen Bildern zum Thema »Springmaus«. Überschreiten Sie dabei alle traditionellen Grenzen, denn Reduzieren und Streichen können Sie später immer noch.

Beispiele für einen Einstieg

Einige schnelle Bilder von springenden Gegenständen (Bälle, seilspringende Kinder, Turmspringer im Schwimmbad, Fallschirmspringer, dann eine Springmaus). Nach jeder dieser kurzen Einstellungen

erscheint ein Buchstabe mehr auf dem Bildschirm, der Titel »Springmaus« entsteht. Diese Idee soll nur als Anregung dienen. Versuchen
Sie nun selbst, aufgenommene Sequenzen auf den Rechner zu spielen, probieren Sie es gegebenenfalls auch mit vollkommen themen-
fremdem Material.

Sollten Sie eine Form gefunden haben, die Ihnen gefällt, widmen
Sie sich dem nächsten Schritt. Jetzt geht es darum, kurze Sequenzen aus dem Programm so zusammenzustellen, dass sie a) verständlich sind und b) dem Charakter der Aufführung im Schnittrhythmus
entsprechen.

Oft ist der Autor auch der beste Kritiker bei der Auswahl geeigneten Materials. Was ihm gefällt, wird auch anderen gefallen. Suchen
Sie sich also die schönsten Sequenzen heraus und montieren diese
zuerst einmal ohne Rücksicht auf den richtigen Anschluss hintereinander. Damit ist der Extrakt geschaffen; was fehlt, sind die geeigneten Übergänge. Eine einfache und unspektakuläre Art der Übergänge
wäre jeweils eine kurze Blende in ein Schwarz- oder Weißbild. Aber
so einfach diese Lösung ist, so langweilig ist sie auch. Sollten Sie daran Zweifel haben, probieren Sie es, denn Blenden sind schnell gesetzt. Lassen Sie zwischen den einzelnen Szenen jeweils eine Sekunde Schwarzbild stehen und legen dann auf die entsprechenden
Übergänge jeweils eine Blende von einer Sekunde.

Eine andere, aber ebenso wenig spannende Idee wäre ein zwischen den Sequenzen eingeblendeter kurzer Publikumsapplaus. Zumindest hätte diese Idee den Vorzug gegenüber der ersten, dass die
positive Resonanz des Publikums einbezogen würde, denn »Springmaus« ist ja ein Interaktionstheater. In unserem Fall lässt sich diese
Idee nur schlecht realisieren, da im Zuschauerraum eine schlechte
Beleuchtung installiert war und daher die Aufnahmen des Publikums
eine schlechte Qualität haben.

Mut zum Fantasieren

Wagen Sie auch unsinnige
und unlogische Ideen, beginnen Sie damit zu spielen,
denn oft kommt in dieser
Phase ein neuer Gedanke
und das eigentliche Konzept
erlebt seine Geburtsstunde.

Alternative

Das Einbinden des Gruppen-
namens muss sich nicht ausschließlich auf die visuellen
Möglichkeiten beschränken.
Ebenso kann das Wort
Springmaus schnell hintereinander von ganz verschiedenen Personen gesprochen
werden: Jugendliche rufen
es, Wissenschaftler benennen es, Ärzte sezieren es,
Politiker dozieren es, Kinder
schreien es. Der Titel könnte
dann auch jedes Mal neu erscheinen, anfangs nur für
eine halbe bis eine Sekunde,
also kaum erkennbar, bei
dem letzten Bild dann länger.

Fühlen wir uns also durch diese unglücklichen Begleitumstände
dazu angeregt, eine originellere Idee zu entwickeln. Imitieren Sie vor
laufender Kamera Lachen, Beifall und Begeisterungsstürme und for-

▲ **Abbildung 4**
Der Zuschauerraum der
Springmaus

dern Sie dazu bei laufender Kamera Freunde, Bekannte, Außenstehende spontan auf.

Abbildung 5 ▶
Spontaner Applaus
könnte so aussehen.

Ein Vorteil dieser Übung: Sie werden bei den Aufnahmen selbst viel Spaß haben. Montieren Sie nun im nächsten Schritt diese spontanen Reaktionen in kleinen Portionen von jeweils ein bis zwei Sekunden zwischen die Aufführungsblöcke.

Eine weitere und schon etwas kompliziertere Möglichkeit, einen **Bildübergang** herzustellen, besteht in dem Aufgreifen inhaltlicher Komponenten und einer entsprechenden visuellen Umsetzung. Befasst sich ein Themenblock des Springmaus-Theaters mit der Karikierung von Handynutzern, könnte auch ein kurzes »hüpfendes Handy« die Sequenz einleiten. Um die Einstellung eines hüpfenden Handys zu realisieren, bedient man sich eines einfachen Tricks: Das Handy wird mit einem unsichtbaren Klebestreifen leicht an einer Pappe befestigt. Der Karton wird dann bei laufender Kamera um 180 Grad gedreht, sodass nun das Handy unter dem Karton klebt, dort für einen Augenblick noch haften bleibt, um dann nach unten (aus dem Bildfenster) zu fallen. Um Ihr neues Handy jedoch nicht zu beschädigen, sollten Sie unter den Experimentalaufbau ein Kissen oder eine Wolldecke legen. Damit nun für den Betrachter das Handy von einer Fläche nicht nach unten fällt, sondern aufsteigt, muss selbstverständlich die Kamera ebenfalls um 180 Grad gedreht werden. Das Bild steht also auf dem Kopf. Beim normalen Betrachten dieser Aufnahme löst sich nun das Handy von unten und bewegt sich nach oben aus dem Bildfenster.

Überspielen Sie diese Einstellung auf den Rechner, und zwar vom Ablösen des Handys von der Fläche bis zu der Stelle des Fluges, wo sich das Handy etwa in der Mitte des Bildes befindet. Danach montieren Sie die gleiche Einstellung, allerdings rückwärts laufend, direkt dahinter. Das Handy senkt sich also von diesem Punkt wieder zur Auflagefläche. Mit ein wenig Geschick können Sie diesen Handy-Sprung mehrfach wiederholen, und dies bei unterschiedlicher Sprunghöhe. Kurz und einfach, aber effektvoll gestaltet haben Sie nun einen **Trenner** erstellt, der in den nächsten Themenblock des Springmaus-Theaters einleitet.

Der Hauptteil der Arbeit an dem Imagevideo ist nun geleistet. Die letzte Aufgabe muss noch gelöst werden: das **Einbinden der Auftrittsorte**. Vielleicht haben Sie während der bisherigen Arbeit an dem Material bereits Ideen dazu entwickelt. Wenn nicht, sollten Sie sich an dieser Stelle auf Ihre in diesem Kapitel bereits entwickelten Fertigkeiten besinnen. Bleiben Sie einfallsreich, greifen Sie den Charakter des Theaters »Springmaus« auf, produzieren Sie einen schönen Schluss für dieses Imagevideo, denn hier soll der Betrachter noch einmal den letzten Kick für die Entscheidung erhalten, selbst die Theateraufführung zu besuchen.

Diese Anregungen ließen sich endlos fortsetzen, doch das eigentlich Originelle entsteht in Ihrem Kopf. Nutzen Sie das Potenzial und gestalten Sie einmal etwas anders.

Logos und Identifikation

Im Zeitalter der multimedialen Präsentation besitzen auch viele Klein- oder Kleinstunternehmen bereits Firmenlogos. Da diese »Symbole« der eigenen Tätigkeitsbereiche im Idealfall einen direkten Bezug zur Unternehmensidee darstellen, sollten sie in Imagevideos auf jeden Fall aufgegriffen werden.

In einfacher Form lässt sich dies durch die Pict in Pict-Bearbeitung im Schnittprogramm realisieren. Dafür müssen zwei Videoebenen angelegt werden: In der oberen befindet sich das Firmenlogo auf einem möglichst neutralen gleichfarbigen Hintergrund, in der darunter liegenden Videospur befindet sich entweder eine gleichfarbige Fläche oder eine Bildsequenz. Um zu große Unruhe zu vermeiden und die Konzentration auf das Logo zu lenken, sollte die Bildsequenz allerdings entweder schwarz-weiß (bei Farblogos) oder unscharf gehalten sein. Das setzt voraus, dass man schon bei der Aufnahme ein unscharfes Bild mit einplant.

Das Firmengebäude oder ein Produkt, das im Mittelpunkt stehen soll, würde in diesem Fall zuerst scharf und dann durch Veränderung des Schärfenringes an der Kamera unscharf von einem Stativ

---

Filmische Verbindung von Themenblöcken

Vermeiden Sie zu unterschiedliche filmische Übergänge in die nächsten Themenblöcke. Bleiben Sie bei einer gewählten Idee und modifizieren Sie diese für die folgenden Themenblöcke.

Weitere Realisierungsideen

Die Information, die im Vordergrund stehen soll, ist dabei der Ort, an dem man einen solchen Abend erleben kann. Was liegt also näher, als diverse Behausungen und Unterkünfte mit der eigenen Kamera aufzunehmen: Hundehütten, Hamsterkäfige, Vogelnester, Katzenhäuser, Mauselöcher und jede andere mögliche Aufnahme, die dem humorvollen Charakter der Veranstaltungen gerecht wird und dann jeweils mit dem Namen der nächsten Veranstaltungsorte verbunden wird.

Ein weiterer Vorschlag: Nehmen Sie mit Ihrer Kamera ein Kind beim Kästchenhüpfen auf dem Bürgersteig auf. Wählen Sie dabei die Kameraeinstellung so, dass Sie aus extremer Vogelperspektive die jeweiligen Springkästchen deutlich erkennen, zoomen Sie bei jedem Sprung in das neu besprungene Feld. Nach jedem Zoom könnte in der Montage der Titel des nächsten Veranstaltungsortes eingeblendet werden.

aufgenommen werden. Exakt an dem Punkt, wo von der Schärfe in die Unschärfe gewechselt wird, wird bei der Montage in der zweiten, darüber liegenden Videospur das Logo eingeblendet.

Manche Schnittsysteme erlauben ein so genanntes **Cropen**, wenn bei der Aufnahme des Logos über die Kamera zu viele unwichtige Flächen mit aufgenommen wurden. Diese können dann durch einen Crop an allen vier Bildseiten abgeschnitten werden. Sollte diese Funktion nicht zur Verfügung stehen, müssen Sie schon bei der Aufnahme darauf achten, das Logo in angemessener Größe im Bild zu positionieren. Bei neutraler gleicher Hintergrundfarbe können Sie diese bei manchen Schnittprogrammen herauskeyen, sodass das Logo frei auf dem Hintergrund erscheint. In der Pict in Pict-Funktion wird das gesamte Bild verkleinert und in das Hintergrundbild eingestanzt.

Da auch Imagevideos nicht nur aus Bildsequenzen bestehen und der Ton eine genauso wichtige Rolle spielt, sollten Sie sich überlegen, ob bei der umworbenen Firma bereits für das Unternehmen produzierte Musiksequenzen existieren. Wenn ja, sollten diese auch genutzt werden, um in dem Gesamtimage keinen Bruch zu erzeugen.

Die Frage der Positionierung einer **Musiksequenz** spielt jedoch gerade bei Imagevideos eine besondere Rolle. Der Film sollte, wenn möglich, mit einem »Tusch« enden. Das bedeutet, dass mit dem Erscheinen des Logos (falls dies am Ende geschieht) auch ein entsprechender musikalischer oder akustischer Höhepunkt erreicht wird und damit das Video endet.

Häufig bietet es sich an, bei weniger bekannten Unternehmen das Logo auch mehrfach einzusetzen, denn in der Werbung hat sich ebenfalls erwiesen, dass Wiederholungen das Erinnern verlängern und damit zu einem größeren Werbeeffekt führen. Die Zielgruppe des Imagevideos verbindet dann die hoffentlich positiv dargestellten Bereiche des Unternehmens fest mit dem Namen und der visuellen Erscheinung (dem Logo).

Wenn in einigen der vorherigen Abschnitte von originellen Ideen die Rede war, bezieht sich dies nun sicherlich auch auf die mögliche Art der Logo-Integration in einem Imagevideo.

Sie können das Logo aus anderen Elementen aufbauen, sich entwickeln lassen. Dies setzt allerdings einige Vorarbeit in einem Bildbearbeitungsprogramm voraus. Bild für Bild – und das 25-mal in der Sekunde – muss dann detailliert gezeichnet, gefüllt oder farblich verändert werden. Nur mit einiger Übung gelingt einem da-

---

Import in Schnittprogramme

Eine elegante Lösung ist es sicherlich auch, aus einem Bildbearbeitungsprogramm ein Logo direkt in das Schnittprogramm zu importieren. Einige Schnittprogramme haben diese Funktion und greifen dabei auf gängige Bildformate wie TIFF, JPEG oder PICT zurück.

Veränderungen an Logos

Vermeiden Sie auf jeden Fall, ein Logo im Anflug kreativer Ideen eigenständig verändern zu wollen. Logos sind oft mit hohem Werbeaufwand erstellt worden und sollten auf keinen Fall verzerrt, farblich verändert oder gar umgestaltet werden, selbst wenn dadurch die Idee des Films unterstützt und positiv aufgegriffen würde.

bei eine fließende Bewegung, die sich als so genannte Pict-Sequenz im Schnittprogramm integrieren lässt. In wenigen Ausnahmen stehen einem vielleicht für diese Aufgabe Animationsprogramme zur Verfügung: Boris (www.borisFX.com) oder Adobe After Effects (www.adobe.de) eignen sich für derartige Einzelbildbearbeitungen relativ gut und sind beide für das Mac- und das Windows-Betriebssystem verfügbar.

Resümee

Was bei einem Imagevideo zählt, ist, dass das umworbene Produkt – sei es eine Theatergruppe, ein Sportschuh oder ein Politiker – dadurch eine Aufwertung erfährt. Die psychologische Wirkung des Videos spielt also dabei eine erhebliche Rolle. Gerade aus diesem Grund sei hier Anfängern geraten, sich mit sehr viel Vorsicht an diese Thematik zu wagen. Denn allein originelle Ideen und eine gute Gestaltung führen leider häufig nicht zum erwünschten Ziel. Zwar kann auch keine Werbeagentur oder eine professionelle Filmproduktion diese Ziele garantieren, jedoch liegt dort die Wahrscheinlichkeit, den Kunden zufrieden zu stellen, um einiges höher.

9.3 Produktion einer Dokumentation

Bei dem einen oder anderen Leser haftet der filmischen Dokumentation vielleicht etwas Langweiliges, Hausbackenes oder Zähes an. Das mag daran liegen, dass viele Jungfilmer, noch recht unerfahren, zuerst Dokumentationen drehen. Wie dieses Genre aber auch spannend und originell produziert werden kann, soll das folgende Kapitel zeigen.

Im Laufe der Filmgeschichte hat sich auch dieses Filmgenre geändert. Immer häufiger wurden kurze Inszenierungen in den filmischen Ablauf eingeflochten. Effekte und dreidimensionale Gestaltungsmöglichkeiten bereicherten außerdem in den letzten Jahren den Gesamteindruck gut produzierter Dokumentationen.

Ein schon etwas älteres, aber dennoch positives Beispiel für einen spannenden Dokumentarfilm stellt der Film »Parteitag 64« von Klaus Wildenhahn über die Nachrüstungsdebatte dar. Wildenhahn verfolgte hier während des SPD-Parteitages exakt jene Momente, die später zu dem Nachrüstungsbeschluss führten.

Die meisten Leser dieses Buches lassen sich wohl eher zu dem Bereich Dokumentarfilmer als zu dem Bereich Spielfilmproduzenten

Klassische Dokumentation

Der Begriff Dokumentation assoziiert häufig – zumindest bei erfahrenen Cineasten – jenen Typus Film, der durch eine Aneinanderreihung von Originalaufnahmen geprägt ist. Bei der klassischen Dokumentation ist dies auch oft der Fall. Besonders gelungene Beispiele werden häufig von der BBC ausgestrahlt. Hier können Sie ein grafisch ansprechendes Layout sowie dramaturgische Plots erleben. Nichts bleibt dort dem Zufall überlassen.

zählen. Damit stellt sich die Frage, welches technische und inhaltliche Know-how notwendig ist, um zu einem interessanten Resultat in diesem Genre zu gelangen.

Workshop: Dokumentation Kunstausstellung

Erstellen Sie eine Dokumentation über einen Künstler bzw. eine Künstlerin aus Ihrer unmittelbaren Nähe, oder besser noch: Dokumentieren Sie eine Ausstellung des Künstlers zu einer bestimmten Thematik. Ziel sollte es sein, innerhalb von 20 Minuten filmischer Montage sowohl die Kunstwerke als auch das Anliegen des Künstlers so zu komponieren, dass ein spannender informativer Film entsteht.

Schritt für Schritt: Dokumentation Künstler

1. Studieren Sie den ausgewählten Künstler genau

Bei einer Dokumentation nimmt die Recherche einen zeitlich sehr umfangreichen Rahmen ein. Sie sollten also innerhalb dieses Workshops sowohl die Werke als auch den Künstler persönlich intensiver studiert haben. Auch scheinbar nebensächlich erscheinende Dinge, wie das Lebensumfeld, die Ordnung im Atelier oder das Outfit des Künstlers, können Indizien zur Erstellung des Gesamtbildes sein.

Oft stellt sich nach Erfassen dieser Inhalte ein bestimmtes Gefühl ein, die individuelle Einstellung zur Thematik formt sich.

In einem nächsten Schritt gilt es, diese zu verdichten und einen filmischen Rahmen zu finden, der diesem Eindruck gerecht wird. Das

---

Weg vom »alten Hut«

Orientieren Sie sich in Ihren filmischen Darstellungen an Kriterien, die auch ein guter Spielfilm erfüllt: spannend, unterhaltsam, kurzweilig, schön. Vor allem aber – und das unterscheidet die Dokumentation dann wesentlich vom Spielfilm – sollte sie informativ sein. In unserem Beispiel haben wir uns für das Thema Kunstausstellung entschieden.

geschieht häufig erst, nachdem ein erheblicher Teil des filmischen Materials gedreht worden ist und durch wiederholtes Sichten seine Spuren hinterlassen hat.

Betrachten Sie also möglichst oft die gedrehten Sequenzen, sodass Sie exakt wissen, was alles aufgezeichnet worden ist.

2. Wiederholtes Sichten

Detektivisches Auge

Bei der Dokumentation ist das detektivische Auge eine erste Voraussetzung. Auch kleinste Details sollten erfasst und – falls später von Interesse – filmisch eingebunden werden.

Finden Sie beim häufigen Sichten Ihre Lieblingsszenen heraus.

3. Vorlieben entwickeln

Legen Sie die Sequenzen beiseite, die Sie ganz eindeutig nicht verwenden werden.

4. Aussortieren

Assoziative Aufnahmen und ein ansprechendes Layout helfen im letzten Schritt der Montage, die gewünschte Aussage zu unterstreichen. Nehmen Sie also entsprechend Bilder auf, die Ihrer Meinung nach zur Thematik passen.

5. Nachdreh

Zeichnen Sie in einem Grafikprogramm oder real passend zur Kunstausstellung Titel- und Abspannseiten. Wählen Sie mit Bedacht aus der umfangreichen Palette des Schnittprogramms die passenden Effekte aus.

6. Passende Texteinblendungen

Jeder Künstler und jede Künstlerin wird bestätigen, dass man mit einer Filmaufnahme dem eigentlichen Kunstwerk nie gerecht wird. Die Herausforderung besteht also darin, sich mit der Videoaufzeichnung möglichst nah dem Aussagegehalt und dem Eindruck, den ein Kunstwerk hinterlässt, anzunähern.

Ende

Schritt für Schritt: Dokumentation Kunstwerk

1. Kunstmotiv wählen

Suchen Sie sich für diese Übung ein großformatiges Bild in Ihrer Wohnung oder bei Freunden aus. Zeichnen Sie das Bild auf und achten Sie dabei auf eine richtige Ausleuchtung. Die Scheinwerfer sollten, um Reflexionen zu vermeiden, möglichst in sehr flachem Winkel zur Bildoberfläche stehen (Einfallwinkel gleich Ausfallwinkel).

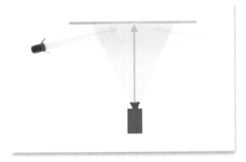

2. Kunstwerk erfassen

Nehmen Sie jene Details des Bildes, die Sie besonders ansprechen, auf und verfolgen Sie Linien und Striche mit dem Kameraobjektiv in einer langsamen Fahrt über die Bildoberfläche. Geben Sie dem Betrachter Zeit, einen Gesamteindruck des Werkes zu gewinnen.

In der Abbildung sehen Sie zum Beispiel verschiedene Einstellungsgrößen bei einer Kunstausstellung.

Zwischen den einzelnen Kunstwerken sollten klar erkennbare Zäsu-
ren eingebaut sein. Verfolgen Sie den Künstler mit der Kamera bei
der Entstehung eines Kunstwerks. Reizvoll kann ein Wechsel von
Nah- oder Detailaufnahmen der sich orientierenden Augen des
Malers und des farbgetränkten Pinsels auf der Leinwand sein. Vier bis
fünf kurze Einstellungen während der Arbeit vermitteln einen Bezug
zu den Objekten und helfen, die Bilder voneinander zu trennen.

3. Integration Künstler

Ende

   Die in dieser Übung vorgegebenen Aufgaben lassen sich sicherlich nur dann realistisch umsetzen, wenn nicht zu viele Kunstwerke
in dieser Form aufgenommen werden. Andernfalls stellt sich spätes-
tens nach dem fünften Bild in ähnlichem Gestaltungsmuster beim
Betrachter Langeweile ein. Bei größeren Ausstellungen sollten der
Gesamtcharakter, reizvolle Details besonders ansprechender Bilder
sowie Totalen von weniger interessanten Objekten im Vordergrund
stehen.
   Während der Montage lassen sich unterschiedliche Einstellungsgrößen gut miteinander kombinieren.

Schritt für Schritt: Schnitt vorbereiten

Nach dem mehrfachen Sichten des gesamten Materials erfolgt nun
die Montage. Digitalisieren Sie sämtliches geeignete Material auf die
Festplatte Ihres Rechners.

**1. Schnitt vorbereiten
(Teil 1)**

Sortieren Sie die jeweiligen Einstellungen bzw. Sequenzen nach
Kunstwerk bzw. Trenner (Künstler bei der Arbeit).

Beginnen Sie bei der Montage mit den weniger attraktiven Bildern,
sodass eine dramaturgische Steigerung hin zu den schönen aussagekräftigen Werken möglich ist.

**2. Schnitt einer Kunst-
dokumentation**

Die Szenen eines Kunstwerkes sollten nicht länger als eine Minute
sein, Effekte wie Blenden oder Pict in Pict erleichtern dabei den
Sprung von Detail- oder Nahaufnahmen in die Totale. Versuchen Sie
jedoch zunächst möglichst ohne Effekte auszukommen und achten
Sie bei der Auswahl der Effekte darauf, dass sie dem Stil des Bildes
entsprechen. So bieten sich für Aquarelle, bei denen Farben ineinan-

der verlaufen, eher Blenden an. Harte Strichzeichnungen oder Kalt-
nadelradierungen vertragen eher harte Schnitte. Die Trennsequen-
zen, in denen der Künstler bei der Arbeit zu beobachten ist, sollten
jeweils nicht länger als 30 Sekunden lang sein. Auch hier hängt der
Einsatz der Effekte und Einstellungslängen von der Art und Weise
des Schaffens der Künstler ab. Spontan und direkt agierende Künstler vertragen harte Schnitte, während ein akribischer und wohl über-
Ende legt arbeitender Künstler eher weiche Effekte erfordert.

Am Ende der Montage sollte eine Dokumentation mit einer Maximallänge von zwölf Minuten entstanden sein, die es abschließend
zu vertonen gilt. Häufig lassen sich Künstlerinnen und Künstler während ihrer Arbeit durch eine sehr individuelle Musik inspirieren.
Wenn diese bekannt ist, bieten sich Passagen davon als Untermalung der Sequenzen an. Auch hierbei sollte möglichst von Bild zu
Bild zwar nicht die Musik, jedoch das musikalische Thema gewechselt werden, um schon dadurch eine klare Trennung für den Betrachter zu erzeugen.

Mit der ersten Übung ist eine **Kurzdokumentation** entstanden,
die sicherlich noch nicht allen Ansprüchen genügt, jedoch schon ein
vorzeigbares Ergebnis liefert. Bei aussagekräftigen Künstlerinnen und
Künstlern spielt häufig deren Lebensgeschichte für die eigene künstlerische Entwicklung eine bedeutende Rolle. Unter dem Stichwort
Chronologie soll diese in der zweiten Übung in die filmische Dokumentation einfließen.

Chronologie

Aufgabenstellung: Fragen bzgl. der Kindheit des Künstlers über
sein Aufwachsen, das räumliche Umfeld und erste Inspirationen
im künstlerischen Wirken sollen thematisch aufgegriffen werden.
In einfacher und praktikabler Weise kann dies erfolgen, indem Fotos und Kommentare des Künstlers selbst dessen Vergangenheit ins
Bild setzen.

Schritt für Schritt: Interview in einer Dokumentation

1. Interview – Inhalte

Führen Sie mit der Künstlerin oder dem Künstler ein Interview. Positionieren Sie Ihren Interviewpartner möglichst in einen Bereich, der vom Ambiente her zu den später dargestellten Werken (Übung 1) gehört. Die Schilderung der Vergangenheit muss nicht eine trockene langweilige Erzählkette von Anekdoten sein, sondern man kann aus kurzen prägnanten Erlebnissen, selbst verfassten Jugendgedichten oder humorvollen Beschreibungen erster Kinderzeichnungen schöpfen.

2. Interview-Inserts

Achten Sie bei diesen Aufnahmen auf jeden Fall darauf, dass zu den in den Interviews geäußerten Inhalten Direktes oder Assoziatives mit entsprechendem Material erstellbar ist. Oft beten die Künstlerinnen und Künstler ihren Lebenslauf vor laufender Kamera nicht in zeitlicher Abfolge herunter, sondern springen zeitlich, sodass die Chronologie gebrochen wird. Nutzen Sie diesen Zeitwechsel, denn er erzeugt mehr Spannung als eine chronologische Abhandlung der Vergangenheit. Erst bei der Montage entscheiden Sie, an welcher Stelle sich bestimmte Aussagen zur Vergangenheit am günstigsten einsetzen lassen.

3. Lebendigkeit des Interviews

Die Dokumentation sollte nicht unter zu großer Ernsthaftigkeit leiden, denn auch Künstlerinnen und Künstler haben in der Regel Spaß an ihrer Arbeit und sind durchaus humorvolle Menschen. Erlauben Sie sich also bei dem Interview auch die Aufnahme von Unzulänglichkeiten, menschlichen Schwächen. Sie machen den Künstler dadurch ansprechbarer, »menschlicher« und damit auch begreifbarer.

4. Nicht immer Chronologie

In der Montage digitalisieren Sie nach mehrfachem Sichten der Interviews die Ihnen wichtig erscheinenden Passagen und sortieren diese nicht unbedingt chronologisch, sondern nach thematischen Schwerpunkten.

Dieses Vorgehen gilt natürlich nur dann, wenn die Kunstausstellung nicht auf dem chronologischen Werdegang des Künstlers basiert. Die Porträtierung des Meisters kann nun einerseits dadurch erfolgen, dass vor den in Übung 1 produzierten Gesamtblock ein etwa zwei- bis dreiminütiges Porträt des Künstlers gestellt wird. Eine zweite Variante besteht darin, in die Dokumentation der einzelnen Kunstwerke als dramaturgische Plots kurze Aussagesegmente des Künstlers einzuschneiden.

Als weiteres belebendes Element können kurze Statements von Besuchern der Ausstellung zwischen die Dokumentation der Bilder montiert werden. Extrem gegensätzliche Auffassungen vom Gefallen und Verstehen der Kunstwerke erzeugen dabei eine nicht unerhebliche Spannung.

Ende

Da in einem Interview häufig auch Unwichtiges gesagt wird und sich in der abschließenden Montage somit Probleme ergeben, saubere Anschlüsse zu erhalten, bietet sich eine zweite Variante des Interviews an. Von dem komplett gedrehten Interview wird in der späteren Montage nur der Ton genutzt und von den wichtigsten Aussagen werden weitere Bilder aufgenommen. Dadurch lassen sich nur die relevanten Themenblöcke auf Ton montieren und unterlegen Entstehungsphasen bzw. den Aufbau einer Ausstellung.

Bewusst wurde für die Übungen zur Erstellung einer Dokumentation das Beispiel der Kunstausstellung aufgegriffen, da hier alle sonst relevanten Regeln filmischer Kunst gebrochen werden dürfen. Denn die filmische Dokumentation eines Künstlers oder einer Kunstausstellung darf selbst ein Kunstwerk sein, muss also durchaus nicht platt und langweilig ein reines Abfilmen aller Werke beinhalten.

Ideenreichtum

Lassen wir uns also für einen Moment von dem Ideenreichtum der Künstler inspirieren und wagen Einstellungen, Schnittsequenzen und Montageübergänge, die die bisher vermittelten Regeln überschreiten oder zum Teil sogar verletzen. Um trotzdem noch eine adäquate Form der filmischen Dokumentation zum aufgenommenen Thema zu finden, sollten alle Grenzüberschreitungen zur Arbeitsweise bzw. zum Charakter der Künstlerin oder des Künstlers passen. Alle im Folgenden gegebenen Hinweise sollten als Anregungen verstanden werden, weniger als Rezept für die einzig richtige Lösung.

Das folgende Beispiel

Der Ort der Ausstellung »Tuchfühlung 2« war Langenberg, eine alte Textilstadt, in der bereits mehrere Ausstellungen zum Thema Textiles stattgefunden haben. Ein zweiter Aspekt war bei der Auswahl dieses Intros entscheidend. Der gestaltende Künstler skizzierte vor der eigentlichen Ausstellung mehrere Körperkonturen. Die sich im Kreis befindliche Figur von Leonardo da Vinci schaffte also zwischen Laufrad der Textilmaschine und Zeichnungen des Künstlers einen geeigneten Übergang. Sie finden den Film und die digitalisierten Szenen unter www.galileodesign.de.

Schritt für Schritt: Anregungen

Spielen Sie die digitalisierten Sequenzen der »Tuchfühlung 2« auf einem Monitor ab und nehmen diesen mit einer Kamera dabei auf.

1. Monitor abfilmen

Positionieren Sie bei bestimmten Aufnahmen Personen vor dem Monitor oder zeichnen Sie mit einem nicht permanenten Filzer Konturen der auf dem Bildschirm dargestellten Kunstwerke nach.

2. Integration von Monitor und Personen

Positionieren Sie bei einer weiteren Aufnahme eine zweite Person so im Gegenlicht, dass sich sehr deutlich die äußeren Konturen des Körpers abzeichnen.

3. Experiment Gegenlicht

4. Experiment mit Körperkonturen

Fahren Sie nun mit der Kamera an diesen Konturen entlang. Nach einigen Versuchen werden Sie feststellen, dass die Nah- oder Detailaufnahmen dieser Kamerafahrt nicht nur ein Schwarz-Weiß-Bild ergeben, sondern zum Teil Körperpartien in dem Grenzbereich der Konturen deutlich und interessant wiedergegeben werden.

5. Experiment mit künstlichen Konturen

Legen Sie sich in einem Grafikprogramm keybare Konturen an, die in der Nachbearbeitung den Einsatz von mehreren Einstellungen gleichzeitig erlauben können.

6. Spielen mit der Akustik

Erzeugen Sie Geräusche an Metallgegenständen. Nehmen Sie das Erzeugen dieser Klangpalette aus verrückten Einstellungswinkeln auf.

7. Experiment Kameraposition

Führen Sie dabei die Kamera in extreme Aufnahmepositionen. Befestigen Sie die Kamera an einem Stab (mit Gaffaband) und filmen Sie dann den sachten Schlag des Stabes auf ein Blechfass. Auch in der Montage überschreiten Sie nun alle Regeln des klassischen Filmschnittes.

8. Experiment im Schnitt Ende

»Malen« Sie durch den Schnitt mit den vorher intensiv studierten Aufnahmen nach dem Digitalisieren ein neues Bild, ein Porträt des Künstlers.

Um den Aspekt der eigentlichen Ausstellung nicht aus den Augen zu verlieren, gilt als einzige Regel, dass alle Aufnahmen der Ausstellung selbst im zeitlichen Verhältnis dominant gegenüber allem Nachproduzierten bleiben. Eine assoziative Montage der eigenen Aufnahmen, gestreut über Bilder der Kunstwerke, führt nach einigen Übungen sicherlich zu einer spannenden ungewohnten Dokumentation und vermittelt vor allem die subjektive Sichtweise des Filmenden gegenüber der Ausstellung. Im optimalen Fall gelingt die Gradwanderung, mit den eigenen Bildern den Aussagegehalt der Ausstellung zu unterstreichen und lebendig zu gestalten, diesen aber nicht zu verfälschen oder zu verändern.

In dem auf der CD befindlichen Beispiel beginnt die Dokumentation mit einer Textilmaschine und einer sich anschließend in dem Laufrad drehenden Figur von Leonardo da Vinci.

Resümee

Schon die Zusammenstellungen der Übungen deuten darauf hin, dass zwischen klassischem Aufnehmen und Montieren bis hin zur avantgardistischen Filmgestaltung heute in der Dokumentation alle Möglichkeiten genutzt werden können. Entscheidend ist, dass die Filmsprache, mit der das Thema übermittelt wird, aussagekräftig ist und das eigentliche Thema nicht aus den Augen verliert. Bis hin zur Verfremdung durch scheinbar widersprüchliche Texteinblendungen (siehe Klaus Wildenhahn: »Der englische Bergarbeiterstreik«, Deutsche Kinemathek Berlin) ist alles erlaubt, was den Zuschauer einfängt, fesselt und in die Richtung der Denkstruktur des Filmemachers leitet. Die Dokumentation ist also kein reines Ablichten besonderer Ereignisse, sondern kann, für sich genommen, als eigenes filmisches Werk mit eigenen Gestaltungsmöglichkeiten angesehen werden.

9.4 Produktion eines Schulungsmediums

Bewegte Bilder oder Filmsequenzen können als Medium emotionale Inhalte transportieren helfen. Diese Tatsache sollte bei der Konstruktion und Produktion eines Schulungsmediums unbedingt berücksichtigt werden. Ob die richtige Gesprächsführung für die Mitarbeiterschulung, der Einstieg in eine Unterrichtsstunde oder Sequenz, das zentrale Arbeitsmittel in einer Lernphase oder als Lernzielkontrolle: Unterschiedlichste Einsatzmöglichkeiten sind bei einem Schulungsvideo denkbar und realistisch. Voraussetzung dafür ist, dass die spezifischen Eigenschaften des Mediums erkannt und in jedem einzelnen Fall speziell eingesetzt werden.

Didaktischer Aufbau

Bevor Sie sich mit dem späteren Zielort Ihres Schulungsvideos auseinander setzen, gilt es, das Werk zu analysieren.

Ein stark emotionsgeladenes Streitgespräch zwischen zwei Personen kann durch die Analyse der Filmsprache entemotionalisiert werden. Nach mehrmaligem Sichten wird ein möglicherweise schneller Schnittwechsel die Rolle des Dialoges, die Einstellungsgrößen die der zornigen Gesichter als Gestaltungselemente herausfiltern. Nach dieser Analyse bleibt ein weniger emotionsgeladener Inhalt des Gespräches übrig. Eine exaktere Planung für einen geeigneten didaktischen Ort ist damit gegeben.

Schritt für Schritt: Erstellung eines Einstiegsvideos

1. Aufnahme eines Beratungsgesprächs – Variation 1

Nehmen Sie mit der Kamera ein (inszeniertes) Beratungsgespräch zwischen zwei Personen auf. Um den Spaß an der Arbeit nicht zu kurz kommen zu lassen, wählen Sie dafür einen humorvollen Inhalt. Beispielsweise könnte ein Berater einen Kunden davon überzeugen, sein Geld in sinkende Aktien zu investieren, um durch den Geldverlust Steuern zu sparen.

2. Schaffung einer angenehmen Beratungssituation

Achten Sie bei den Aufnahmen darauf, dass zu Beginn des Beratungsgesprächs der Berater eine räumlich angenehme Situation schafft: Er legt die Akten auf seinem Schreibtisch zur Seite, schenkt dem Kunden eine Tasse Kaffee ein, rückt sich seine Krawatte zurecht, orientiert sich mit dem Stuhl zum Kunden hin. Jedes dieser Details sollte durch eine oder mehrere Einstellungen bildhaft hervorgehoben werden. Wählen Sie zur exakten Vermittlung dieser Vorbereitungsmaßnahmen häufiger Nah- oder Detaileinstellungen und suchen Sie die günstigste Kameraperspektive dafür aus.

Ziel des Einstiegsmediums
Einstiegsmedien sollen den Betrachter in eine neue Situation einführen, ihn emotional auf den sich anschließenden Arbeitsprozess einstimmen, Neugierde dafür erwecken, Fragen stellen. Auf keinen Fall sollten wichtige, später zu erarbeitende Ergebnisse vorweggenommen oder Irritationen ausgelöst werden.

3. Digitalisieren der Einstellungen

Digitalisieren Sie in einem zweiten Schritt die aufgenommenen Einstellungen und benennen Sie diese in Ihrem Schnittprogramm.

4. Montieren der Bildfolge

Montieren Sie danach diese kurze Bildfolge mit harten Schnitten.

Legen Sie abschließend auf die gesamte Sequenz einen passenden Musiktitel wie »Money, Money«. Legen Sie auf eine zweite Videospur eine instrumentale, eher meditative Musik und betrachten Sie sich diese kurze Filmsequenz mit beiden Musikstücken.

5. Variationen der Vertonung

Betrachten Sie nun noch einmal Ihre kurze Filmsequenz und überprüfen Sie, wie weit der Einstiegsfilm »Beratergespräch« diesen Kriterien genügt. Testen Sie gegebenenfalls den Film bei Unbeteiligten und fragen anschließend die Wirkung ab. Denn auch beim realen Einsatz eines Einstiegsmediums könnte eine erste inhaltliche Sammlung der wahrgenommenen Eindrücke und Emotionen in die eigentliche Arbeitsphase überleiten.

6. Überprüfen der Endversion

Ende

Das hier entstandene kurze Filmwerk könnte, wenn Sie ausreichend Einfallsreichtum bei den vorbereitenden Maßnahmen gezeigt haben und entsprechend viele Einstellungen entstanden sind, bei einer Gesamtlänge von maximal drei Minuten als Einstieg für eine Schulung benutzt werden.

Schritt für Schritt: Erstellung eines zentralen Arbeitsvideos

Inszenieren Sie erneut ein Beratungsgespräch. Achten Sie bei der Kameraeinstellung darauf, dass in strittigen Gesprächssituationen ein häufiger Einstellungswechsel vorgenommen wird, dass die grimmige oder heitere, verwunderte oder irritierte Mimik der beiden Personen durch entsprechende Naheinstellungen dem Betrachter deutlich gemacht wird. Versäumen Sie möglichst nicht, Details aufzunehmen, die scheinbar nur am Rande des Beratungsgesprächs stattfinden.

1. Aufnahme eines Beratungsgesprächs – Variation 2

Dies könnte der Griff zum Stift und die Aufzeichnung einiger wichtiger Stichwörter sein, aber auch das Auf- oder Absetzen einer Brille, das erneute Nachgießen von Kaffee, der Weg zum Flipchart mit entsprechendem Skizzieren wichtiger Gesprächsinhalte, aber auch das Schließen eines Fensters, wenn Lärm von draußen in den Raum dringt.

Voraussichtlich arbeiten Sie in dieser Übung mit Laiendarstellern, die bei einer längeren Dialogfolge leicht überfordert werden. Sollte das Beratungsgespräch weitere Aspekte beleuchten, die innerhalb von fünf Minuten Filmlänge nicht unterzubringen sind, bietet es sich an, weitere zentrale Arbeitsfilme zu produzieren, die jeweils einen besonderen Aspekt des Beratungsgesprächs thematisieren.

2. Digitalisieren der Aufnahmen

Digitalisieren Sie nun die produzierten Filmaufnahmen und benennen diese. Achten Sie möglichst darauf, dass die jeweiligen Sequenzen nach den Dialogpartnern bzw. dem Themenschwerpunkt benannt werden, um bei der späteren Montage einigermaßen organisiert auf das Material zurückgreifen zu können.

3. Montage der Aufnahmen

Versuchen Sie nun in der sich anschließenden Montage, mit möglichst harten Schnitten den Dialog so aufzubauen, dass in den ersten Sekunden längere Einstellungen und an dramaturgisch wichtigen Stellen des Gesprächs kurze schnelle Einstellungswechsel die Spannung unterstreichen. Dabei kann es sicherlich manchmal etwas mühselig sein, einen richtigen Textanschluss der jeweiligen Einstellungswechsel zu erzeugen, wenn der Tipp beherzigt wurde, beide Gesprächspartner einzeln aufzunehmen. Benutzen Sie bei der Montage zunächst ausschließlich die Dialogszenen, also Einstellungen der beiden Personen.

4. Montage von Zwischenbildern

Montieren Sie erst in der zweiten Arbeitsphase per Insert Zwischenbilder in den Dialog ein (z.B. »Der Zuhörer nimmt die Brille ab« als Einstellung von ca. 2 Sekunden). Weitere Möglichkeiten von Inserts wären: Der Redner spielt nervös mit einem Kugelschreiber, der verunsicherte Kunde stimmt mehr oder weniger deutlich durch Kopfnicken seinem Gesprächspartner zu oder reibt sich irritiert die Augen.

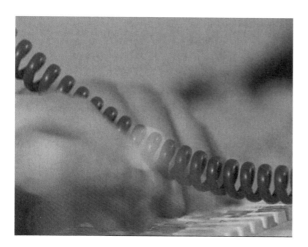

Zentrale Arbeitsmedien

Die Gesamtgesprächsdauer der Dialogpartner sollte fünf Minuten nicht überschreiten. Hintergrund hierfür ist, dass ein zentrales Arbeitsmittel mit einer Länge von fünf Minuten – wenn es gut produziert worden ist – ausreichend Inhalt liefert, der dann erarbeitet werden kann.

Kommentieren Sie abschließend möglicherweise missverständliche Situationen dieses Gespräches. Legen Sie den Kommentar in eine zweite Audiospur und senken auf der Spur 1 den Pegel um ca. 20 dB ab, sodass der Kommentar problemlos verstanden werden kann, der im Hintergrund laufende, an dieser Stelle unwichtige Dialog nur noch atmosphärisch wahrgenommen wird.

5. Anlegen eines Kommentars

Ende

Bei der gesamten Montage sollte darauf geachtet werden, dass sowohl durch den Dialog der beiden Laiendarsteller als auch speziell durch den darüber gesprochenen Kommentar keine Ergebnisse, die später erarbeitet werden sollen, vorweggenommen werden. Die Gesamtlänge sollte, wie bereits gesagt, fünf Minuten nicht überschreiten, da ansonsten das Medium zu sehr im Vordergrund stehen und eine Analyse bzw. Auswertung und Verarbeitung die Schulungsteilnehmer überfordern könnte.

Zur Überprüfung der Qualitäten des entstandenen Arbeitsmediums suchen Sie sich ebenfalls externe Testpersonen, bitten diese, die wichtigsten Inhalte des entstandenen Films kurz zu notieren und fragen nach unverständlichen Sequenzen. Überprüfen Sie, wie weit die von den Testpersonen genannten Aspekte wirklich in optimaler Form aufgenommen bzw. die Montage zusammengeschnitten wurden.

Hilfe bei der Aufnahme von Dialogen

Legen Sie in Stichwörtern den groben Gesprächsverlauf fest und nehmen Sie zuerst eine Gesprächsperson während des Dialoges bildfüllend auf. Dann wiederholen Sie, orientiert an den Stichwörtern, möglichst in gleicher Weise den Gesprächsverlauf und filmen dabei die zweite Person. Durch dieses Vorgehen wird ein authentischerer Gesprächsverlauf gewährleistet.

Schritt für Schritt: Erstellung eines Videos zur Lernzielkontrolle

1. Aufnahme eines Beratungsgesprächs – Variation 3

Inszenieren Sie ein weiteres Gespräch, dieses Mal mit einer anderen Thematik. Die beiden Darsteller dürfen auch andere Personen sein, um eine Verwechslung mit den bereits eingesetzten Medien zu vermeiden. Gesprächsinhalt könnte beispielsweise eine Bewerbung auf eine ausgeschriebene Stelle sein. Die Personalchefin und ein weniger an der Arbeitsstelle interessierter, durch das Arbeitsamt zum Vorstellungsgespräch geschickter Kandidat sitzen sich gegenüber.

2. Vorbereitungsphase und Gesprächssituation

Versuchen Sie bei den Aufnahmen, ähnlich wie in den Übungen 1 und 2, eine Vorbereitungsphase und dann die eigentliche Gesprächssituation zu simulieren.

3. Kameraeinstellungen

Nehmen Sie das Gespräch aus ähnlichen Kameraeinstellungen und Einstellungsgrößen auf.

Ende

Für einen Film mit dem Einsatzort **Lernzielkontrolle** gilt:

▶ Arbeitsergebnisse sollten nicht genannt werden, denn diese gilt es ja mit dem Video zu überprüfen.
▶ Ein Transfer der bereits erarbeiteten Inhalte sollte möglich sein.
▶ Die Gesamtfilmlänge sollte drei bis fünf Minuten nicht überschreiten, denn die Lernzielkontrolle steht erfahrungsgemäß am Ende einer Unterrichtsstunde bzw. -einheit.

Damit der Drehaufwand reduziert wird, könnten Sie das bereits produzierte Material aus Übung 1 und 2 zu einem Gesamtfilm montieren, der allerdings dann, mit einer dezenten Musik unterlegt (ohne Dialoge), von der Lerngruppe synchron zum Ablauf kommentiert werden könnte. Der Vorteil läge darin, dass das Material bereits bekannt ist, also keine Auseinandersetzung mit gestalterischen Fragen des Films stattfinden muss.

Der Einsatz – und später wahrscheinlich auch die Produktion – einer CD-ROM bzw. DVD innerhalb eines Projekts verspricht gerade bei der Lernzielkontrolle gute Erfolge, weil das interaktive Agieren der Nutzer mit den Filmsequenzen einen Transfer zulässt. Die Filmsequenzen können zu jeder Zeit gestoppt und kommentiert werden, parallele Hintergrundinformationen können abgerufen und ergänzt werden. Die Materialdichte dieser Medien lässt einen größeren Arbeitsspielraum zu.

Verständlichkeit

In einem Schulungsvideo möchten Sie weniger unterhalten, sondern Informationen vermitteln. Aus diesem Grund lauten die wesentlichen gestalterischen Merkmale dieses Genres:

► wichtige Details ins Zentrum des Bildes zu rücken,

► bei schnellen komplizierten Abläufen Zeitlupen oder Wiederholungen einzusetzen,

► das Bild mit Kommentaren, Grafiken oder Texteinblendungen zu ergänzen und

► schwierige Prozesse über 2D- oder 3D-Animationen zu verdeutlichen.

Beispiel: Vor einigen Jahren wurde von einer Firma, die Schiffsmotoren herstellt, ein Schulungsvideo für technisches Personal erstellt, das über 30 Stunden die Montage und Demontage eines kompletten Schiffsmotors, der in seiner Größe etwa einem Reihenhaus entspricht, demonstriert. Zu den 30 Stunden Filmmaterial gab es eine Übersicht mit entsprechenden Timecode-Werten, sodass der Techniker problemlos bei Reparaturen die richtige Videosequenz finden konnte. Das reine Aufnehmen technischer Abläufe vereinfachte in diesem Fall die Wartungsarbeiten, da lange und umständlich zu beschreibende Anweisungen nicht nötig waren. Notwendig dafür war allerdings, dass alle dort produzierten Filmaufnahmen detailliert das zeigten, was für die Montageschritte und Wartungsarbeiten von Bedeutung ist.

Gerade Anfänger neigen dazu, auch technisch wichtige Details aus allzu großer Entfernung aufzunehmen, sodass Wesentliches verloren geht. Versuchen Sie also bei Ihren Kameraeinstellungen, die wesentlichen Aspekte dadurch zu erfassen, dass Sie mit der Kamera nahe genug am Objekt sind und dieses so ausgeleuchtet ist, dass das Wichtige im Bild dominiert.

Beispiel: Ein Schulungsvideo über Stabhochsprung sollte Nahaufnahmen von der Haltung des Stabes vor dem Anlauf, während des Anlaufes und beim Absprung zeigen. Es sollte ebenfalls (aus seitlicher Perspektive) die Phase des Einstechens in die Grube zeigen, dies gegebenenfalls mehrfach wiederholen oder in Zeitlupe dem Kommentator die Möglichkeit geben, wichtige biodynamische Abläufe zu erläutern. Ablenkende Atmosphäre in Umgebung und Hintergrund sollte vermieden werden. Farbgebung spielte in diesem Video nur eine unbedeutende Rolle.

Oft beinhalten Schulungsvideos solche Themenbereiche, die nur mit sehr großem Aufwand oder überhaupt nicht mit einer normalen Kamera aufgenommen werden können.

Beispiel: Die Funktionsweise der Kurbelwelle bzw. der Kolben eines Automotors verbirgt sich im Inneren des Motors und kann deshalb normalerweise nicht aufgezeichnet werden; und ebenso können chemische Reaktionen, wie die Vervielfältigung von DNS in einem Lightcycler, nicht abgefilmt werden.

Um die größtmögliche Verständlichkeit eines Videos zu erzeugen, helfen hier nur Grafiken bzw. Animationssequenzen, die den nicht sichtbaren Prozess veranschaulichen. Kleine zweidimensionale Animationssequenzen lassen sich mittlerweile in entsprechenden Grafikprogrammen wie After Effects relativ unkompliziert herstellen und als Pict-Sequenz später in das Editierprogramm importieren. Aufwändigere 3D-Animationen benötigen allerdings häufig ein detailliertes Wissen im Umgang mit den entsprechenden Programmen, sodass dafür, falls Bedarf besteht, sinnvollerweise ein professionelles Unternehmen beauftragt werden sollte.

Entscheidend für die Verständlichkeit eines Schulungsvideos ist letztendlich immer die optimale visuelle Darstellung aller angesprochenen und thematisierten Bereiche.

Beispiel: Zeigen Sie also, wenn Sie während einer Gehirnsektion über Veränderungen des Gehirnstammes bzw. der Großhirnrinde sprechen und die darauf folgenden Krankheitsbilder beschreiben, in kurzer Folge auch Sequenzen von diesen, sodass dem Betrachter ein direkter Bezug zum auditiv Wahrnehmbaren ermöglicht wird.

Erklärungsgrafiken

Grafiken spielen gerade bei Schulungsvideos eine sehr bedeutende Rolle. In unserem Übungsbeispiel des ersten Kapitels ließen sich z.B. problemlos Grafiken des fallenden Aktienkurses bzw. der steuerlichen Einsparung integrieren.

Grafische Ergänzungen

Wiederholen Sie bei komplexen oder komplizierten Vorgängen gegebenenfalls mehrfach die Einstellung und erläutern Sie diese durch einen Kommentar oder entsprechende Grafiken innerhalb des Bildes. In einem Grafikprogramm lassen sich hierzu entsprechende Zeichnungen, Kurven, Drehpunkte oder Marker auf gleichfarbigem Hintergrund vorbereiten, die dann auf einer zweiten Videospur in das Schnittprogramm übernommen und dort durch die Key-Funktion auf das Originalbild gestanzt werden.

Schritt für Schritt: Erstellung einer 2D-Grafik

Erstellen Sie eine Excel-Tabelle und geben Sie dort frei erfundene, über zwölf Monate fallende Zahlenwerte ein.

1. Excel-Tabelle

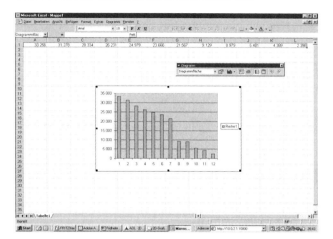

Erstellen Sie anschließend aus dieser Excel-Tabelle eine Grafik, die den sinkenden Kurs der Aktie zeigt.

2. Grafik aus Excel

Formatieren Sie die Grafik auf einer fernsehgerechten Arbeitsfläche: Dies bedeutet eine Auflösung von 768 x 576 Pixel und ein Bildverhältnis von 4:3 oder 16:9. Andernfalls würde beim Import in das Editierprogramm die Grafik verzerrt wiedergegeben werden.

3. Nachbearbeitung der Grafik

Speichern Sie die Grafik als Pict ab und importieren Sie anschließend diese Grafik in Ihr Schnittprogramm.

4. Import der Grafik

Legen Sie nun die importierte Grafik an die Stelle in die zweite Videospur, wo der Berater von den fallenden Aktien redet. Beim Abspielen werden Sie zunächst die gesamte Grafik sehen. Erst durch das Einbinden des Key-Effekts und die Auswahl der Key-Farbe wird das Hintergrundbild sichtbar. Eine exakte Einstellung und saubere Einbindung der Grafik erfordert häufig etwas Übung und mehrere Versuche an den vorhandenen Schiebereglern.

5. Einbinden der Grafik in den Schnitt

Ende

Einstanzen von Grafiken

Achten Sie dabei möglichst immer darauf, dass der Grafikhintergrund einfarbig (möglichst blau) ist, sodass sich die Grafik auch problemlos in das eigentliche Bild einkeyen lässt.

Die eingebundenen Grafiken müssen nicht statisch sein, sondern können mit ein wenig Mehraufwand dynamisch den Prozess demonstrieren. Hierfür ist es allerdings erforderlich, dass Sie Bild für Bild des geplanten prozesshaften Verlaufs bearbeiten und als Pict-Sequenz importieren

Schritt für Schritt: Erstellung einer dynamischen 2D-Grafik

1. Erstes Bild (Excel-Tabelle)

Nehmen Sie die erstellte Excel-Tabelle als Ausgangssituation, aktivieren nur den ersten Monat und speichern die entsprechende Grafik ab.

2. Zweites Bild (Excel-Tabelle)

Aktivieren Sie nun den ersten und zweiten Monat und speichern dies mit laufender Nummerierung als laufendes Bild ab.

3. Weitere Bilder (Excel-Tabelle)

Gehen Sie in dieser Weise mit den übrigen Monaten vor. Damit entstehen zwölf Einzelbilder, die jeweils den Fortgang des Aktienverfalls zeigen.

4. Import der Bildsequenz

Importieren Sie diese zwölf Einzel-Picts (auf jeden Fall nummeriert) in Ihr Editierprogramm. Manche Editierprogramme (wie Avid Xpress Pro) erkennen die Nummerierung und erzeugen aus den Einzelbildern eine Pict-Sequenz. Programme, die diese Möglichkeit nicht bieten, gestatten es aber, Einzelbilder zu importieren und diese für jeweils einige Bilder in der zweiten Videospur zu editieren.
Im filmischen Verlauf entsteht dann nach etwa 24 bis 25 Bildern ein Fortgang der Aktienkurse, sodass nach zwölf Sekunden der gesamte

Ende

Verfall der Aktie beschrieben ist.

In ähnlicher Form lassen sich Tortengrafiken, Kreisgrafiken und Balkendiagramme mit einfachen Mitteln animieren. Ebenso sind ein farblicher Wechsel durch schrittweise Veränderung der einzelnen Picts und/oder die schnelle Montage dieser Einzelbilder hintereinander möglich.

Damit Erklärungsgrafiken möglicherweise nicht eine wichtige Hintergrundinformation verdecken, lassen sie sich auch in bestimmten Bildausschnitten positionieren. Hierfür aktivieren Sie den Pict in Pict-Effekt und betten in einer zweiten Phase, dem so genannten Nesting, den Key-Effekt ein.

Resümee

Schulungsvideos bieten einen breiten Spielraum für filmische Gestaltung. Sowohl inszenierte Szenen wie dokumentarisches Material, Grafiken, 2D- oder 3D-Animationen, Titeleinblendungen und Kommentierungen erlauben eine Fülle an Variationsmöglichkeiten, um komplexe Sachverhalte mithilfe audiovisueller Medien leichter erklären zu können. Hier entscheiden häufig der Etat und/oder der zur Verfügung stehende zeitliche Rahmen über den Einsatz und die Kombination dieser Mittel. Trotzdem lassen sich auch auf relativ einfache und unkomplizierte Weise Elemente wie Grafiken, Zeitlupen oder Wiederholungen in ein Schulungsvideo einbinden, sodass mit dem heute zur Verfügung stehenden technischen Equipment auch dem ambitionierten Amateurbereich kaum mehr Grenzen gesetzt sind.

Farbteil

Einige Abbildungen des Buchs sind ohne Farbe nicht verständlich. Daher möchten wir Ihnen diese hier in Farbe präsentieren.

▲ **Abbildung 10 von Seite 41**
Kapitel Ausrüstung, Weißabgleich: Der Weißabgleich

▲ **Abbildung 11 von Seite 42**
Kapitel Ausrüstung, Weißabgleich: Weißabgleich bei Mischlicht

▲ **Abbildung 27 von Seite 56**
Kapitel Aufnahme, Filter: Ein UV-Filter (rechts) absorbiert kurzwelliges Licht.

▲ **Abbildung 28 von Seite 57**
Kapitel Aufnahme, Filter: ND-Filter zur Reduzierung aller Lichtwellenanteile (rechts)

▲ **Abbildung 29 von Seite 57**
Kapitel Aufnahme, Filter: Der Polfilter

▲ **Abbildung 32 von Seite 59**
Kapitel Aufnahme, Filter: Pastellfilter

▲ **Abbildung 34 von Seite 60**
Kapitel Aufnahme, Filter: Verlaufsfilter, links vor dem Einsatz, rechts nach
dem Einsatz

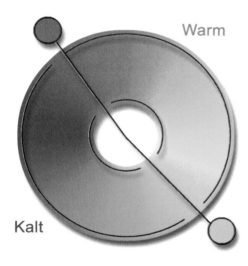

Warm

Kalt

◄ **Abbildung 10 von Seite 121**
Kapitel Aufnahme, Gestaltung mit Farbe:
Diese Abbildung zeigt die unterschiedliche
Wirkung von Farben.

Abbildung 11 von Seite 122 ▶
Kapitel Aufnahme, Gestaltung mit Farbe:
Farbe mit Signalwirkung

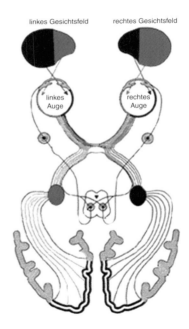

Abbildung 28 von Seite 138 ▶
Kapitel Aufnahme, Hintergrundwissen:
Neuronale Verbindungen der Augen mit
dem Gehirn

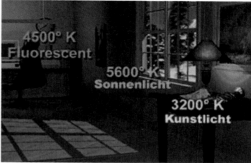

▲ **Abbildung 10 von Seite 150**
Kapitel Licht und Beleuchtung, Lichtempfindlichkeit der Kamera: In einem Raum auftretende Lichtquellen: links vom menschlichen Auge wahrnehmbar, rechts mit den entsprechenden Farbtemperaturen und dem Aussehen bei falschem Weißabgleich.

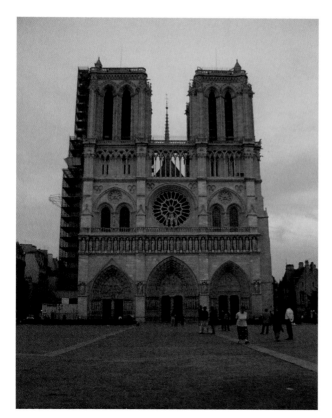

◀ **Abbildung 25 von Seite 165**
Kapitel Licht und Beleuchtung,
Verschiedene Aufnahmesituationen:
Nacht über Notre Dame – echt oder
nachgestellt?

:

Abbildung 10 von Seite 205 ►
Kapitel Schnitt und Nachbearbeitung,
Effekte: Eine Überblendung von Gräsern
in den Berg.

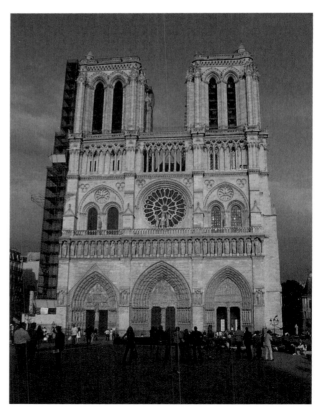

Abbildung von Seite 206 ►
Kapitel Schnitt und Nachbearbeitung,
Übung »Historische Aufnahmen erzeugen«:
Der Sepia-Effekt

◄ **Abbildung 11 von Seite 207**
Kapitel Schnitt und Nachbearbeitung,
Effekte: Die Einsatzmöglichkeiten eines So-
larisationseffekts sind eher eingeschränkt.

verständlich erklärt
mit Infoklappen
und Lösungen aus der Praxis

WEITERE BÜCHER FÜR ANSPRUCHSVOLLE EINSTEIGER

■ **iMovie und iDVD**
inkl. iTunes und iPhoto
400 S., 20,– Euro, ISBN 3-89842-410-3

■ **Macromedia Contribute 2**
Das Handbuch für Anwendung und Entwicklung
264 S., 24,90 Euro, ISBN 3-89842-418-9

IN VORBEREITUNG

■ **Typografie und Layout**
330 S., 16,90 Euro, ISBN 3-89842-406-5

■ **Flash MX 2004**
350 S., 20,– Euro, ISBN 3-89842-465-0

■ **Mac OS 10.3**
300 S., 20,– Euro, ISBN 3-89842-399-9

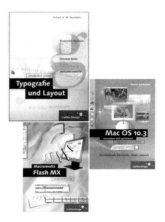

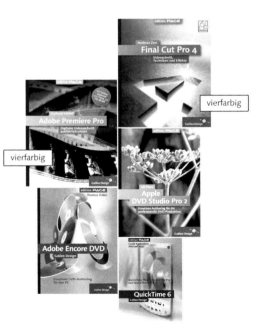

Die Deutsche Bibliothek – CIP-Einheitsaufnahme
Ein Titeldatensatz für diese Publikation ist bei der Deutschen Bibliothek
erhältlich

ISBN 3-89842-454-5

© Galileo Press GmbH, Bonn 2004
1. Auflage 2003

Der Name Galileo Press geht auf den italienischen Mathematiker und
Philosophen Galileo Galilei (1564–1642) zurück. Er gilt als Gründungsfigur
der neuzeitlichen Wissenschaft und wurde berühmt als Verfechter des
modernen, heliozentrischen Weltbilds. Legendär ist sein Ausspruch **Eppur
se muove** (Und sie bewegt sich doch). Das Emblem von Galileo Press ist der
Jupiter, umkreist von den vier Galileischen Monden. Galilei entdeckte die
nach ihm benannten Monde 1610.

Lektorat Ruth Wasserscheid
Einbandgestaltung department, Köln
Herstellung Iris Warkus
Korrektorat Alexander Reischert, Köln
Satz Conrad Neumann, München
Gesetzt aus der Linotype Syntax mit Adobe InDesign 2.02
Druck Clausen & Bosse, Leck

Hat Ihnen dieses Buch gefallen?
Hat das Buch einen hohen Nutzwert?

Wir informieren Sie gern über alle
Neuerscheinungen von Galileo Design.
Abonnieren Sie einfach unseren
monatlichen Newsletter:

www.galileodesign.de

Galileo Design

Die Marke für Kreative